AF661701

मसाला फसलों की वैज्ञानिक खेती

लेखक/सम्पादक :

डॉ. कामिनी कुमारी

कृषि विज्ञान केन्द्र रतलाम
ग्राम व पोस्ट–कालूखेड़ा, तहसील–पिपलौदा
जिला रतलाम–457 340 (म.प्र.)

साईन्टिफिक®
पब्लिशर्स

मुद्रक

साईन्टिफिक पब्लिशर्स (इण्डिया)
5-ए, न्यू पाली रोड, पो. बा. नं. 91
जोधपुर-342 001 (राज.)
टेलिफोन : 0291-2433323
E-mail: info@scientificpub.com
Website : http://www.scientificpubonline.com

Print 2026

समस्त अधिकार आरक्षित है इस प्रकाशन अथवा इसमें प्रस्तुत रूपान्तरित संक्षिप्त अनुवादित या भण्डारित पुन: प्राप्य प्रणाली, कम्प्यूटर प्रणाली, छाया चित्रांकन या अन्य पद्धतियों में अथवा किसी भी प्रारूप में संचारित अथवा किसी साधन से इलेक्ट्रॉनिक यान्त्रिकी प्रतिलिपीकरण, ध्वनि अंकन अथवा अन्यथा से प्रकाशन की पूर्व लिखित अनुमति के बिना नहीं की जा सकेगी।

अस्वीकरण- यद्यपि प्रत्येक प्रयास त्रुटियाँ और लोगों को टालने का है यह प्रकाशन इस समझ-बूझ पर है कि न तो सम्पादक (या लेखक) ना ही प्रकाशक ना ही मुद्रक, किसी भी रूप से किसी व्यक्ति के प्रति जिम्मेदार नहीं हो सकेगें। इस प्रकाशन में यदि किसी त्रुटि या लोप के लिये अथवा उस किसी कार्यवाही के लिये ही जो इस कार्य के आधार पर की जाये। कोई असावधानी की विसंगति प्रकाशक के ध्यान में भविष्य के संस्करण में उसके सुधार के लिये लायी जा सकेगी यदि उसका प्रकाशन हो।

व्यापार चिन्ह सूचना- उत्पादन अथवा निगमन नाम, व्यापार चिन्ह अथवा पंजीकृत व्यापार चिन्ह हो सकेगें और उसका उपयोग उल्लंघन, के इरादे के बिना केवल पहचान या स्पष्टीकरण के लिये किया जा सकेगा।

© 2019, लेखक/सम्पादक

ISBN: 978-93-88043-64-9 [H/B]
ISBN: 978-93-88043-86-1 [E/B]

Visit the Scientific Publishers (India) website at:
http://www.scientificpub.com
भारत में मुद्रित

शुभकामना संदेश

अपार हर्ष का विषय है कि डॉ. कामिनी कुमारी, मृदा वैज्ञानिक (कृषि विज्ञान केन्द्र रतलाम) के द्वारा खेती में मसाला फसलों को सम्मिलित कर तथा वैज्ञानिक तकनीकें अपनाकर कैसे कृषि में अधिक आय अर्जन की जा सकें, इस बात को ध्यान में रखकर **'मसाला फसलों की वैज्ञानिक खेती'** नामक पुस्तक बनाई गई है । मुझे पूर्ण विश्वास है कि यह पुस्तक किसान, कृषि कार्यकर्त्ता, कृषि विद्यार्थियों तथा कृषि वैज्ञानिकों के लिए बहु उपयोगी सिद्ध होगी । मैं इस पुस्तक की अपार सफलता की कामना करता हूँ।

डॉ. अनुपम मिश्रा

निदेशक

आई.सी.ए.आर.-अटारी, जोन -IX

जबलपुर (म.प्र.)

विषय–सूची

अध्याय विवरण पृष्ठ सं.

प्राक्कथन *iii*

1. **जायफल की सफल बागवानी** 1
   - **डॉ. कामिनी कुमारी,** वैज्ञानिक (मृदा विज्ञान)
   कृषि विज्ञान केन्द्र, कालूखेड़ा, रतलाम (म.प्र.)

2. **अफीम (खसखस) की उन्नत प्रौद्योगिकी एवं संरक्षण** 4
   - **श्री एस.बी. शर्मा,** प्रभारी वरिष्ठ वैज्ञानिक एवं प्रमुख
   कृषि विज्ञान केन्द्र, कालूखेड़ा, रतलाम (म.प्र.)

3. **हींग की खेती** 18
   - **डॉ. कामिनी कुमारी,** वैज्ञानिक (मृदा विज्ञान)
   कृषि विज्ञान केन्द्र, कालूखेड़ा, रतलाम (म.प्र.)

4. **मेथी की वैज्ञानिक खेती** 21
   - **डॉ. आदित्य प्रकाश द्विवेदी,** प्रधान वैज्ञानिक (सस्य विज्ञान)
   गन्ना अनुसंधान केन्द्र, लखनऊ

5. **सरसों की वैज्ञानिक खेती** 29
   - **डॉ. पी.के. मिश्रा,** एसोसिएट प्रोफेसर, शस्य विज्ञान विभाग
   कृषि महाविद्यालय गंज बासौदा जिला विदिशा, म.प्र.

6. **हल्दी की वैज्ञानिक खेती** 40
   - **डॉ. डी. व्ही. भगत,** वरिष्ठ वैज्ञानिक
   कृषि महाविद्यालय, इंदौर

7. **कलौंजी की खेती** 47
   - **डॉ. अजीत सिंह,** वरिष्ठ वैज्ञानिक (उद्यानिकी) एवं प्रमुख
   कृषि विज्ञान केन्द्र, बुरहानपुर

8. **लहसुन की वैज्ञानिक खेती** 61
   - **डॉ. सुधीर कुमार सिंह,** वरिष्ठ वैज्ञानिक एवं प्रमुख
   कृषि विज्ञान केन्द्र, जमुई

9. प्याज की खेती 66

- **डॉ. एस.के. पाण्डेय,** वरिष्ठ वैज्ञानिक एवं प्रमुख कृषि विज्ञान केन्द्र अमरकंटक, जिला अनूपपुर (म.प्र.)

10. अदरक की वैज्ञानिक खेती 73

- **डॉ. डी.व्ही. भगत,** वरिष्ठ वैज्ञानिक (सस्य विज्ञान) कृषि महाविद्यालय, इंदौर

11. पुदीना (मेन्था) की खेती 80

- **डॉ. एस.एस. चौहान,** वैज्ञानिक (मृदा विज्ञान) कृषि विज्ञान केन्द्र, धार (म.प्र.)

12. सौंफ की वैज्ञानिक खेती........ 89

- **डॉ. महेन्द्र सिंह,** वैज्ञानिक (सस्य विज्ञान) कृषि विज्ञान केन्द्र, झाबुआ (म.प्र.)

13. धनियाँ की वैज्ञानिक खेती 95

- **डॉ. वीरेन्द्र कुमार जैन,** वैज्ञानिक (कृषि अभियांत्रिकी) कृषि विज्ञान केन्द्र, अशोकनगर (म.प्र.)

14. मीठी नीम (करीपत्ता) की खेती........ 103

- **प्रो. धनञ्जय कदम,** सहायक प्राध्यापक कृषि महाविद्यालय, बालाघाट, मध्य प्रदेश

15. तेजपत्ता- एक लाभकारी खेती 109

- **डॉ. सुनिल कुमार रजक,** सहायक प्राध्यापक कृषि महाविद्यालय, बालाघाट, मध्य प्रदेश

16. सेलरी फसल कैसे उगाएं 116

- **ठाकुर सिंह गुडबे,** एफ.ई.ओ. आंचलिक कृषि अनुसंधान केन्द्र, झाबुआ (म.प्र.)

17. मिर्ची की खेती........ 120

- **श्री योगेश कुमार साहू,** एस.आर.एफ. कृषि विज्ञान केन्द्र, झाबुआ

18. लौंग की खेती........ 125

- **विनय कुमार,** तकनीकी सहायक आई.ए.आर.आई. क्षेत्रीय केन्द्र, पूसा, बिहार

19. **ईलाइची की खेती** 129

- **विनय कुमार,** तकनीकी सहायक
  आई.ए.आर.आई. क्षेत्रीय केन्द्र, पूसा, बिहार

20. **काली मिर्च की खेती (पाइपर निग्राम एल)** 135

- **विनय कुमार,** तकनीकी सहायक
  आई.ए.आर.आई. क्षेत्रीय केन्द्र, पूसा, बिहार

21. **दालचीनी की खेती** 140

- **शशिधर यादव** (शोध छात्र)
  डॉ. राजेन्द्र प्रसाद केन्द्रीय कृषि विश्वविद्यालय
  पूसा समस्तीपुर, बिहार

22. **लोंग पीपली, कबाब चीनी एवं कोकम का परिचय एवं महत्त्व** 145

- **रंजीत सिंह राघव,** वैज्ञानिक (मृदा विज्ञान)
  कृषि विज्ञान केन्द्र, रायसेन

23. **अजवाइन की खेती** 153

- **जगदीश पाटीदार,** एस.आर.एफ.
  निकरा परियोजना, कृषि विज्ञान केन्द्र, कालूखेड़ा, रतलाम (म.प्र.)

24. **चार बीज मसाला** 159

- **डॉ. कामिनी कुमारी,** वैज्ञानिक (मृदा विज्ञान)
  कृषि विज्ञान केन्द्र, कालूखेड़ा, रतलाम (म.प्र.)

25. **अनारदाना मसाला** 161

- **डॉ. कामिनी कुमारी,** वैज्ञानिक (मृदा विज्ञान)
  कृषि विज्ञान केन्द्र, कालूखेड़ा, रतलाम (म.प्र.)

26. **जायकेदार जीरा की वैज्ञानिक खेती** 162

- **सुधीर कुमार सिंह,** वरिष्ठ वैज्ञानिक एवं प्रमुख
  कृषि विज्ञान केन्द्र जमुई

27. **मसाला फसलों के औषधीय उपयोग** 166

- **मनीष कुमार दिवाकर,** लेक्चरर
  माइक्रोबायोलॉजि विभाग, एम. एल. बी. मेडिकल कॉलेज
  झाँसी (यूपी)

28. **केसर उत्पादन तकनीक** 185

- **डॉ. नवनीत कुमार,** कनिष्ठ वैज्ञानिक
  सह सहायक प्राध्यापक (सस्य विभाग), ईख अनुसंधान संस्थान
  डॉ. राजेन्द्र प्रसाद केन्द्रीय कृषि विश्वविद्यालय, पूसा, समस्तीपुर, बिहार

29. **चिरौंजी की खेती** 191

- **डॉ. नवनीत कुमार,** कनिष्ठ वैज्ञानिक,
  सह सहायक प्राध्यापक (सस्य विभाग), ईख अनुसंधान संस्थान
  डॉ. राजेन्द्र प्रसाद केन्द्रीय कृषि विश्वविद्यालय
  पूसा, समस्तीपुर, बिहार

29. **विभिन्न मसाला फसलों की रंगीन चित्रावली** 197

अध्याय **1**

जायफल की सफल बागवानी

जायफल एक बहुवर्षीय पेड़ है। जायफल का वैज्ञानिक नाम मिरिस्टिका फ्रेगेंस है। यह बारह महीने फल देने वाला पौधा है जो कि लगभग 10 मीटर ऊँचा शंक्वाकार पेड़ होता है। जायफल गुठली और गूदा के लिये उगाया जाता है। गर्म तथा आर्द्र जलवायु जायफल की खेती के लिये सबसे उपयुक्त मानी जाती है।

मिट्टी

रेतीली दोमट और लाल लेटराईट मिट्टी जायफल की खेती के लिये उपयुक्त मानी जाती है।

पौध प्रबंधन

हसिये से काटा, स्वस्थ, स्वाभाविक रूप से विभाजित जायफल बीज प्रसार के लिए उपयोग किया जाता है। बीज के उगने के लिए रेतीली मिट्टी सर्वोत्तम मानी जाती है, बीज को

सीधे मिट्टी मे बो दिया जाता है, बुआई के तुरंत बाद एक सिंचाई दे दी जाती है फिर आवश्यकतानुसार सिंचाई दी जाती है। बीजों के अंकुरण मे 30 – 90 दिन का समय लगता है।

खेत की तैयारी

कार्बनिक खाद का प्रयोग जायफल की खेती के लिये लाभदायक होता है। 0.75 × 0.75 मीटर के गड्ढ़े खोदे जाते हैं तथा रोपन से 15 दिन पहले मिट्टी रेत और जैविक खाद को 3:1 के अनुपात से भर देते हैं।

रोपण

मुख्य क्षेत्र में जायफल के अंकुर रोपण का आदर्श समय बरसात की शुरूआत में है।

पौधों से पौधों की दूरी

अंकुर से तैयार पौधों के लिये दूरी 6–7 मीटर पर्याप्त है। तथा ग्राफ्टेड पौधों के लिये दूरी 5 मी. × 5 मी. रखते हैं।

जायफल

जायफल को नारियल, लौंग, काफी या सुपारी बागान मे अंतर्वर्ती फसल के रूप में लगा सकते हैं या मुख्य फसल के रूप में भी जायफल को लगा सकते हैं।

जायफल में उर्वरक की ग्राम प्रति पौधा आवश्यकता

20:18:50 ग्राम प्रति पौधा N:P:K प्रारम्भिक तीन वर्ष तक तथा

500:250:100 ग्राम प्रति पौधा N:P:K तीन वर्षों के बाद प्रत्येक वर्ष दिया जाना चाहिए।

निराई तथा मल्चिंग

जायफल की जड़ों के पास सूखे पत्ते से मल्चिंग बहुत फायदेमंद होती है तथा आवश्यकतानुसार निदाई–गुड़ाई दी जाती है।

फलों की तुड़ाई

छठे वर्ष से जायफल फलना शुरू हो जाता है तथा 20 वषा तक फल देता है। फल की तुड़ाई को कार्य एक खास तरीके के हुक की सहायता से हाथ से किया जाता है। फिर बाहरी मांसल हिस्से को निकाल दिया जाता है एवं बीज को गहरे भूरे रंग के होने तक सूखाते हैं।

जायफल के उत्पाद विभिन्न प्रकार से तैयार किये जाते है

जैसे:–

जायफल पाउडर – जायफल को पीसकर पाउडर बना कर डिब्बे में बंद कर लिया जाता है।

जायफल अचार – जायफल के ऊपरी मांसल भाग को अचार, जैम, जैली बनाने में इस्तेमाल करते हैं।

जायफल तेल – जायफल से आसवन विधि द्वारा तेल निकाला जाता है, जायफल के तेल का इस्तेमाल खाने को स्वादिष्ट बनाने के लिये मसाला एजेंट के रूप में तथा टूथपेस्ट, खाँसी सिरप तथा पारम्परिक औषधि बनाने में प्रयोग की जाती है। जायफल का तेल भूख बढ़ाता है। यह कब्ज और पित्त पथरी का इलाज करता है। प्रजनन प्रणाली के लिये टॉनिक का कार्य करता है। जायफल का तेल एंटीसेप्टिक एनाल्जेसिक के रूप में कार्य करता है। शहद के साथ मिलाकर सेवन करने से पुराने से पुराना दस्त, उल्टी तथा अपच ठीक हो जाता है।

अध्याय **2**

अफीम (खसखस) की उन्नत प्रौद्योगिकी एवं संरक्षण

क्षेत्रफल एवं वितरण

अफीम की खेती मध्य प्रदेश के रतलाम, उज्जैन, मंदसौर एवं नीमच जिलों में राजस्थान के प्रतापगढ़, चित्तौड़गढ़, झालावाड़ एवं बांसवाड़ा जिलों में तथा उत्तरप्रदेश के बाराबंकी, फैजाबाद, लखनऊ, रायबरेली, बरेली, बदायूं, आजमगढ़ तथा गाजीपुर जिलों के सीमित क्षेत्रों में की जाती है। अफीम के बीजों को ही खसखस या पोस्ता दाना कहा जाता है। खसखस को मसाले के रूप में बहुतायत से प्रयोग किया जाता है।

अफीम उत्पादन कम होने के प्रमुख कारण

1. उन्नतशील किस्मों की कमी।
2. रोगों का भंयकर प्रकोप।
3. सुधरी सस्य क्रियाओं की कमी।
4. शुद्ध एवं प्रमाणित बीज की अनुपलब्धता।
5. जलवायु की अनिश्चितता जैसे तापक्रम, पाला इत्यादि।

खेत का चुनाव एवं तैयारी

1. अफीम उत्पादन हेतु फसल चक्र अवश्य अपनायें ।
2. ऐसे खेत जिसमें विगत 5–6 वर्षों से अफीम की खेती की जा रही हो, का चुनाव न करें। खेत में जल निकास का उत्तम प्रबंधन आवश्यक है।
3. भूमि का पी.एच. 7 के आसपास ही हो, यानि खेत की मिट्टी–अम्लीय या क्षारीय नहीं होना चाहिए।
4. खेत की मिट्टी की जांच प्रत्येक वर्ष अवश्य करा लेनी चाहिए। मिट्टी में उपलब्ध तत्त्वों की मात्रा के आधार पर ही पोषक तत्त्वों को बाहर से डालने वाली मात्रा का निर्धारण करें।
5. अफीम की खेती के लिए पर्याप्त जीवांश वाली मध्यम से गहरी काली मिट्टी उपयुक्त होती है। मृदा में कार्बन की मात्रा 0.8 प्रतिशत से अधिक होना उपयोगी होगा।

खेत की तैयारी

1. अफीम की फसल की कटाई के तुरंत बाद या गर्मी में खेत की 8–10 इंच गहरी जुताई मिट्टी पलट/पलटी हल द्वारा अवश्य करनी चाहिए।
2. गर्मी में गहरी जुताई करने से जमीन में उपस्थित खरपतवार के बीज, बीमारियों के बीजाणु एवं कीटों के अण्डे आदि तेज धूप के कारण नष्ट हो जाते हैं ।
3. गहरी जुताई करने से खेत की वर्षा के पानी को सोखने की क्षमता में भी वृद्धि हो जाती है।
4. वर्षा ऋतु में शीघ्र पकने वाली दलहनी फसल लें व खेत अच्छा तैयार करें।
5. बोने से पहले बड़े–बड़े ढ़ेलों को तोड़ने के लिए एक या दो बार आड़ा एवं खड़ा में कल्टीवेटर एवं पाटा लगाकर मिट्टी को भुरभुरी कर समतल कर लेना चाहिए, क्योंकि अफीम का बीज बहुत ही छोटा होता है । ऐसा नहीं करने पर अंकुरण प्रभावित हो सकता है। रोटावेटर का प्रयोग भी उत्तम पाया गया है।

रासायनिक उर्वरक

जो कृषक रासायनिक उर्वरकों का उपयोग करते है उनके लिए अफीम की प्रति 10 आरी में अधिक उपज लेने के लिए आवश्यक पोषक तत्त्वों की मात्रा निम्नानुसार है।

पोषक तत्त्व	मात्रा किलो प्रति 10 आरी	उर्वरकों की मात्रा
नत्रजन	17.5	38 किलो यूरिया
स्फुर	7.5	50 किलो सुपर फॉस्फेट
पोटाश	4.0	6 किलो म्युरेट ऑफ पोटाश
गंधक (सल्फर)	5.0	5 किलो

वर्धक एवं सूक्ष्म तत्व

अफीम में दाने एवं अमल (अफीम) की ज्यादा पैदावार लेने के लिए सूक्ष्मपोषी तत्त्वों के छिड़काव ही उत्तम है। सूक्ष्म तत्त्वों के छिड़काव से फसल में बीमारियों से लड़ने की क्षमता का विकास होता है। इसके लिए प्रतिष्ठा ऐश्वर्या तरल या पुष्कल तरल 3 मि.ली. एक लीटर पानी में घोलकर छिड़काव करें। अधिक हरितिमा, वजन एवं ओज प्रदान करने हेतु मैग्नीशियम एवं कैल्शियम युक्त मेगाकॉल का 2–3 मि.ली./लीटर पानी का छिड़काव श्रेष्ठ सिद्ध हुआ है।

हारमोन का प्रयोग अफीम में करने से जहां तक हो सकें, बचें और अगर करना भी पड़े तो बहुत सावधानी पूर्वक करना चाहिए। इसके लिए डी. स्प्राउट एम–6 को 8 मि.ली. 15 लीटर पानी में घोलें। चीरा चालू होने के 7 एवं 3 दिन पहले छिड़काव करें। सावधानी रखें कि इस हारमोन का प्रयोग फल आने के पहले नहीं करें।

उन्नतशील जातियां

भारतवर्ष में विभिन्न जलवायु खण्डों हेतु अफीम की उपयुक्त किस्में

क्रं.	किस्म का नाम	सोर्स	वर्ष	सेंटर
1	जवाहर अफीम ऋ 16 (जे.ए.–16)	एम.ओ.पी.–16	1984	मंदसौर (म.प्र.)
2	चेतक अफीम	यू.ओ.–285	1989	उदयपुर (राज.)
3	त्रिशना	आई.सी.–42	1989	दिल्ली
4	कीर्तिमान	एन.ओ.पी.–4	1990	फैजाबाद (उ.प्र.)
5	जवाहर ओपियम पॉपी–539 (जे.ओ.पी.539)	एम.ओ.पी.–539	1998	मंदसौर (म.प्र.)
6	जवाहर ओपियम पॉपी–540 (जे.ओ.पी.540)	एम.ओ.पी.–540	1999	मंदसौर (म.प्र.)

प्रमुख जातियों के गुण

क्र.	गुण	जवाहर अफीम–16	चेतक अफीम	त्रिशना	कीर्तिमान	जे.ओ.पी.–39	जे.ओ.पी.–539
1	पौधों की ऊँचाई (सेमी)	95–100	90	90	106–108	75–80	91–95
2	पत्ती के प्रकार	सेरेटेड	डिपली सेरेटेड	सेरेटेड	सेरेटेड	डिपली सेरेटेड	सेरेटेड
3	फूल के रंग	सफेद	सफेद	पींक	सफेद	सफेद	सफेद
4	पेटल के प्रकार	डिपली सेरेटेड	सेरेटेड	सेरेटेड	सेरेटेड	सेरेटेड	सेरेटेड
5	फूल आने का समय (बुआई उपरान्त दिन)	80–85	91–97	80–85	80–90	80–85	85–90
6	प्रथम चीरा (बुआई उपरान्त दिन)	100	100–105	110	115–120	105	110
7	डोडे की संख्या (प्रति पौधा)	2–3	1	5–7	2–3	2	2
8	लैटेक्स उपज कि./हे.	60–65	52–57	49–53	45–50	65	75
9	पोस्ता बीज (खसखस) उपज कि./हे.	1226	1000	900	1000–1200	1740	1788
10	मार्फिन प्रतिशत	12.26%	12.50%	14.78%	12.00%	14.85%	13.00%

बुवाई का सही समय

अफीम की बुआई का उचित समय अक्टूबर अंतिम सप्ताह से नवम्बर के दूसरे सप्ताह तक है। उपयुक्त तापक्रम 25 से 30 डिग्री से. पर अंकुरण अच्छा होता है। अगर अक्टूबर में भूमि का तापक्रम ज्यादा हो तो नवम्बर के प्रथम सप्ताह में बुवाई करनी चाहिए। किन्हीं कारणों से नवम्बर के आखिरी सप्ताह में बुवाई करनी पड़े तो बीज की मात्रा ज्यादा रखनी चाहिए। साथ ही खाद की मात्रा सवाई करनी होगी।

बीज की मात्रा

कतार में बोनी के लिए 5 से 6 किलोग्राम एवं फुकवां बोनी के लिए 7 से 8 किलोग्राम बीज प्रति हेक्टेयर लगेगा।

रासायनिक बीज उपचार

इसके लिए क्रिलैक्जिल–35 एस.डी. या एप्रान–35 एस.डी.–8 ग्राम या कार्बेन्डाजीम मैन्कोजेब 3 ग्राम प्रति किलो बीज की दर से उपचारित करें।

जैविक बीजोपचार

ट्राईकोडर्मा (प्रोटेक्ट) या श्री बायो एजेन्ट एस.टी.9 या केसिना 6–8 ग्राम प्रति किलोग्राम बीज की दर से उपचारित करें।

विधि : बीज को छोटे प्लास्टिक के ऊपर फैलावें एवं हाथ में रबड़ के दस्ताने पहनकर बीज उपचार हेतु अनुशंसित दवा की मात्रा में डालकर मिलावें एवं उसके बाद हाथ अच्छी तरह से साफ करें। दवा डालने के पहले पानी के छीटें देकर बीज में लपेटें। इससे दवा को बीज के साथ चिपकने में मदद मिलेगी।

कतार में ही बुवाई करें

कतार से कतार की दूरी 30 से.मी. एवं पौधे की दूरी 8 से 9 से.मी. रखनी चाहिए। इससे वांछित पौध संख्या मिल जायेगी। इसके लिए तैयार खेत में मेढ़ के पास लम्बाई में एक रस्सी खीचें।

फुकवां बोनी नहीं करना चाहिए लेकिन अगर की गई है तो छनाई इस प्रकार करें कि प्रति वर्गमीटर 35 से 40 पौधे रह जायें।

सावधानियाँ

- बीज और खाद मिलाकर न बोयें।
- बीजोपचार के तुरंत बाद छांव में बीज सुखाकर जल्दी बोवनी कर दें।
- उपचारित बीज दूसरे दिन के लिए न बचावें।
- बीज को अधिक गहराई में न डालें।
- बीज अनुसंधान केन्द्रों से ही प्राप्त करें।

उपयुक्त पौध संख्या

अच्छी पैदावार के लिए 3.5 से 4.0 लाख स्वस्थ पौधे प्रति हेक्टर रखें। एक वर्गमीटर में 35 से 40 पौधे होने चाहिए।

सिंचाई प्रबंधन

बोनी के तुरंत बाद सिंचाई करें। गलवन (अच्छे अंकुरण हेतु दी गई पहली सिंचाई) 7 से 10 दिन पर दें। अगली सिंचाईयां 15-20 दिन के अंतर पर करते रहें। कली, पुष्प एवं डोडे अवस्थाओं पर सिंचाई करना न भूलें, उगलवान (चीरा के पहले सिंचाई) चीरा के 3 से 7 दिन पहले दें। भारी जमीन में चीरे के बीच सिंचाई न करें। अफीम फसल में फूल आने से पहले तक फुव्वारा (स्प्रिंकलर) से सिंचाई दी जा सकती है। फूल आते समय स्प्रिंकलर से सिंचाई देने से पेटल्स (पंखुड़ियां) डोडे पर चिपक जाते हैं । डोडा काला पड़ जाता है एवं उत्पादन कम हो जाता है। पानी की कमी को देखते हुए ड्रिप के माध्यम से सिंचाई की जा सकती हैं।

अफीम में टपक सिंचाई

पानी को सही मात्रा में समुचित उपयोग करने हेतु 'टपक' सिंचाई विधि भी उत्तम है। इसके लाभ निम्नलिखित है-

1. सिंचाई जल की बचत।
2. खरपतवारों मे कमी।
3. पोषक तत्त्वों की बेहतर प्राप्ति।
4. पौध संख्या बढ़ने के कारण अफीम एवं पोस्ता दाना के उत्पादन में वृद्धि।
5. बिजली की बचत एवं अनिश्चितता में सिंचाई।

खरपतवार प्रबंधन

अफीम रबी मौसम की फसल होने से तथा कम क्षेत्रफल होने से खरपतवार की कोई गंभीर समस्या नहीं होती। शुरू की अवस्था में अगर खरपतवार एवं छनाई पर ध्यान न दिया जाय तो उपज पर विपरीत प्रभाव पड़ता है। अफीम के कृषक हाथ/खुरपी से ही निदाई-गुड़ाई करें। केवल विशेष परिस्थितियों में ही रासायनिक नींदानाशकों का प्रयोग करें।

रासायनिक खरपतवार नियंत्रण अनुसंधान द्वारा अनुशंसित कुछ खरपतवारनाशी जैसे बासालीन 2.0 ली./हे. (या 0.20 लीटर/10 आरी) का उपयोग बुआई से पहले करने की अनुशंसा की गयी है या आईसोप्रोट्यूरान बुआई के 30 दिन बाद 0.25 किलो/हे. (या 0.025 किलो/10 आरी) दिया जा सकते है ।

समन्वित खरपतवार

विभिन्न विधियों के समन्वित उपयोग से अफीम की फसल में खरपतवारों का नियंत्रण कर सकते हैं-

1. फसल काटने के बाद खेत की गहरी जुताई करें।

2. बोने के पूर्व खेत में एक बार बक्खर अवश्य चलायें।
3. फसल चक्र अवश्य अपनायें।
4. पकी हुई गोबर की खाद या वर्मी कम्पोस्ट का उपयोग करें।
5. बुआई के 25–30 दिन बाद पहली छनाई एवं दूसरी छनाई के समय गुड़ाई अवश्य करें।
6. खरपतवारनाशी का उपयोग करना पड़े तो सावधानी पूर्वक करें।

अफीम के रोग

मृदुरोमिल आसित (डाऊनीमिल्ड्यू), पाऊडरीमिल्ड्यू, जड़ सड़न, तना गलन, कालर रॉट एवं आरोबेन्की (भूपाड़ा) इत्यादि।

मृदुरोमिल आसित (डाऊनीमिल्ड्यू)

डाऊनीमिल्ड्यू (काली मस्सी) से बहुत हानि होती है। रोग का प्रकोप पौध अवस्था से लेकर फल आने तक रहता है। सबसे ज्यादा हानि इस फसल पर तब होती है जब रोग का प्रकोप पौधों की छनाई के बाद होता है। उस समय किसान को रोगी पौधों की छनाई करनी ही पड़ती है, क्योंकि वे पौधे अफीम नहीं दे पाते है। इससे पौध संख्या कम हो जाती है। रोग के भंयकर प्रकोप की दशा में अफीम की मात्रा एवं दानों में भारी कमी हो जाती है।

रोग फैलने के कारण

अफीम फसल के कमजोर होने पर यह रोग अधिक फैलता है। अफीम के कमजोर होने का कारण निम्न है–

1. रोगी फसल से बीज का लेना।
2. बीजोपचार करके नहीं बोना।
3. पौधों के लिए उचित पानी का प्रबंधन न होना।
4. भूमि में पोषक तत्त्वों की कमी होना।
5. समय पर पौधों की छनाई नहीं करना।

रोग का वार्षिक प्रसार

यह रोग परनोस्पोरा आरबोरेसेस नामक फफूंद द्वारा उत्पन्न होता है। यह रोग बीज जन्य एवं भूमि जन्य भी है। इस रोग का प्रभाव ठण्ड एवं अधिक नमी वाले मौसम में अधिक होता है।

लक्षण

रोग का प्रकोप फसल पर किसी भी अवस्था में हो सकता है। इस रोग का संक्रमण दो तरह से होता है। प्राथमिक संक्रमण में रोग से प्रभावित पौधों की पत्तियां पीली पड़कर मुड़ जाती है। पौधों की बढ़वार रूक जाती है तथा पत्ती के निचली सतह पर फफूंद दिखाई देती है। द्वितीय संक्रमण आमतौर पर तब होता है जब पौधे लगभग एक माह के हो जाते हैं। इससे पत्तियों पर भूरे या काले धब्बे बन जाते हैं, ये धब्बे बड़े हो जाते हैं और नीचे की पत्तियों पर फैल जाते हैं । इस

रोग से प्रभावित फसल की बढ़वार कम हो जाती है डोडों का विकास नहीं होता है और अगर पौधों पर डोडे आते भी हैं तो आकार में बहुत छोटे होते हैं।

प्रबंधन

1. स्वस्थ तथा प्रमाणित बीज बोना चाहिए। क्रिलैक्सिल 35 एस.डी. या एप्रान–35 एस.डी. नामक दवा 8 ग्राम प्रति किलो बीज दर से उपचारित करें। यह दवा अनुपलब्ध हो तो कार्बेन्डाजीम और मैन्कोजैब 3 ग्राम प्रति किलो बीज से उपचारित करें। किसी बर्तन में बीज को ले, 15–20 बूंद पानी डालकर बीज को नम कर लें। तत्पश्चात दवा डालकर अच्छी तरह मिला दें।
2. फसल चक्र ऐसा अपनायें, जिसमें एक ही खेत में लगातार अफीम की फसल न ली जाय।
3. रोग के प्रारंभ होते ही रोग ग्रस्त पौधों को उखाड़कर जला देना चाहिए इससे रोग के फैलने की गति, कम की जा सकती हैं। रोग ग्रस्त पौधे खेत में या मेढ़ पर न डालें।
4. खड़ी फसल में मेटालैक्सिल 72 एम.जेड. (किलैक्सिल या मेटल प्लस या रेडोमिल) 2 ग्राम या एलियेट 2 ग्राम या करजेट एम.–8 का 2.5 ग्राम या डायेथेन एम.–45 का 3 ग्राम या कुमान एल. 3 मि.ली. एक लीटर पानी में घोलकर 35 दिन, 55 दिन एवं 75 दिन पर छिड़काव करें।

चूर्णी फफूंद (पाऊडरी मिल्ड्यू)

यह रोग अफीम उगाने वाले सभी क्षेत्रों में पाया जाता है।

रोग का वार्षिक आवर्तन एवं प्रसार

यह रोग इरिसाइफी पालिगोनाई नामक फफूंद से होता है। रोग फफूंद के कोनिडिया से होता है जो हवा द्वारा रोगी पौधों से स्वस्थ पौधों तक पहुचते हैं ।

रोग फैलने का समय

यह रोग अफीम की फसल पर बुआई के 90–100 दिन बाद दिखाई देता है यानि फरवरी के अंतिम सप्ताह या मार्च के प्रथम सप्ताह से दिखाई देने लगता है परन्तु तापमान में अधिक वृद्धि होने पर यह फरवरी के दूसरे या तीसरे सप्ताह में भी दिखाई देने लगता है।

रोग के लक्षण

रोग के प्रारंभिक लक्षण सबसे पहले तनों के निचले हिस्से पर दिखाई देते हैं बाद में यह रोग पत्तियों की सतह पर सफेदी के रूप में दिखाई देता है। बाद में सफेद धब्बे बन जाते हैं जो धीरे –धीरे काले पड़ जाते हैं । इस रोग का प्रकोप तीव्र होने पर कभी–कभी सफेद चूर्ण डोडों पर भी दिखाई पड़ता है और पूरा पौधा सफेद चूर्ण से ढ़क जाता है। रोगी पौधों में डोडे का भार एवं दानों की संख्या कम हो जाती है। रोग के व्यापक होने पर डोडे में चीरा लगाने पर उसमें से अफीम कम या बिल्कुल नहीं निकलती हैं।

प्रबंधन

- फसल लेने के बाद फसल के अवशेषों एवं खरपतवारों को नष्ट कर दें।
- अफीम की देर से बुआई नहीं करना चाहिए।
- रोग के लक्षण दिखाई देते ही या 90 दिन की अवस्था पर सल्फीन गोल्ड या माइक्रो सल्फर ली. पानी हेक्सोकोनेजोल (एलर्ट) या बेलिटान या की, या केरोथियान 1 मि.ली. एक लीटर पानी में घोलकर छिड़काव करें।
- रोग प्रतिरोधी किस्में लगाना चाहिए।
- अफीम की अगेती किस्में बोनी चाहिए।

जीवाणु तना गलन

अफीम का पौधा जब 55 से 60 दिन का होता है तब यह जीवाणु जनित रोगों के लक्षण दिखाई पड़ते हैं तथा फूल आने तक रोग के लक्षण प्रकट हो सकते हैं । प्रारंभिक अवस्था में तनों का गलना शुरू होता हैं धीरे-धीरे पौधों का पूरा तना सड़कर काला पड़ जाता है तथा उसमें बदबू आने लगती है।

प्रबंधन

- नत्रजन युक्त उर्वरक विशेषकर यूरिया का प्रकोप अनुशंसित मात्रा से अधिक न करें।
- रोगग्रस्त पौधे को जड़ सहित निकालकर या तो जला दें या गड्डे में गाड़ दें।
- रोगग्रस्त पौधे की छनाई के बाद खेत के मेड़ या सिंचाई के नालियों में न फेंकें, नहीं तो सिंचाई के माध्यम से जीवाणु आकर रोग फैला सकते हैं ।
- स्ट्रेप्टोसाइक्लीन या क्रोसीन एजी 2 ग्राम 15 लीटर पानी में घोलकर छिड़काव करें।

जड़ सड़न

लक्षण

यह रोग अफीम में दूसरी एवं तीसरी छनाई के समय दिखाई देता है। जिससे पौध संख्या में कमी हो जाने के कारण अफीम एवं पोस्ता दाना दोनों के उत्पादन पर प्रभाव पड़ता है। यह रोग राइजोक्टोनिया एवं यूरेजियम नामक कवक से होता है। रोग तने पर मिट्टी के समीप वाले भाग से शुरू होकर जड़ की ओर आगे बढ़ता है। शुरू में पौधा मुरझा जाता है एवं हल्का पीला दिखाई देने लगता है बाद में सभी पत्तियां पीली होकर धीरे-धीरे जमीन की सतह पर चिपक जाती है तथा फिर पूरा पौधा सूख जाता है। यह रोग पानी भरने वाले खेतों में या उचित जल निकास न होने से या तीसरी छनाई के बाद अधिक नत्रजन वाले उर्वरक देने से ज्यादा लगता है।

प्रबंधन

- गर्मी में खेत की गहरी जुताई करें जिससे ताप के प्रभाव से रोगाणु मर जाएं।
- संक्रमित पौधों को उखाड़कर इकट्ठा करके जलायें एवं घासों को निकालकर खेत की सफाई करनी चाहिए।

- जुलाई–अगस्त में हरी खाद को खेत में पलटने के बाद 1–2 किलो प्रति 10 आरी में ट्रायकोडर्मा विरिडी (प्रोटेक्ट) एवं एस.टी. 9 या केसिना जैविक फफूंदनाशी का प्रयोग करना चाहिए जिससे मिट्टी के सभी रोगाणु मर जाएं।
- फसल चक्र अवश्य अपनायें।
- रोगाणुओं की जमीन में संख्या एवं मिट्टी के प्रकार के अनुसार 5 से 8 ग्राम ट्रायकोडर्मा विरिडी प्रोटेक्ट प्रति किलो बीज की दर से बीजोपचार करें।
- खेत में समुचित जल निकास एवं भूमि में वायु संचार सुनिश्चित करें।
- बुआई के 30–35 दिन बाद या आखिरी छनाई के बाद फसल में ट्रायकोडर्मा 500 ग्राम 20 किलो सड़ी गोबर की खाद या वर्मी कम्पोस्ट अथवा प्रतिष्ठा ऐश्वर्या में मिलाकर प्रति 10 आरी के मान से डालें।
- उर्वरकों (नत्रजन) एवं सूक्ष्म पोषी तत्त्वों का सही अनुपात में प्रयोग करें।
- रोग का प्रकोप दिखाई देने पर या कार्बेन्डाजीम और मैन्कोजेब (सी.एम.–75 या सैफ) 2 ग्राम प्रति लीटर पानी में घोलकर रोग ग्रस्त पौधे के आस–पास जमीन को तर कर एवं छिड़काव करें।

आरोबेंकी रेमोसा (भूपाड़ा या पूर्ण जड़ परजीवी)

आरोबेंकी एक पूर्ण जड़ परजीवी है। इसका प्रकोप अफीम पर उस समय होता है, जिस समय अफीम में फूल, डोडे आने या कभी–कभी चीरा लगाने की अवस्था होती है। इसके प्रकोप से कभी–कभी गंभीर समस्या पैदा हो जाती है, क्योंकि अफीम कृषक चीरा लगा चुका होता है ऐसे समय में उसका लाइसेन्स (पट्टा) बचाना मुश्किल हो जाता है। आरोबेंकी का प्रकोप अफीम के अलावा सरसों, बैंगन, टमाटर, असगंध आदि फसलों पर भी होता है तथा इन फसलों के उत्पादन में 50–60 प्रतिशत तक की कमी आती है। संक्रमित अफीम के पौधे की वृद्धि रूक जाती है। पौधे पीले पड़ जाते हैं और ऐसे पौधे के डोडे से अफीम एवं पोस्तादाना बहुत कम निकलता है।

भूमिगत कीट (दीमक एवं कटुआ इल्ली)

अफीम फसल में दीमक एवं कटुआ इल्ली की रोकथाम के लिए क्लोरोपाइरीफॉस चूर्ण या दानेदार या यूराडान–3 या क्रीटाफ–4 जी या फोरेट 10 जी 1.5 से 2 किग्रा प्रति 10 आरी के मान से आखरी बखरनी के समय खेत में प्रयोग करे। यदि खड़ी फसल में दीमक का आक्रमण हो गया हैं तो क्लोरोपायरीफॉस 20 ई.सी. का 1500–2000 मि.ली. दवा सिंचाई के पानी के साथ बूंद–बूंद टपका कर दें।

लक्षण

तेला (थ्रिप्स) मुख्य रूप से छोटे डोडे अवस्था में नुकसान करते हैं । तेला डोडे पर, तना पत्तियों पर हल्के छेद करते हैं, जहां से अफीम की बूंद निकल आती है। डोडे पर छोटे–छोटे काले धब्बे हो जाते हैं ।

प्रबंधन

1. नाइट्रोजनयुक्त उर्वरकों का अधिक मात्रा में इस्तेमाल ना करें।
2. इमिडाक्लोरोपिड (सेन्सेक्स या जोश) 1 मि.ली. एक लीटर पानी में घोलकर छिड़काव करें या मिथाईल ओडेमेटान (मेटासिस्टाक्स) 1.5 मि.ली. प्रति लीटर पानी में घोलकर छिड़काव करें।

अफीम का मोला (एफिड)

पोषक पौधे : अफीम

क्षति प्रवृत्ति : शिशु व प्रौढ द्वारा पत्तियों का रस चूसना।

जीवन चक्र : वर्ष में इसकी 12–14 पीढ़ियां पाई जाती है।

शिशु अवस्था : 7 से 9 दिन, रंग–पीला

प्रौढ़ अवस्था : 5 से 7 दिन, रंग–काला

लक्षण

यह एक छोटे कद वाला कीट है जो अफीम की पत्तियों और डंठल की निचली सतह पर रहकर रस चूसता है। मोला का आक्रमण 55–60 दिन की अवस्था पर शुरू होता है। पुष्प अवस्था से शुरू हुए आक्रमण के समय पत्तियों की निचली सतह पर ये सर्व प्रथम दिखाई देते हैं । मोला के प्रकोप से पत्तियां पीली पड़ने लगती हैं । मोला निचली पत्ती से शुरू होकर ऊपर की ओर बढ़ता है।

प्रबंधन

1. नाइट्रोजन युक्त उर्वरकों का अधिक मात्रा में इस्तेमाल न करें।
2. जब एक पत्ती पर 3 से 4 मोला दिखाई दें तब निम्नलिखित में से किसी भी एक दवा का तीसरा छिड़काव फिर 15 दिन बाद करें।

   इमिडाक्लोरोपिड (सेन्सेक्स या जोश) मिथाईल ओडेमेटान (मेटासिस्टाक्स) 1–2 मि.ली. दवा प्रति लीटर पानी में मिलाकर छिड़कें।

लक्षण

इस इल्ली का प्रकोप पुष्प अवस्था से शुरू होता है। बहुत छोटे डोडे पर यह अण्डे देती है। इन अण्डों से इल्लियां निकलकर कुछ दिन ऊपरी सतह पर रहने के बाद डोडे के अंदर प्रवेश कर दानों को खाती है। इस तरह के डोडे से अफीम कम निकलती है, साथ ही इसकी विष्टा से दानों में कालापन आ जाता है।

प्रबंधन

1. सर्वप्रथम गर्मियों मे गहरी जुताई करें।

2. पुष्प की पंखुड़ियां गिरने के बाद या डोडे पर एक दो इल्ली दिखाई देने पर ट्रायजोफॉस (जीएसपी ट्रायजो या टारजन) क्विनालफास (जी-लक्स) या इण्डोसल्फान 2 मि.ली. प्रति लीटर पानी के मान से छिड़काव करें।
3. खेतों में सुण्डी की पहली व दूसरी अवस्था के लिए एन.पी.वी 450 एल.ई. प्रति हेक्टर का छिड़काव करें। इस छिड़काव से एक भी वायरस इस कीट के अंदर चला जाएं तो इसका बचना असंभव है।
4. इसके अतिरिक्त खड़ी फसल पर नीम के बीजों के पाउडर बायो नीम गोल्ड का 5 प्रतिशत घोल का छिड़काव करें।

अफीम फसलों को पाले से कैसे बचाएं ?

अत्यधिक सर्दी के मौसम मे जब तापमान जमाव बिंदु के आस पास आ जाता है, उस समय अफीम के पौधों के कोमल भागों में प्रवाह करता हुआ रस जम जाता है। इस स्थिति को पाला पड़ना कहते है। पाले से पौधों की वृद्धि करती हुई पत्तियां, फूल व डोडे पर असर पड़ता है।

पूर्वानुमान : पाला गिरने की स्थिति पूर्वानुमान किया जाना अति आवश्यक होता है, जिससे आवश्यक उपाय करके अफीम फसल में पाले से होने वाले नुकसान से बचा जा सकें। अफीम के कृषक यहां दिये जा रहे कुछ खास लक्षणों के आधार पर पाला गिरने की संभावना का पता लगा सकते हैं, जिससे समय रहते कृषक अफीम बचाव हेतु आवश्यक कार्यवाही करके पाले के असर को कम कर सकते हैं-

1. शीतकाल में सांयकाल हवा का चलना अचानक बंद हो जाना।
2. वातावरण में नमी या आर्द्रता का कम हो जाना।
3. कड़ाके की सर्दी के साथ-साथ आकाश में बादल का न होना, क्योंकि कड़ाके की सर्दी में यदि आकाश बादल से घिरा हो तो पाले गिरने की संभावना नहीं रहती।

पहचान : अफीम फसल में पाले के प्रकोप के लक्षण सर्वप्रथम पत्तियों की नसों पर दिखाई देता है। इसमें नसें हल्की लाल दिखाई देती है बाद में धीरे-धीरे पत्तियों, बड (कली) एवं डोडे के ऊपर दिखाई देता है। पाले से प्रभावित डोडे काले पड़ जाते हैं तथा उसमें अफीम कम निकलती है तथा दाने हल्के सिकुड़े हुए होते है, जिसमें तेल की मात्रा कम होती है तथा बीज के लिए उपयोग में नहीं ला सकते हैं।

पाले से बचाव की विधियाँ

1. **वायुरोधी पौधे**
2. **सिंचाई द्वारा :** अफीम फसल को सिंचाई द्वारा तर रखने से तापक्रम 0.5 से 2.0 डिग्री सेल्सियस तक बढ़ जाता है। पानी इतना देना चाहिए कि मिट्टी केवल गीली रहें।
3. **धुआं द्वारा :** 10 आरी क्षेत्र के लिए 3-4 जगह पर 10-11 से.मी. ऊँचाई तक धुआं करने पर पर्याप्त बचाव होता है। धुआं लगभग आधी रात के बाद करें।

4. **रसायनों द्वारा :** पाले के प्रभाव से पौधों को बचाने के लिए वैज्ञानिकों ने विभिन्न रसायनों का प्रयोग सफलतापूर्वक किया है, जैसे ग्लूकोज एक ग्राम या मेगाकॉल 3 मि.ली. व पुष्कल पाउडर 1 ग्राम मिली. गंधक का तेजाब प्रति लीटर पानी में मिलाकर छिड़काव करें। अफीम कृषक को गंधक का तेजाब छिड़कते समय विशेष सावधानी रखनी चाहिए।

चीरा एवं लूना

चीरे का कार्य डोडा कड़ा हाने पर ही शुरू करें। चीरा दोपहर बाद तापमान ज्यादा होने एवं नमी कम हो तब किया जाना चाहिए, बादल वाले दिनों में चीरा लगाने पर अफीम कम निकलती है।

लूना बहुत सुबह जब हवा में नमी ज्यादा हो एवं तापमान कम हो तब करें। साधारणतया सूर्योदय के पहले से 10 बजे सुबह तक करें।

चीरा एवं लूना में सावधानियाँ

चीरा लगाने का समय 12 से 2 बजे के बीच जब तापमान अधिक हो और वातावरण शुष्क होने पर, तब लगाना चाहिए, इस प्रकार से 4 से 5 चीरा कैप्सूल के चारों तरफ लगाना चाहिए। लूना सूर्योदय से पहले शुरू करके 10 बजे पूर्व जब हवा में नमी ज्यादा हो तथा तापमान कम हो, अवश्य पूरा कर लेनी चाहिए।

उपज

भारत का औसम उत्पादन लगभग 56 किलो अफीम प्रति हेक्टर है। उपरोक्त वैज्ञानिक काश्त से 65 से 80 किलो अफीम का उत्पादन लिया जा सकता है। 10 से 12 क्विंटल बीज एवं 8 से 9 डोडा चूरा प्रति हेक्टर प्राप्त होता है ।

अपना अफीम का बीज (खसखस) कैसे बनायें ?

1. स्वस्थ एवं प्रमाणित बीज से ही बीज बनायें।
2. जिस खेत में बीज बनाना है वहां की अफीम फसल के बीच वाला क्षेत्र बीज बनाने के लिए चुनें।
3. डोडे तोड़ते समय अपने साथ एक बड़ी पोलिथिन की थैली रखें। खेत में घूमना चालू करें, निर्धारित क्षेत्र में ही जायें। एक-एक पौधे का निरीक्षण करें। एक पौधे पर जितने डोडे है। उन पर लगे चीरे गिनें। प्रति डोडा चीरें निकालें।

अधिक बीज (खसखस) उत्पादन के लिए क्या करें ?

1. पौध संख्या 35 से 40 हजार प्रति 10 आरी के लिए रखें।
2. कली अवस्था पर 2 किलो प्रति 10 आरी के मान से यूरिया अथवा 1 किलो पुष्कल दानेदार सिंचाई के साथ दें।
3. धोली मिस्सी (पाऊडरी मिल्ड्यू) के रोकथाम के लिए सल्फीन गोल्ड 2.5 मि.ली./ली. पानी या बेलिटान का छिड़काव 90 दिन की अवस्था पर अवश्य करें।

4. डोडा छेदक इल्ली के लिए 80-100 दिन एवं चीरे के बीच में जीएसपी ट्रायजो या जीलक्स (क्वीनालफॉस) या इण्डोसल्फान का छिड़काव करें।
5. मेगाकॉल तरल का नियमित उपयोग करें (2 से 3 छिड़काव)
6. 80 प्रतिशत अफीम आने पर हल्की सिंचाई करें ।

फसल को आड़ी पड़ने से कैसे बचाएं ?

1. निर्धारित मात्रा से अधिक नत्रजन नहीं दें।
2. निर्धारित मात्रा से अधिक पौध संख्या नहीं रखें।
3. छनाई समय पर करें, सब्जी-भाजी बेचने के लोभ से बचें।
4. इस फसल में 60 दिन तक हल्की सिंचाई दें। कली, पुष्प एवं डोडा अवस्था पर सिंचाई अवश्य करें।
5. अफीम की फसल के आस-पास अधिक ऊँचाई वाली फसलों को उगायें जो हवा को रोकने का कार्य करेगी।
6. मेगाकॉल व बायो-पोटाश (3 मिली प्रति लीटर पानी में) के छिड़काव वाली फसल का तना मजबूत होने से आड़ी पड़ने से बचाव होता है।
7. जब बढ़वार ज्यादा लगे तब तुरन्त माइक्रोसिल 1 मि.ली. एक लीटर पानी के मान से छिड़काव करें।
8. यदि कतार में बोनी की गई है तो फसल को गिरने से बचाने के लिए कतारों के बीच रस्सी बांधी जा सकती है।
9. तेज हवा चल रही हो तो सिंचाई नहीं करें।

अध्याय | 3

हींग की खेती

हींग एक बहुवर्षीय स्व-परागण वाली फसल है। यह साधारणतया अधिक ऊंचाई तथा रेगिस्तान जैसी जगहों में उगाया जाता है। हींग फेरूला परिवार के पौधे से अगस्त से अक्टूबर के बीच प्राप्त की जाती है। पौधों की जड़ों के पास राइजोम में सावधानीपूर्वक एक कट लगायी जाती है। जिससे दूध जैसा पदार्थ स्रावित होता है। जिसे सावधानीपूर्वक एकत्र कर किसी डिब्बे में रख लिया जाता है। यह हींग का सबसे शुद्ध रूप है। इसे फिर खाने वाले पदार्थ जैसे स्टार्च, चावल का आटा, मैदा या गम इत्यादि के साथ मिलाकर तैयार कर पैक किया जाता है।

हींग की खेती कैसे करें ?

हींग की खेती अच्छे जल निकास वाली बलुई, दोमट या क्ले मृदा में की जा सकती है। यह झाड़ीनुमा पौधा है जिसकी लंबाई 6 फीट तक जाती है तथा 5 फीट तक फैलता है। यह किसी भी पी.एच. वाली मिट्टी चाहे अम्लीय, क्षारीय या उदासीन में उगायी जा सकती है। हींग के पौधे को पूर्ण सूर्य की रोशनी की आवश्यकता होती है। इसलिए इसकी खेती छायादार स्थान पर नहीं की जा सकती है। जहां हींग की खेती की जानी है वहां जल जमाव बिल्कुल नहीं होना चाहिए। इसके विपरीत हींग का पौधा थोड़ी मात्रा में सूखा सहन कर सकता है। हींग 0 से 35 डिग्री सेण्टीग्रेट तक तापमान सहन कर सकता है। अत: इसकी खेती भारत के पहाड़ी इलाकों में की जा सकती है। हींग के बीज की बुवाई आर्द्र मौसम गमले में की जा सकती है तथा पौधा उग जाने के बाद इसे जहां लगाना है वहां लगा सकते हैं। हींग का पौधा लगाने की दूरी 6 फीट रखनी चाहिए। हींग एक मोनोकार्पिक (एक बार फल देने वाला) पौधा है। इसलिए यह सिर्फ एक बार उगता है तथा फूल आने के बाद मर जाता है। हींग के पौधे में फूल आने में सालों लग सकते हैं। इनके फूल हल्के हरे

रंग के छत्रनुमा होते हैं। फल अण्डाकर, चिपटे तथा पतले लाल भूरे रंग के होते हैं। इनकी जड़ें मोटी, गूद्देदार तथा घनी होती है। हींग के पौधे के हर भाग में खुशबू होती है। हींग के पौधे की सबसे बड़ी खासियत है कि पशु इनका नुकसान नहीं करते।

हींग का पौधा लगाने में सावधानियां

हींग के पौधे (seedling) जब बहुत छोटे हो तभी उसे जहां लगाना है वहां रोपाई कर देनी चाहिए, चूंकि इनके taproot लंबे होते हैं। अत: सीडलिंग बड़े हो जाने पर taproot disturc हो जाते हैं तथा पौधे की बढ़वार प्रभावित होती हैं।

कीड़े बीमारियां एवं नियंत्रण

हींग के पौधे में मुख्यतया कोई बीमारी नहीं लगती है लेकिन कभी-कभी एफिड या स्लग का प्रकोप हो सकता है। एफिड का आक्रमण होने पर पानी का छिड़काव या कीटनाशी घोल या नीम के तेल का छिड़काव काफी प्रभावी होता है। स्लग को हाथ से चुनकर या ट्रेप्स लगाकर नियंत्रित किया जा सकता है।

हींग की खेती में चुनौतियां

हींग की खेती में सबसे बड़ी चुनौती यह है कि इनके बीज बहुत मुश्किल से मिलते हैं।

हींग का संगठन

हींग में 40-64% रेसिन, 25% इण्डोजिनस गम, 10-17% वोलेटाइल तेल, 1.5-10% ऐश होती है। रेसिन वाले भाग में "A" तथा "B" फेरूलिक एसिड होते हैं।

हींग का उपयोग

हींग का उपयोग करने वाले देशों में भारत का स्थान प्रथम है। दुनियां में एक साल में जितने हींग का उत्पादन होता है। उसमें से 40 प्रतिशत की खपत भारत में होती है। हींग का उपयोग खाने का जायका बढ़ाने के अलावा औषधीय उपयोग भी अत्यधिक है।

अगर बी.पी. लो है तो हींग का सेवन कीजिए। दांत के दर्द की स्थिति में हींग को थोड़े से पानी में उबालकर गुन-गुने पानी से कुल्ला करने पर बहुत फायदा होता है। हींग का गरम पानी से गलाला करने से गले का संक्रमण तीन दिन में ठीक हो जाता है।

हींग को तेल में पकाकर उसे तेल का छानकर रख लें और रोज एक बूंद सुबह-शाम कान में डालने से कान के दर्द से निजात मिलती है। नीम की कोमल पत्तियों और हींग को पीसकर फोड़े फुंसी या चोट वाली जगह पर लगाने से राहत मिलती है, घाव जल्दी भरता है।

हींग का इस्तेमाल श्वसन नाल से जुड़ी समस्याओं के समाधान के लिए बहुत अच्छा है, जैसे छाती में बलगम या दर्द की शिकायत में हींग बहुत फायदेमंद होता है। पेट दर्द, गैस या अपच होने पर हींग का उपयोग बहुत फायदेमंद रहता है।

हींग के अधिक उपयोग से नुकसान

हींग के अधिक उपयोग से होंठ सूज जाते हैं तथा त्वचा लाल पड़ने लगती है। इसे ज्यादा खाने से सिरदर्द या चक्कर आना, उच्च या निम्न रक्तचाप जैसी समस्या आ जाती है।

हींग की उत्पत्ति

हींग का उत्पत्ति स्थान ईरान तथा अफगानिस्तान के पहाड़ी इलाकों को माना जाता है। हींग की खेती मुख्य रूप से ईरान, अफगानिस्तान, इराक, तुर्केमेनिस्तान और बलूचिस्तान में होती है।

भारत में हींग की खेती की संभावनाएं

भारत में हींग की खेती की अपार संभावनाएं है, क्योंकि हींग के लिए मिट्टी तथा जलवायु के अनुसार भारत के पर्वतीय क्षेत्रों में इसकी खेती सफलतापूर्वक की जा सकती है तथा भारत हींग का सर्वाधिक उपयोग करने वाला देश होने के कारण इसकी बिकवाली भी अच्छे से हो जाएगी तथा किसानों की आमदनी भी हींग की फसल बेचने से बढ़ेगी। शुद्ध हींग का बाजार मूल्य रू. 35-37 हजार प्रति किलो है तथा जंगली पशुओं के द्वारा इस पौधे को नहीं खाया जाता। अत: जंगली पशुओं से नुकसान का भी डर नहीं है।

अध्याय **4**

मेथी की वैज्ञानिक खेती

अंग्रेजी नाम : फेनुग्रीक

वानस्पतिक नाम : *ट्राईगोनेल्ला फोइनमग्रीकम* अथवा *ट्राईमोनेल्ला कार्निकुलेटा*

कुल : फेबेसी (लेग्युमिनेसी)

उत्पत्ति एवं इतिहास– दक्षिण–पूर्वी यूरोप एवं पश्चिमी एशिया को इसका उद्‌भव स्थान माना जाता है। यह विश्वास किया जाता है कि इथोपिया में सर्वप्रथम इसकी उत्पत्ति हुई है। भारत एवं उत्तर अफ्रीका में इसे प्राचीनकाल से ही मसाले एवं सब्जी के रूप में उगाया जा रहा है। भूमध्यरेखीय देशों, रूसी क्षेत्र एवं अन्य उपोष्ण देशों में सब्जी तथा पशुओं के चारे के रूप में उगाया जाता है। हमारे देश में पत्तीदार सब्जी के साथ–साथ बीज की फसल के रूप में भी इसकी खेती की जाती है। मेथी की खेती सम्पूर्ण भारत वर्ष में की जाती है। राजस्थान, मध्यप्रदेश, छत्तीसगढ़, गुजरात, उत्तर प्रदेश, महाराष्ट्र एवं पंजाब में इसकी व्यापक रूप से खेती होती है।

वानस्पतिक विवरण (Botanical Description)– मेथी एक अधिक बढ़वार वाला पौधा है जो सीधा बढ़ता है। पौधे लगभग 40–70 सेमी. लम्बे होते हैं। इसकी पत्तियाँ हल्के हरे से गहरे हरे रंग की होती है जिनके किनारे कभी–कभी गुलाबी रंग के हो सकते हैं। पत्तियों के कक्ष से 2–

3 छोटे सफेद रंग के पुष्प निकलते हैं। इसकी पत्तियाँ 8–10 सेमी. लम्बी, पतली एवं पकने पर भूरे रंग की होती है जिसमें 8–15 पीले–भूरे रंग के चिकने बीज होते हैं। कसूरी मेथी इसकी दूसरी प्रजाति है, इसके पौधों की बढ़वार प्रारम्भिक अवस्था में धीमी गति से होता है तथा पौधे पूरे वानस्पतिक काल में रोजेट बौने बने रहते हैं। इसके फूल चमकीले नारंगी या पीले रंग के होते हैं। सामान्य मेथी की तुलना में इसकी फलियाँ छोटी एवं हँसिया के समान होती हैं। कसूरी मेथी अधिक उपज देने वाली फसल होती है।

पोषण एवं महत्त्व– इसकी मुलायम पत्तियों को सब्जी के रूप में तथा इसके बीज को मसाले के रूप में प्रयोग किया जाता है। यह औषधीय एवं औद्योगिक रूप में भी महत्त्वपूर्ण है। इसमें प्रोटीन तथा सूक्ष्म तत्त्व काफी अधिक मात्रा में पाये जाते हैं। पत्तियों में जैन्थोफिल तथा बीटा कैरोटीन पाया जाता है। पत्तियों में जैन्थोफिल तथा बीटा कैरोटीन पाया जाता है। पत्तियों के विकसित होने के साथ–साथ इसकी मात्रा बढ़ती जाती है जो 28–30 दिनों बाद हानि होना प्रारम्भ हो जाता है। पत्तियों में बीटा कैरोटीन के अतिरिक्त निओबीटा कैरोटीन बी एवं निओ कैरोटीन यू पाया जाता है। इसमें विटामिन के तथा अल्फा एवं बीटा टोन्मेफेराल्स भी पाया जाता है। इसकी पत्तियाँ कोलिन की भी अच्छी स्रोत हैं। पौधे में पाई जाने वाली 80 प्रतिशत विटामिन 'सी' की मात्रा पत्तियों में पाई जाती है।

मेथी की पत्तियों में अन्य सूक्ष्म तत्त्व भी काफी मात्रा में पायी जाती है। इसकी पत्तियों में सेलेनियम (167 मिग्रा.) तथा क्रोमियम (0.0006 मिग्रा.) पाया जाता है। इसके अतिरिक्त आयरन, मेग्निशियम, कॉपर, मालीब्डेनम तथा जिंक भी पाया जाता है। मेथी की सूखी पत्तियों का पोषण महत्त्व दाल के बराबर होता है। इसमें पाये जाने वाले प्रोटीन का सापेक्ष मूल्य 77.6 प्रतिशत और जैविक मूल्य 84% (पाण्डेय, 2005) इसके प्रोटीन में लाइसिन की अच्छी मात्रा होती है। पत्तियों के अतिरिक्त मेथी के बीजों को मसाले एवं औषधीय उपयोग हेतु प्रयोग किया जाता है। इसका बीज वातहर, दीपन, कफनाशक, स्निग्ध, शोथहर, बय, वातानुलोमक, आध्मानहर, दुग्धवर्धक तथा गर्भाशय संकोचक होता है। इसके पत्र शीतल, दाहशामक, शोथहर एवं मृदु विरेचक होते है। इसका उपयोग अपस्मार, पक्षाघात, वातरोग, जीर्णकास, प्लीहा तथा यकृत वृद्धि आदि रोगों में लाभकारी होता है। बीजों के क्वाथ को मधु के साथ सेवन करना, अर्श में लाभकारी होता है। इसके बीजों से बनाये गये लड्डू का प्रयोग प्रसूता में किया जाता है, जिससे भूख बढ़ती है, मल शुद्धि और आर्तवशुद्धि होती है। अजीर्ण, अग्निमांद्य, आमवात एवं कामशक्ति की कमजोरी में भी ये उपयोगी है। मधुमेह में इसके अंकुरित बीजों के सेवन से लाभ होता है। ज्वर में भी इसके अंकुरित बीजों के सेवन से लाभ होता है। प्रसूता स्त्री को मेथी के बीजों का दलिया बनाकर देने से दुग्ध वृद्धि होती है। रक्तातिसार एवं मसूरिका में इसके बीज भूनकर और फिर उसका चूर्ण बनाकर देने से लाभ होता है। सूजन एवं देह में इसके पत्रों को पीसकर इसका लेप करने से लाभ होता है। हाथ–पैरों में के कारण होने वाले दर्द में मेथी के बीजों को घी में भूनकर इसका आटा बनाते हैं तथा इसमें घी एवं गुड़ मिलाकर लड्डू बना लेते हैं । प्रतिदिन एक लड्डू लेने से सप्ताह भर में यह बिमारी ठीक हो जाती है। अतिसार रोकने के लिए घी में भुने हुए मेथी के बीज, बादियाण और नमक का प्रयोग किया जाता है। श्वेत प्रदर में मेथी

का चूर्ण 3 ग्राम, गुड़ मिलाकर सेवन करें व मेथी की पोटली धारण करायें। इसके बीजों को कॉडलिवर आयल के स्थान पर प्रयोग किया जाता है और इसका प्रयोग गण्डमाला, फक्करोग, पाण्डु, वातरक्त, मधुमेह और अन्य रोगजन्य दौर्बल्य में किया जाता है। मरोड़-पेचिश में मेथी का रस मिश्री के साथ मिलाकर प्रयोग किया जाता है। बहुमूत्र में मेथी के पत्तों के रस में कत्था एवं मिश्री मिलाकर पिलाने में लाभ होता है। त्वचा को मुलायम और स्वस्थ रखने के लिए इसके बीजों का उपयोग किया जाता है। बालों के झड़ने पर तथा सूजन होने पर इसका लेप उपयोगी होता है। लू लगने पर मेथी की सुखाई हुई भाजी ठंडे जल में भिगोकर भली-भांति भिगाने के बाद हाथ से मलकर तथा इस जल को छानकर इसमें मधु या मिश्री मिलाकर पिलाने से काफी लाभ होता है। मेथी के बीजों को साफ कर इसे दुगुने गाय के दूध में 24 घंटे तक भिगों दें, फिर बीजों को दूध से निकालकर गर्म जल से धोकर छाया में सुखा लें। इसके बाद पुन: गाय के दूध में 24 घंटे तक भिगों दें। इसके बाद बीजों को निकालकर गर्म जल से धोकर छाया में सुखाए लें। इस प्रकार यह प्रक्रिया 14 बार दुहरानी चाहिए। प्रत्येक बार ताजा दूध को प्रयोग करना चाहिए। इन बीजों का चूर्ण बनाकर स्वच्छ तथा सूखी कांच की बोतलों में भर लें। रक्त में बहुत अधिक शर्करा होने पर भी इससे बहुत शीघ्र लाभ मिलता है। 10 ग्राम चूर्ण प्रतिदिन तीन बार दूध के साथ लेना चाहिए।

प्रजातियाँ

1. **पूसा अर्ली बन्चिंग :** यह सामान्य मेथी की एक अगेती किस्म है जिसे भारतीय कृषि अनुसंधान संस्थान, नई दिल्ली से विकसित किया गया है। इसके फूल गुच्छों में आते हैं। फलियाँ 6-8 से.मी. लम्बी होती है। इसमें 2-3 कटाईयाँ की जा सकती हैं तथा बीज बनने में 125 दिनों का समय लग जाता है।

2. **कसूरी मेथी :** इस किस्म को भारतीय कृषि अनुसंधान संस्थान, नई दिल्ली से विकसित किया गया है। यह अपेक्षाकृत देर से तैयार होती है। पत्तियाँ छोटी तथा हँसिये के आकार की होती है। इसमें 2-3 कटाईयाँ की जा सकती है। पत्तियों को काटकर हवा में सुखाकर रखा जा सकता है। इसमें पुष्प देर से आते हैं एवं पुष्प पीले रंग के विशेष सुगन्ध लिए होते हैं। इसमें बुवाई से लेकर बीज बनने तक 156 दिनों का समय लगता है। इस किस्म की औसत उपज 60-70 क्विंटल/हेक्टेयर है।

3. **मेथी संख्या-47 :** यह किस्म महाराष्ट्र के कृषि विभाग द्वारा विकसित की गयी है। इस किस्म के पौधों की पत्तियाँ चौड़ी तथा रसीली होती हैं जिसमें विटामिन 'सी' अधिक होती है।

4. **लाम सेलेक्शन.** इस किस्म को स्थानीय जनन द्रव्यों से चयनित कर विकसित किया गया है। इसके पौधे मध्यम ऊँचाई तथा झाड़ीदार होते है। जिनमें शाखायें अधिक निकलती हैं। यह अधिक उपज देने वाली किस्म है। इस किस्म को बीज के उद्देश्य से इसे आन्ध्र प्रदेश में खेती के लिए अनुमोदित किया गया है।

5. **प्रभा :** इसे नागपुर के स्थानीय जननद्रव्य से विशुद्ध वर्षक्रम चयन विधि द्वारा विकसित किया गया है। इसके पौधे थोड़े झुके होते हैं। यह किस्म रोग एवं कीटों के प्रति अवरोधी है तथा इस किस्म की बीज उत्पादन क्षमता अधिक है।

6. **यू.एम.–112 :** यह एक सीधी बढ़वार वाली किस्म है, जिसके पौधे काफी लम्बे होते हैं और यह पत्ती तथा बीज दोनों की दृष्टि से अच्छी है। इसके बीज में डाइओसजीनिन की काफी मात्रा (7.5 मि.ग्रा. प्रति ग्राम बीज) पाई जाती है।

7. **यू.एम.–50 :** यह भी एक उन्नतशील किस्म है जिसे पत्ती तथा दानों के लिए उगायी जाती है।

8. **आई.सी.–74 :** यह एक स्थानीय किस्म है जिसके पौधे सीधी बढ़वार वाले होते हैं जिसमें अधिक शाखायें निकलती हैं। यह किस्म पत्ती तथा बीज दोनों के लिये उगायी जाती है।

9. **को.1– :** इस किस्म को तमिलनाडु कृषि विश्वविद्यालय, कोयम्बटूर से टी.जी.–2336 से पुन: चयन करके विकसित किया गया है। यह एक अधिक उपज देने वाली किस्म है जो पत्ती एवं बीज दोनों की दृष्टि से उपयोगी है।

10. **बरबरा :** यह एक सीधी बढ़वार वाली किस्म है। इसके बीज पीले रंग के होते हैं और इसमें ट्राइगोनेलिन की मात्रा अधिक होती है।

11. **कश्मीरी :** यह पूसा अर्लीबन्चिंग किस्म से 10–15 दिनों में देर से तैयार होने वाली एक अच्छी उपज वाली किस्म है। इसके अधिकांश गुण 'पूसा अर्लीबन्चिंग' के समान होते हैं परन्तु यह किस्म अपेक्षाकृत अधिक ठण्ड को सहन करने की क्षमता रखती है। इसके पुष्प सफेद रंग के होते हैं तथा फलियों की लम्बाई 6–8 से.मी. होती है। यह किस्म पर्वतीय क्षेत्रों के लिए सब्जी एवं बीज दोनों की दृष्टि से उपयोगी है।

12. **आर.एम.टी.–1 :** यह किस्म 140–150 दिन में पक कर तैयार होती है। इसके दाने आकर्षक एवं मध्यम आकार के होते है। इसकी उपज 14 क्विंटल/हेक्टेयर है। यह मूल गलन रोग के लिए मध्यम प्रतिरोधी है तथा चूर्णी फफूँद रोग के लिए सहनशील है। इसमें डायोरजेनिन की मात्रा 0.2 प्रतिशत होती है।

13. **आर.एम.टी.–143 :** यह राजस्थान के विशेष रूप से भीलवाड़ा एवं जोधपुर क्षेत्रों के लिए उपयुक्त है। यह किस्म 140–150 दिन में तैयार होती है। इस किस्म की औसत उपज 16 क्विंटल/हेक्टेयर है।

14. **आर.एम.टी.–303 :** यह किस्म 120–725 दिन में पक कर तैयार होती है। इस किस्म की औसत उपज 18 क्विंटल/हेक्टेयर है।

15. **आर.एम.टी.–305 :** इस किस्म का विकास राजस्थान कृषि विश्वविद्यालय के जोबनेर कैम्पस द्वारा किया गया। यह पहली ससीमाक्ष प्रकार की बौनी किस्म है। इसमें कलियाँ एक साथ परिपक्व होती है। चूर्णिल आसिता रोग तथा मूलगाँठ सूत्रकृमि के लिए प्रतिरोधी है।

16. **राजेन्द्र क्रांति :** इस किस्म का विकास राजेन्द्र कृषि विश्वविद्यालय, पूसा (समस्तीपुर) बिहार द्वारा किया गया। यह 120 दिन में पककर तैयार हो जाती है तथा औसत उपज 12.5 क्विंटल/हेक्टेयर है। यह किस्म छाछ्या रोग तथा सूण्डी एवं माहू के प्रति मध्यम सहनशील है।

17. **एन.आर.सी.एस.एस.–ए.एम.–1 :** यह किस्म 137 दिन में पक कर तैयार होती है। इसके दाने बड़े आकार के तथा कम कड़वे होते हैं। इसकी उपज 20 क्विंटल/हेक्टेयर है।

18. **एन.आर.सी.एस.एस.–ए.एम.–2 :** यह किस्म 137 दिन में पक कर तैयार होती है। इसके दाने छोटे तथा ज्यादा कड़वे होते हैं। इसकी उपज 18 क्विंटल/हेक्टेयर है।

19. **एच.एम.–103 :** यह किस्म हिसार से विकसित की गई है। फसल तैयार होने में 140–150 दिन लगते है। इस किस्म की औसत उपज 207 क्विंटल/हेक्टेयर है।

20. **हिसार सोनाली :** यह किस्म चौधरी चरण सिंह हरियाणा कृषि विश्वविद्यालय, हिसार द्वारा विकसित की गई है। यह हरियाणा तथा राजस्थान दोनों प्रांतों के लिए उपयुक्त है। यह 140–150 दिनों में परिपक्व होती है। इस किस्म की औसत उपज 17 क्विंटल/हेक्टेयर है।

21. **हिसार सुवर्णा :** यह किस्म भी चौधरी चरण सिंह हरियाणा कृषि विश्वविद्यालय, हिसार द्वारा विकसित की गई है। यह हरियाणा, राजस्थान तथा गुजरात राज्यों के लिये उपयुक्त है। यह पत्तियों तथा बीज दोनों के उत्पादन के लिए उपयुक्त है। इस किस्म की औसत उपज 16 क्विंटल/हेक्टेयर है। यह पर्ण धब्बा रोग के प्रति अवरोधी है जबकि छाछ्या रोग के लिए मध्यम प्रतिरोधी है।

22. **हिसार माध्वी :** यह किस्म चौधरी चरण सिंह हरियाणा कृषि विश्वविद्यालय, हिसार द्वारा विकसित की गई है। यह सिंचित तथा असिंचित दोनों परिस्थितियों के लिए उपयुक्त है। इस किस्म की औसत उपज 19 क्विंटल/हेक्टेयर है। यह किस्म छाछ्या रोग लिए प्रतिरोधी है जबकि मृदुरोमिल आसिता रोग के लिए मध्यम अवरोधी है।

23. **हिसार मुक्ता :** यह किस्म चौधरी चरणसिंह हरियाणा कृषि विश्वविद्यालय हिसार द्वारा विकसित की गई है। इस किस्म की औसत उपज 20 क्विंटल/हेक्टेयर है। यह किस्म मृदुरोमिल आसिता रोग के लिए अवरोधी है जबकि छाछ्या रोग के लिए मध्यम अवरोधी है।

जलवायु एवं मृदा– मेथी ठण्डे मौसम की फसल है। इस कारण यह कम तापमान एवं पाले के प्रति सहिष्णु होती है। कम से मध्यम वर्षा वाले क्षेत्रों में इसकी खेती सफलतापूर्वक की जा सकती है। अधिक वर्षा वाले क्षेत्रों में उत्पादन पर प्रतिकूल प्रभाव पड़ता है। अच्छी बढ़वार के लिए सम जलवायु तथा कम तापमान की आवश्यकता होती है तथा बीज बनते समय कम तापमान एवं शुष्क मौसम की आवश्यकता होती है। उत्तरी भारत में इसे रबी की फसल के रूप में उगाते हैं तथा दक्षिण भारत में इसे खरीफ की फसल के रूप में उगाते हैं। मेथी को विभिन्न प्रकार की भूमियों में सफलतापूर्वक उगाया जा सकता है। चिकनी दोमट मिट्टी इसकी खेती के लिए उपयुक्त मृदा होती है जिसका पी.एच.मान 6–7 के बीच होना चाहिए। मृदा में जल निकास की उचित व्यवस्था होनी चाहिए। अन्य लेग्युमिनेसी पौधों की तुलना में मेथी क्षारीय अवस्था के प्रति अधिक सहनशील मानी जाती है।

बीज एवं बुआई– पत्तीदार सब्जी के रूप में मेथी को मध्य सितम्बर से मध्य मार्च तक बुवाई की जा सकती है। उत्तर भारत के मैदानी क्षेत्रों में इसे सितम्बर से फरवरी तक लगाते हैं तथा पर्वतीय क्षेत्रों में जुलाई से नवम्बर तक लगाया जाता है। पत्ती के रूप में मेथी की फसल 30–40 दिनों की होती है, अत: लगातार उपलब्धता बनाये रखने के लिए इसे कम–कम दिनों के अन्तराल पर लगाना चाहिए। मेथी की बीज वाली फसल के लिए बुवाई अक्टूबर के प्रथम पखवाड़े में करनी चाहिए। एक हेक्टेयर खेत में उगाने के लिए सामान्य मेथी की 25–30 किग्रा. तथा कसूरी मेथी की 20–25 किग्रा. बीज की आवश्यकता पड़ती है। सामान्यत: मेथी की बुवाई छिटकवां विधि से करते हैं, जिसके लिए खेत को छोटे–छोटे क्यारियों में बाँट लिया जाता है। अनुकूल अवस्था में सामान्य मेथी के बीज 5–6 दिनों तथा कसूरी मेथी के बीज 7–8 दिनों में अंकुरित होते हैं। बीज के उद्देश्य से ली जाने वाली फसल में बीज दर 15 किग्रा. प्रति हेक्टेयर रखी जाती है। मेथी की फसल को कतार में उगाने लिए पंक्ति से पंक्ति की दूरी 20–30 सेमी. तथा पौधे से पौधे की दूरी 7.5–10 सेमी. रखी जाती है।

पोषक तत्त्व प्रबन्धन– मेथी एक दलहनी फसल है। यह वायुमण्डलीय नत्रजन को मिट्टी में संचित करती है जिससे खेत की उर्वरता में वृद्धि होती है। अत: इसके लिए अधिक खाद एवं उर्वरक की आवश्यकता नहीं होती है। लेकिन पौधों की शीघ्र बढ़वार, कोमल तथा रसीली पत्तियों के लिए खाद एवं उर्वरक का प्रयोग करना चाहिए। इसके लिए खेत तैयार करते समय 150 क्विंटल/हेक्टेयर गोबर की खाद तथा बुवाई के समय का 40 किग्रा. नत्रजन तथा 20 किग्रा. फास्फोरस तथा 40 किग्रा. पोटाश प्रति हेक्टेयर खेत में मिला देते हैं तथा प्रत्येक कटाई के बाद 20 किग्रा. नत्रजन प्रति हेक्टेयर देना चाहिए। विभिन्न अनुसंधानों में यह पाया गया कि 40 किग्रा. फास्फोरस एवं 45 किग्रा. पोटाश की मात्रा प्रति हेक्टेयर की दर से देने पर पौधे की बढ़वार उपज, फलियों की संख्या एवं बीज की उपज में वृद्धि पाई गयी है। मेथी में सूक्ष्म तत्त्वों के प्रयोग से उत्साहवर्धक परिणाम मिले हैं। मैंगनीज एवं जिंक के प्रयोग से उपज में वृद्धि पाई गई है।

सिंचाई एवं प्रबंधन– मेथी की फसल की अच्छी बढ़वार के लिए बार–बार सिंचाई की आवश्यकता होती है। यदि बुवाई के समय खेत में नमी की कमी है तो बुवाई उपरान्त तुरंत सिंचाई करनी चाहिए। इसके बाद प्रत्येक कटाई के पश्चात् सिंचाई करना आवश्यक है। बीज के उद्देश्य बीज के उद्देश्य से की जाने वाली फसल में एक सिंचाई फूल आते समय अवश्य करनी चाहिए तथा बाद में फलियों में दाने भरने के समय सिंचाई करनी चाहिए।

खरपतवार प्रबन्धन– फसल की प्रारम्भिक अवस्था में खेत को खरपतवार से मुक्त रखना चाहिए। प्रारम्भिक 4–5 सप्ताहों तक फसल की बढ़वार धीमी रहती है, अत: इस समय निराई–गुड़ाई करना आवश्यक है। इसके पश्चात् फसल तेजी से बढ़ती है तथा खरपतवार पनप नहीं पाते हैं। सेन्जी इसकी प्रमुख खरपतवार है। रासायनिक विधि से खरपतवार नियंत्रण के लिए लूक्लोरेलीन 1.0 किलोग्राम क्रियाशील तत्त्व प्रति हेक्टेयर की दर से बुवाई के पहले खेत में मिला देना चाहिए। अच्छे परिणाम के लिए भूमि में पर्याप्त नमी का होना आवश्यक होता है।

पादप सुरक्षा

1. **पत्ता रोग–** मेथी में यह रोग सर्कोस्पोरा ट्रेवरसियान नामक फफूँद द्वारा होता है। संक्रमण फलस्वरूप पत्तियों पर बहुत से संकेंद्रीय छोटे भूरे वृत्ताकार धब्बे बनते हैं। आरम्भिक अवस्था में धब्बे एक दूसरे से अलग होते हैं, परन्तु रोग की उग्र स्थिति में अनेक धब्बे मिलकर बड़े धब्बे बनाते हैं। इस रोग के नियंत्रण के लिए प्रभावित फसल पर ब्लाइटाक्स-50 की 0.3 प्रतिशत घोल का छिड़काव किया जाना चाहिए। छिड़काव के पूर्व पत्तियों की कटाई कर ली जाय तथा छिड़काव के 7–8 दिनों बाद ही पत्तियों को खाने के प्रयोग में लाना चाहिए।
2. **चूर्णिल आसित या छाछ्या रोग (पाउडरी मिल्डयू)–** यह रोग एरीसाइफ पोलिगोनाई नामक फफूँद से होता है। रोगग्रस्त पत्तियों के ऊपर चूर्ण जैसी परत दिखाई देती है। रोगग्रस्त फसल का बीज उत्पादन क्षमता पर बुरा प्रभाव पड़ता है। इस रोग के नियंत्रण के लिए घुलनशील गन्धक की 0.3 प्रतिशत का छिड़काव करने से रोग का प्रभवाशाली नियंत्रण होता है। कैराथेन दवा की 0.1 प्रतिशत का छिड़काव किया जाना चाहिए। आवश्यकता पड़ने पर 10–15 दिनों बाद पुनः दोहराया जा सकता है। प्रभावित फसल पर 15–25 किग्रा. सल्फर चूर्ण का बुरकाव भी किया जा सकता है।
3. **मृदुरोमिल आसिता (डाउनी मिल्ड्यू)–** यह रोग पेरोनोस्पोरा ट्राइगोनेल्सी नामक फफूँद से होता है। रोग के लक्षण के प्रारम्भ से पत्तियों की निचली सतह पर मृदुरोमिल वृद्धि के रूप में प्रकट होता है। रोग की उग्र अवस्था में पत्तियां पीली पड़कर नीचे गिरने लगती है फिर पौधे की वृद्धि रूक जाती है। इस रोग के नियंत्रण के लिए प्रभावित फसल पर रिसोमिल 0.2 प्रतिशत का पर्णीय छिड़काव करना चाहिए। आवश्यकता पड़ने पर छिड़काव 10–15 दिनों बाद दोहराया जाना चाहिए।
4. **जड़ गलन (रूट राट)–** रोग के आने पर पत्तियां सूखना प्रारम्भ होती है और अन्त में पूरा पौधा सूख जाता है। फलियाँ बनने के बाद इनके लक्षण देर से प्रकट होते हैं । बीज को कैप्टान नामक फफूँदनाशी द्वारा उपचारित करके बोना चाहिए। बीज को ट्राइकोडर्मा द्वारा (4 ग्राम प्रति किलोग्राम) बीज की दर से उपचारित कर सकते हैं । इसके अतिरिक्त उचित फसल चक्र अपनाना, गर्मी की जुताई करना आदि भी रोग को कम करने में सहायक होता है।
5. **माहू (एफिड)–** इस कीट का प्रकोप मुख्यतः बीज वाली फसल में होता है। यह छोटे–छोटे कीट पौधों की पत्तियों, फलियों एवं अन्य भागों का रस चूसकर पौधे को कमजोर बना देता है। इस कीट के नियंत्रण के लिए डाइमेथोएट 30 ई.सी. या मिथाइल डिमेटान 25 ई.सी. 4 लीटर/हेक्टेयर के हिसाब से पानी में मिलाकर प्रयोग करना चाहिए।

तुड़ाई, उपज एवं भण्डारण

मेथी को पत्तीदार सब्जी के रूप में उगाने पर जब फसल तीन सप्ताह की हो जाती है तब कटाई जमीन की सतह से 2–3 सेमी ऊँचाई से की जाती है। कहीं–कहीं सम्पूर्ण पौधों को जड़

सहित उखाड़कर बाजार में बेचा जाता है। पौधों को उखाड़कर गुच्छा बनाकर बेचा जाता है। मेथी की देर से कटाई करने पर पत्तियां कड़वी हो जाती हैं। कसूरी मेथी में कटाई अपेक्षाकृत देरी से की जाती है। मेथी की कटाई का बीजोत्पादन पर विशेष प्रभाव पड़ता है। कटाई की संख्या बढ़ाने पर बीज उत्पादन घट जाता है। फसल को एक कटाई के बाद यदि बीजोत्पादन के लिए छोड़ दिया जाए तो बीज की उपज 6-8 क्विंटल/हेक्टेयर और पांचवीं कटाई के बाद बीज की उपज 0.75 क्विंटल/हेक्टेयर प्राप्त होती है। सामान्यत: 2-3 कटाईयों के बाद फसल को बीजोत्पादन के लिए छोड़ देना चाहिए। साधारण मेथी हरी पत्तियों की उपज 70-80 क्विंटल/हेक्टेयर होती है तथा कसूरी मेथी की उपज 90-100 क्विंटल/हेक्टेयर तक प्राप्त हो जाती है। मेथी की पत्तियों को अच्छी तरह से सुखाकर भण्डारित किया जा सकता है।

अध्याय 5

सरसों की वैज्ञानिक खेती

वानस्पतिक नाम- ब्रेसिका स्पीसिज

कुल- क्रूसीफेरी

महत्त्व एवं उपयोग- सरसों के हरे पौधे से लेकर सूखे तने और शाखाओं एवं बीज सभी का मानव उपयोग में बहुत ही महत्त्वपूर्ण स्थान है। सरसों के हरे पौधे का उपयोग जानवरों के हरे चारे आदि के लिये तथा नई कोमल शाखाओं का उपयोग सब्जी के रूप में किया जाता है। सरसों के तेल का उपयोग शरीर मालिश के लिये, खाने में, लकड़ी के सामान पर लगाने के लिये, साबुन और रबर के सामान के निर्माण में होता है। सरसों के बीजों को टेबिल मस्टर्ड, मसाले, आचार और सब्जियों के लिये भी प्रयोग किया जाता है।

भारत विश्व में सर्वाधिक क्षेत्र में राई-सरसों उगाने वाला देश है। राई एवं सरसों का भारत के कुल तिलहनों में लगभग 29 प्रतिशत योगदान है तथा मूंगफली के बाद इसका दूसरा स्थान है। भारत वर्ष में राई-सरसों का क्षेत्रफल 6-7 मिलियन हेक्टेयर एवं उत्पादन 7 से 8 मिलियन टन एवं उत्पादकता 1000 से 1150 किलोग्राम प्रति हेक्टेयर है।

भूमि– राई–सरसों के भरपूर उत्पादन हेतु उत्तम जल निकास तथा जल धारण क्षमता वाली दोमट और हल्की भूमि अधिक उपयुक्त होती है। अम्लीय, लवणीय व क्षारीय भूमि इस फसल की खेती के लिये अनुपयुक्त है परन्तु हल्की ऊसर भूमि में हरी खाद, कम्पोस्ट व जिप्सम का उपयोग करके राई–सरसों की फसल ली जा सकती है।

जलवायु– भारत में सरसों की खेती शरद ऋतु में की जाती है। इस फसल को 18–25° सेल्सियस तापमान की आवश्यकता होती है। सरसों की फसल के लिये फूल आते समय वर्षा, अधिक आर्द्रता एवं वायुमंडल में बादल छाये रहना अच्छा नहीं रहता है। अगर इस प्रकार का मौसम होता है तो फसल पर माहू के आने का अधिक प्रकोप हो जाता है।

खेत का चुनाव व तैयारी

सरसों की अच्छी उपज के लिये समतल एवं अच्छे जल निकास वाली बलुई दोमट से दोमट मिट्टी उपयुक्त रहती है लेकिन यह लवणीय एवं क्षारीयता से मुक्त हो। क्षारीय भूमि से उपयुक्त किस्मों का चुनाव करके भी इसकी खेती की जा सकती है। जहाँ की मृदा क्षारीय हों प्रति तीसरे वर्ष जिप्सम 5 टन प्रति हेक्टेयर की दर से प्रयोग करना चाहिये। जिप्सम की आवश्यकता मृदा पी.एच. मान के अनुसार भिन्न हो सकती है। जिप्सम को मई–जून में जमीन में मिला देना चाहिये। सरसों की खेती बारानी एवं सिंचित दोनों ही दशाओं में की जाती है। सिंचित क्षेत्रों में पहली जुताई मिट्टी पलटने वाले हल से और उसके बाद तीन–चार जुताईयाँ तवेदार हल से करनी चाहिये। प्रत्येक जुताई के बाद खेत में पाटा लगाना चाहिये जिससे खेत में ढेले न बनें। बुवाई से पूर्व अगर भूमि में नमी की कमी हो तो खेत में पलेवा करने के बाद बुवाई करें। फसल बुवाई से पूर्व खेत खरपतवारों से रहित होना चाहिये। बारानी क्षेत्रों में प्रत्येक बरसात के बाद तवेदार हल से जुताई करनी चाहिये जिससे नमी का संरक्षण हो सके। प्रत्येक जुताई के बाद पाटा लगाना चाहिये जिससे कि मृदा में नमी बनी रहे। अंतिम जुताई के समय 1.5 प्रतिशत क्यूनालफास 25 किलोग्राम प्रति हेक्टेयर की दर से मृदा में मिला दें ताकि भूमिगत कीड़ों से फसलों की सुरक्षा हो सके।

बुवाई का समय एवं बीज दर– बुवाई का उपयुक्त समय अधिक उत्पादन की कुंजी है। विलम्ब से बुवाई करने पर उपज में भारी गिरावट आ जाती है। उपयुक्त समय पर बोयी गयी फसल में रोग व कीटों का प्रकोप भी कम हो जाता है। इसके कारण पौध संरक्षण पर आने वाली लागत से भी बचा जा सकता हैं। असिंचित क्षेत्रों में सरसों की बुवाई 15 सितंबर से 15 अक्टूबर तक सिंचित क्षेत्रों में 10 अक्टूबर से 30 अक्टूबर तक बुवाई का कार्य कर लेना चाहिये।

हमेशा प्रमाणित बीज की बुवाई करें। बीज विश्वसनीय संस्था से ही खरीदना चाहिये। यदि स्वयं का बीज उपयोग कर रहे हैं तो बीज की अच्छी तरह से सफाई करने के बाद ही बुवाई करें। 5–6 कि.ग्रा. बीज की आवश्यकता प्रति हैक्टेयर होती है।

बोने की विधि– कई क्षेत्रों में सरसों की बुवाई अभी भी छिटकवां पद्धति से की जाती है। इस विधि से बीज सूखे स्थान पर रहने व बीज हल द्वारा मिलाये जाने पर गहरा चले जाने से सही अंकुरण नहीं हो पाता है। इस कारण अपेक्षित पौध संख्या नहीं रह पाती है। बीज की अधिक मात्रा

के उपयोग करने से पौधों की संख्या अधिक हो जाती है जिसके कारण उर्वरक एवं नमी के लिये प्रतियोगिता बढ़ जाती है और उपज में भारी कमी आ जाती है।

बुवाई देशी हल या सीडड्रिल से कतारों में करें। पंक्ति से पंक्ति की दूरी 30 से.मी. एवं पौधे से पौधे की दूरी 10-12 से.मी. एवं बीज को 2-3 से.मी. से अधिक गहरा न बोयें।

बीज शोधन (बीजोपचार)– बीज द्वारा उत्पन्न रोगों के नियंत्रण के लिये बीज को बोनी के पूर्व फफूंदनाशक दवाओं से बीजोपचार करना एक आवश्यक कृषि क्रिया है। बीजोपचार रोग नियंत्रण का सस्ता एवं सरल उपाय है। बीजोपचार करने से बीजों का अंकुरण अच्छा, शीघ्र एवं एक समान होता है।

श्वेत किट्ट एवं मृदुरोमिल आसिता से बचाव हेतु मेटालक्जिल 6 ग्राम एवं तना सड़न या तना गलन रोग से बचाव हेतु कार्बेन्डाजिम 3 ग्राम प्रति किलो ग्राम बीज की दर से बीजोपचार करें।

उन्नतशील किस्में

किस्में	पकने की अवधि (दिनों में)	उपज (कि.ग्रा./हे.)	पैदावार के लिये उपयुक्त क्षेत्र
समय पर बुवाई वाली सिंचित क्षेत्र की किस्में—			
आर एल एम 619	140-145	1340-1900	गुजरात, हरियाणा, जम्मू एवं कश्मीर
पूसा विजय	135-154	1890-2715	दिल्ली
क्रान्ति	125-135	1100-2135	हरियाणा, उ.प्र., राजस्थान
पूसा जयकिसान (बायो 9.2)	135-155	2500-3500	गुजरात, महाराष्ट्र, राजस्थान
पूसा बोल्ड	110-140	2000-2500	राजस्थान, गुजरात, दिल्ली, महाराष्ट्र
पूसा मस्टर्ड 21	137-152	1800-2100	पंजाब, दिल्ली, राजस्थान, उ.प्र.
पूसा मस्टर्ड 22	138-148	1674-2528	पंजाब, हरियाणा, राजस्थान
असिंचित क्षेत्र के लिये किस्में—			
अरावली	130-135	1200-1500	राजस्थान, हरियाणा
आर बी 501	41-15	2846-2425	दिल्ली, हरियाणा, पंजाब, राजस्थान, जम्मू एवं कश्मीर
अगेती बुवाई—			
पूसा अग्रणी	110-115	1500-1800	दिल्ली, हरियाणा, पंजाब, राजस्थान
पूसा मस्टर्ड 27	115-120	1400-1700	उत्तर प्रदेश, मध्यप्रदेश, उत्तराखण्ड, राजस्थान

किस्में	पकने की अवधि (दिनों में)	उपज (कि.ग्रा./हे.)	पैदावार के लिये उपयुक्त क्षेत्र
पूसा मस्टर्ड 28	105–110	1750–1990	दिल्ली, हरियाणा, पंजाब, राजस्थान, जम्मू एवं कश्मीर
पूसा मस्टर्ड 25	105–110		उत्तर पश्चिम राज्य
पूसा महक	115–120		उत्तर पूर्वी व पूर्वी राज्य
देर से बोई जाने वाली किस्में—			
एन आर सी एच बी 101	120–125	1200–1450	उ.प्र., म.प्र, राजस्थान
सी एस 56	113–147	1170–1425	हरियाणा, पंजाब, राजस्थान
आर एन एन 505	121–127	1200–1400	राजस्थान
आर एन एन 145	121–141	1450–1640	दिल्ली, हरियाणा, पंजाब
पूसा सरसों 24	135–145	2020–2900	हरियाणा, पंजाब, राजस्थान, दिल्ली, जम्मू एवं कश्मीर
पूसा सरसों 26	123–128	1400–1800	हरियाणा, पंजाब, राजस्थान, दिल्ली, जम्मू एवं कश्मीर, उ.प्र.

फसल चक्र– जिन क्षेत्रों में सिंचाई के साधन है, उन क्षेत्रों में सरसों की बोनी के पूर्व खरीफ में खेत खाली नहीं छोडना चाहिये। सस्य सघनता बढ़ाने हेतु अन्य फसलों के क्रम में इसे सफलता पूर्वक उगाया जा सकता है। इसकी खेती से भूमि एवं आने वाली फसल के उत्पादन पर किसी भी प्रकार का विपरीत प्रभाव नहीं पडता। सरसों पर आधारित उपयुक्त फसल चक्र निम्नानुसार लिये जा सकते है–

मूंग/उडद/सोयाबीन–सरसों–मूंग

मूंग/उडद/बाजरा/तिल–सरसों–मूंग

सरसों/तोरिया–ग्रीष्मकालीन सब्जियाँ

अंतरवर्तीय फसलें

I. सरसों मसूर (1 : 9)– सरसों की एक कतार तथा मसूर की 9 कतार के अनुपात में बोनी करना लाभदायक होगा।

II. सरसों चना (1 : 9)– सरसों की एक कतार तथा चने की 9 कतार के अनुपात में बोनी करना लाभदायक होगा।

III. सरसों गेहूँ (1 : 9)– कम पानी या असिंचित गेहूँ की सरसों के साथ अंतरवर्ती खेती का भी काफी लाभ होता है। इसमें एक कतार सरसों तथा 9 कतार गेहूँ की बुवाई करें ।

खाद एवं उर्वरक की मात्रा– भरपूर उत्पादन प्राप्त करने हेतु रासायनिक उर्वरकों के साथ केंचुआ की खाद, गोबर या कम्पोस्ट खाद का भी उपयोग करना चाहिये। सिंचित क्षेत्रों के लिये अच्छी सड़ी हुई गोबर या कम्पोस्ट खाद 100 क्वि./हेक्टेयर. अथवा केंचुआ की खाद 25 क्विंटल/हेक्टेयर. या देशी खाद 40–50 क्विं./हे. की दर से वर्षा के पूर्व खेत में डालें और वर्षा के मौसम में खेत की तैयारी के समय खेत में मिला दें। उर्वरकों का प्रयोग मृदा परीक्षण के आधार पर करना अधिक उपयोगी होगा। सरसों को नत्रजन, स्फुर एवं पोटाश जैसे प्राथमिक तत्त्वों के अलावा गंधक तत्त्व की आवश्यकता अन्य फसलों की तुलना में अधिक होती है।

दशा	उर्वरक (कि.ग्रा./है)			
	नत्रजन	स्फुर	पोटाश	गंधक
असिंचित	40	20	10	15
सिंचित	100	50	25	40

कई क्षेत्रों की मृदाओं में गंधक तत्त्व की कमी देखी गई है, जिसके कारण फसलोत्पादन में दिनों दिन कमी होती जा रही है तथा तेल का प्रतिशत भी कम हो रहा है। इसके लिये 30 से 40 कि.ग्रा. गंधक तत्त्व प्रति हैक्टेयर की दर से देना आवश्यक है। जिसकी पूर्ति अमोनियम सल्फेट, जिप्सम आदि उर्वरकों के उपयोग से की जा सकती है।

उर्वरक देने का समय

बारानी अथवा असिंचित– अनुशंसित नत्रजन, स्फुर, पोटाश तथा गंधक की सम्पूर्ण मात्रा बुवाई के समय खेत में अच्छी तरह मिला दें।

सिंचित क्षेत्र– अनुशंसित नत्रजन की आधी मात्रा एवं स्फुर, पोटाश व गंधक की संपूर्ण मात्रा बुवाई के समय खेत में अच्छी तरह मिला दें तथा नत्रजन की शेष बची हुई आधी मात्रा पहली सिंचाई के बाद खेत में खड़ी फसल में छिटक कर दें।

नीदा प्रबंधन

फसल उत्पादन में नीदा एक बहुत बड़ी समस्या है। यदि सरसों में नीदा नियंत्रण न किया जाएं तो 30 प्रतिशत तक उपज में कमी आती है। मोथा, दूबघास, कृष्णनील, सत्यानाशी, सेंजी, प्याजी, बथुआ, मटरी, कटेली, चटरी–मटरी, अकरा, हिरनखुरी एवं जंगली गोभी आदि सरसों के प्रमुख खरपतवार है।

सरसों में क्रांतिक अवस्था 15–40 दिन तक होती है। अत: प्रभावी नीदा नियंत्रण फसल की क्रांतिक अवस्था पर ही करें।

1. **निरोधी उपाय–** खरपतवार रहित बीज बोयें, पशुओं को खरपतवार बीज रहित चारा खिलायें, पचे हुये गोबर की खाद का उपयोग करें, खेती उपयोगी यंत्रों की सफाई के बाद उपयोग करें, सिंचाई की नालियों व मेंड़ों को खरपतवार रहित रखें ।

2. **यांत्रिक विधियाँ–** हाथ द्वारा निंदाई की जाये तो अन्य विधियों की तुलना में उपज में अधिक वृद्धि होती है। लेकिन अन्य कृषि कार्य की अधिकता होने के कारण किसान हाथ से निंदाई नहीं कर पाता है। मजदूरी अधिक और मजदूर उपलब्ध न होना भी इसके प्रमुख कारण है। यदि हाथ द्वारा निंदाई संभव हो तो सरसों में बुवाई से 20 से 30 दिन के अन्दर एक निंदाई अवश्य कर देनी चाहिये।

3. **रासायनिक विधि–** भरपूर उपज प्राप्त करने के लिये फसल को प्रारम्भिक अवस्था से ही नीदा रहित रखना लाभकारी होता है। इसके लिये खेत की अंतिम तैयारी के समय लूक्लोरोलीन की एक कि.ग्रा. सक्रिय तत्त्व की मात्रा 600 लीटर पानी में घोलकर प्रति हेक्टेयर की दर से खेत की अंतिम तैयारी के समय छिड़काव करना चाहिये। इसके बाद फसल की बुवाई करें । यदि ऐसा न कर सकें तो फसल की बुवाई के तुरन्त बाद (अंकुरण के पूर्व) पेण्डीमेथलीन नामक रसायन की 1.0 कि.ग्रा. सक्रिय तत्त्व की मात्रा 600 लीटर पानी में घोलकर प्रति हैक्टेयर की दर से छिड़काव करें । नीदा नाशक का प्रयोग खेत में पर्याप्त नमी होने की स्थिति में ही करें । इसके बाद में यदि नीदा आते हैं तो उन्हें निंदाई द्वारा निकाल दें।

तालिका– नीदानाशी के प्रयोग का समय एवं मात्रा

नीदानाशी	मात्रा (ग्राम सक्रिय तत्व/हे.)	प्रयोग का समय
ट्राईलोरेलिन	1000	बुवाई के पूर्व
आइसोप्रोट्यूरान	750–1000	बुवाई के 3 दिन के अन्दर
पेण्डीमेथलीन	750–1000	बुवाई के 3 दिन के अन्दर
क्यूजालोफाप ईथाइल	40–50	बुवाई के 15–20 दिन बाद
क्लोडिनोफाप प्रोपार्जिल	60	बुवाई के 15–20 दिन बाद
ओक्साडाईजिल	90	बुवाई के तुरन्त बाद अंकुरण के पूर्व

सरसों के प्रमुख कीट

1. माहू या एफिड– इस कीट का वैज्ञानिक नाम 'लिपाफिस ईरिसीमाई' है। एफिड या माहू आकार में छोटे लगभग 2 मि.मि. लम्बे तथा गोलाकार होते है। इन कीटों के मुखांग चुभाने एवं चूसने वाले होते हैं। इस कीट की देह के अन्तिम सिरे पर दो छोटी–छोटी नलिकायें होती है जिन्हें 'कूणिका या कार्निकल्स' कहते है। मैदानी भागों में यह नवम्बर से मार्च तक सक्रिय रहता है। यह अनिषेक जनन रूप से भी प्रजनन करता है। मादा 26–133 शिशु को जन्म देती है जो 7–16 दिन में वयस्क बन जाते हैं। पंखदार कीट शीत/बसन्त में पैदा होते हैं जो एक स्थान से दूसरे स्थान पर चले जाते हैं। इस कीट के शिशु एवं वयस्क दोनों पत्तियों, पौधों के कोमल भागों व फूलों से रस चूसते हैं। पत्तियाँ मुड़ जाती हैं। फूल एवं दाना नहीं बनता है। जो भी फली बनती है उसमें स्वस्थ बीज नहीं बनते है। प्रभावित पौधा कमजोर होकर मुरझा कर मर जाता है। ये कीट एक विशेष प्रकार के मधुस्त्राव ''हनीड्यू'' का उत्सर्जन भी करते हैं जो कि पौधे की पत्तियों पर फैल जाता है

एवं इस पर एक विशेष प्रकार की काली कवक उग जाती है जो पौधे के प्रकाश संश्लेषण में बाधा उत्पन्न करती है।

वातावरण में न्यूनतम 6–10° सेल्सियस एवं अधिकतम 15–24° सेल्सियस तापक्रम एवं 70–80 प्रतिशत आर्द्रता इस कीट की बढ़वार के लिये अनुकूल पायी गई है। जिसमें इस कीट की वृद्धि बहुत तेजी से होती है। हल्की वर्षा एवं बदली युक्त मौसम इस कीट की बढ़वार के लिये सोने पे सुहागा का कार्य करता है।

रोकथाम एवं नियंत्रण

- समय पर बोई गई फसल में इस कीट का प्रकोप या तो होता नहीं है और होता भी है तो बहुत कम।
- प्रकोप की प्रारम्भिक अवस्था में यदि कीट प्रभावित टहनियों को तोड़कर नष्ट कर दें तो इसकी बढ़वार रूक जाती है।
- माहू नियंत्रण हेतु डायमिथाएट 30 ई.सी. को 1 लीटर या मेटासिस्टोक्स 25 ई.सी. की 1 लीटर मात्रा को 500 लीटर पानी में घोलकर प्रथम छिड़काव आर्थिक क्षति कारक अवस्था पर एवं दूसरा 15 दिन बाद करने पर अच्छा कीट नियंत्रण होता है।

2. सरसों की आरा मक्खी– इस कीट का वैज्ञानिक नाम '' ऐथेलिया ल्यूगेन प्रक्सिमा'' है। प्रौढ़ कीट की देह पर नारंगी पीला रंग का चिन्ह होता है तथा पंखे का रंग गहरा भूरा लाल होता है। इस कीट के दो जोड़ी पंख होते हैं। इसका अण्ड निक्षेपक काफी विकसित एवं आरी के समान होता है। जिससे छेद करके यह पत्तियों पर अण्डे देता है। इस कीट का प्रजनन काल अगस्त–मार्च तक होता है। मादा अपने आरीदार अण्ड निक्षेपक की सहायता से पत्तियों में छिद्र बनाकर अण्डे देती है। मादा एक बार में एक पत्ती पर 24 घंटे में 30–35 तक अण्डे देती है। अण्डे से 6–8 दिन में डिंभक या ग्रब निकल आता है। ये ग्रब पत्तियों को खाकर अपना जीवन निर्वाह करता है। तुरन्त निकला हुआ डिंभक हरे रंग का होता है। जैसे–जैसे यह बढ़ता जाता है इसका रंग गहरा होता जाता है। यह डिंभक सात निर्मोकरूप से गुजरता है तथा 16–35 दिनों में पूर्ण विकसित हो जाता है। पूर्ण विकसित डिंभक प्यूपीय ककून के अन्दर बन्द हो जाता है। यह प्यूपा काल 41 दिनों तक रहता है। इस प्रकार इस कीट का जीवन चक्र पूर्ण होने में 31–73 दिन लगते है। इस कीट के ग्रब समस्त क्रूसीफेरस फसलों को नुकसान पहुंचाते हैं। उगते हुये पौधों को खा जाते हैं। अधिक प्रकोप की अवस्था में पौधा पत्ती विहीन हो जाता है तथा पत्तियों की मध्य शिरायें ही शेष रह जाती हैं। पौधों में पत्तियों का कंकाल मात्र ही दिखाई देता है।

रोकथाम एवं नियंत्रण

- समय पर बुवाई करें।
- प्रारंभिक अवस्था में इल्लियों को एकत्रित करके नष्ट करें।
- सिंचाई करें ताकि जमीन में छिपी इल्लियाँ ऊपर आ जायें और पक्षियों द्वारा नष्ट कर दी जायें।

3. **चित्रित बग–** इस कीट का वैज्ञानिक नाम 'बेगराडा क्रूसीफेरम' है। प्रौढ़ बग चपटी 3.67 मि. मि. लम्बी एवं 3.33 मि.मि. चौड़ी होती है। इसका रंग चमकीला काला और देह पर नारंगी या भूरे रंग के धब्बे पाये जाते हैं। इस कीट का 'स्कूटेलम' काफी लम्बा होता है। मादा कीट अधिकतर एक–एक करके अण्डे देती है जो पत्तियों, डंठलों तथा तनों पर दिये जाते हैं। प्रत्येक मादा लगभग 40–100 अण्डे देती है जो पीले रंग के होते हैं । ये अण्डे 3–4 दिनों में परिपक्व होकर फूटते हैं। तुरन्त निकला अर्भक पत्तियों का रस चूसना आरम्भ कर देता है। यह अर्भक 5 निर्भोक रूपों से गुजरता है एवं प्रौढ़ बन जाता है। अर्भक अवस्था 2–3 सप्ताह की होती है। इस कीट के अर्भक एवं प्रौढ़ दोनों ही हानि पहुँचाते हैं जो कि पौधों की पत्तियों, तनों का रस चूसते हैं। इस प्रकार प्रभावित पौधा रोगी दिखाई देता है और सूखने लगता है। इस कीट के प्रकोप से इसकी बढ़वार रूक जाती है एवं अन्ततः उपज में भारी कमी आ जाती है। सामान्यतः इस कीट का प्रकोप सितंबर से अक्टूबर माह तक ही होता है परन्तु यदि वातावरण का औसत तापक्रम 20–25 सेंटीग्रेड हो तो इस कीट का प्रकोप नवम्बर माह तक भी देखा गया है। यह तापक्रम इस कीट की वृद्धि के लिये अत्यधिक अनुकूल पाया गया है जिसमें इसकी संख्या में तेजी से वृद्धि होती है।

रोकथाम एवं नियंत्रण

- खेत में खड़ी फसल एवं मेड़ों पर कूड़ा करकट नष्ट कर साफ सफाई रखें ताकि कीट शरण न ले सकें।
- राई–सरसों के डण्ठल व अन्य अवशेषों को गड्ढ़े में गाड़कर सड़ा दे या जलाकर नष्ट करें ताकि उनमें छिपी हुई कीट व अवस्थायें नष्ट हो जायें।
- फसल बुवाई के तीन सप्ताह बाद सिंचाई करने से कीट का प्रकोप कम देखा गया है।
- जितनी जल्दी हो सकें कटी हुई फसल की गहाई करें।
- इस कीट के नियंत्रण हेतु डाइमिथेएट की 500 मि.ली. मात्रा. को 500 लीटर पानी में घोलकर प्रति हेक्टेयर की दर से छिड़काव प्रभावशाली पाया गया है।

सिंचाई प्रबंधन

फसल से भरपूर उत्पादन प्राप्त करने के लिये फसल में सही समय पर सिंचाई करना बहुत आवश्यक है। सरसों की फसल में भी उचित समय पर सिंचाई करके 25 से 30 प्रतिशत तक उत्पादन में वृद्धि की जा सकती है।

भूमि के अनुसार ही सरसों की फसल में 2 या कहीं कहीं 3 सिंचाई की आवश्यकता पड़ती है। फूल वाली और फली के विकास वाली अवस्था सरसों की फसल में नमी के प्रति अधिक संवेदनशील होती है। सरसों की बुवाई हल्की रेतीली भूमि में की जाती हैं तो 3 सिंचाई की आवश्यकता पड़ेगी। पहली सिंचाई बुवाई के 25 से 30 दिन बाद, दूसरी सिंचाई 45 दिन बाद और तीसरी सिंचाई बुवाई के 70–75 दिन बाद करनी चाहिये। चिकनी काली प्रकार की भूमि में केवल दो सिंचाई की आवश्यकता पड़ती है। यह सिंचाई 35–40 दिन के बाद करें एवं दूसरी सिंचाई 70–75 दिन के बाद करें।

सिंचाई की विधियाँ

उपलब्ध जल का समुचित उपयोग हेतु सरसों में निम्न विधियों द्वारा पानी लगाना चाहिये–

1. बार्डर विधि– इस विधि में खेत को 3 से 15 मीटर चौड़ी बराबर क्यारियों में बाट दिया जाता है जो कम ऊंचाई की मेढ़ द्वारा अलग-अलग रहती है। इन क्यारियों में आड़ा ढ़ाल बिलकुल नहीं या बहुत कम होना चाहिये। इस विधि से सिंचाई करने पर बार्डर के सिरे पर अधिक पानी लग जाता है और छोर पर कम पानी लग पाता है। सतही सिंचाई विधियों में यह विधि सबसे अच्छी है। बार्डर का सिंचाई की दिशा में ढ़ाल तथा लम्बाई भूमि के अनुसार अलग-अलग होता है।

भूमि का प्रकार	ढ़ाल	लम्बाई
बलुई दोमट भूमि	0.25–0.60%	60–120 मीटर
मध्यम दोमट भूमि	0.20–0.40%	100–180 मीटर
चिकनी दोमट भूमि	0.05–0.20%	150–300 मीटर

बार्डर की चौड़ाई 3 से 15 मीटर के बीच सुविधा के अनुसार रखते हैं । प्रत्येक बार्डर में पानी का बहाव 4-7 लीटर/सेकंड/मीटर बार्डर चौड़ाई की दर के हिसाब से रखते हैं । सिंचाई करते समय जब पानी 75-80 प्रतिशत तक बार्डर की लंबाई पर पहुँच जायें तब उस बार्डर में पानी का बहाव बंद कर देना चाहिये। इस विधि से सिंचाई करने पर पूरे खेत में लगभग एक समान पानी का वितरण हो जाता है। इस विधि के द्वारा अधिक बहाव वाली सिंचाई की नाली का भी अच्छे ढंग से उपयोग किया जा सकता है।

2. बौछारी सिंचाई– इस विधि को ओवरहेड सिंचाई विधि भी कहते है। इस विधि में पानी को हवा में फैलाया जाता है जो बाद में पौधों तथा मृदा सतह पर ऐसे गिरता है जैसे वर्षा होती है। इस विधि का प्रयोग उन क्षेत्रों में करना लाभदायक होता है जिन क्षेत्रों की मृदा ऊँची-नीची, पानी की उपलब्धता बहुत कम एवं मृदा की संरचना अधिक संरन्ध्र होती है। इस विधि द्वारा सतही जल बहाव बिलकुल नहीं होता है। जिन क्षेत्रों में फसल पाले अथवा अधिक तापमान से प्रभावित होती है वहाँ पर इस विधि द्वारा सिंचाई करके फसल को बचाया जा सकता है। इस विधि से सिंचाई करने पर 25-30 प्रतिशत तक पानी की बचत होती है। इस विधि का प्रयोग करते समय निम्न सावधानियाँ रखनी चाहिये–

- पानी में कचरा व रेत नहीं होनी चाहिये।
- नोजल को उसके निर्धारित प्रेशर पर ही चलाना चाहिये।
- बौछार द्वारा पानी लगाने की दर, जमीन द्वारा पानी सोखने की दर से कम होना चाहिये।
- हवा की गति 12 कि.मी./घंटा से ज्यादा हो तो बौछार का संचालन बंद कर देना चाहिये।

रोग प्रबंधन

सरसों के प्रमुख रोग इस प्रकार हैं–

1. अल्टरनेरिया ब्लाईट– इसे झुलसा रोग भी कहते है। फलियाँ बनते समय यदि 20 मि.मि. वर्षा हो जाये तो इस रोग का प्रकोप बढ़ जाता है। इस रोग के आरम्भ में छोटे बिखरे हुये भूरे रंग के धब्बे बनते है। धीरे-धीरे ये धब्बे पूरी तरह या कुछ कम गोल आकार के होते है और इनके चारों ओर का घेरा पीला हो जाता है। यह धब्बे आकार में वृद्धि करते हुये आपस में मिल जाते है और पत्तियाँ झुलसी हुई दिखाई देती है। रोग के लक्षण फलियों पर भी दिखाई देते हैं। प्रभावित फलियों में बीज पतले और हल्के होते हैं । जिससे उपज में कमी आ जाती है ।

प्रबंधन–

- रोग से बचने के लिये बुवाई 20 अक्टूबर तक कर लेनी चाहिये।
- संतुलित उर्वरकों का प्रयोग करें।
- झुलसा अवरोधी प्रजातियाँ जैसे आर.एच. 8113, पी.एच.आर.-1, आर.सी 781, आर.टी.एम. 1471 तथा सी.एस.आर. 741 की बुवाई करनी चाहिये।
- रोग के लक्षण दिखलाई देने पर मैंकोजेव की 2 मि.ली. दवा को प्रति लीटर पानी में घोल कर छिड़काव करें।

2. सफेद किट्ट रोग– जब तापमान 4 से 22 सेंटीग्रेड और आर्द्रता 40 से 90 प्रतिशत तक हो तब इस रोग के लगने की पूरी संभावना रहती है। बुवाई के 30 से 40 दिनों बाद पत्तियों की निचली सतह पर सफेद रंग के फफोले दिखलाई देते हैं । पत्ती की निचली सतह पर जगह-जगह यह फफोले बनते हैं । उसी स्थान पर ऊपरी सतह पर पीले रंग के धब्बे बन जाते हैं । रोग की तीव्रता पर पत्तियों की दोनों सतह पर रोग दिखाई देने लगता है। उग्र अवस्था में रोग तनों, पुष्प, गुच्छों, फलियों व पौधों के अन्य हिस्सों तक पहुँच जाता है। पुष्प प्रभावित होने के कारण विकृत हो जाते हैं और उनका आकार बदल जाता है। ऐसे पुष्प गुच्छों में फलियां व बीज नहीं बनते हैं जिससे उत्पादन में भारी नुकसान होता है।

प्रबंधन–

- रोग से ग्रसित पौधों को उखाड़ कर नष्ट कर देना चाहिये।
- बुवाई 20 अक्टूबर तक पूरी कर लेना चाहिये।
- रिडोमिल दवा की 2 मि.ली. को प्रति लीटर पानी की दर से छिड़काव करें।
- सदैव स्वस्थ बीजों का उपयोग बुवाई हेतु करें।

चूर्णिल आसिता– इस रोग के प्रारंभिक लक्षण पौधों की पत्तियों पर दिखलाई देते हैं । सबसे पहले पत्ती की ऊपरी सतह पर छोटे, बिखरे हुए सफेद ऊन के जाल से धब्बे बनते हैं । यह कवक जाल है। जिससे चूर्ण के समान सफेद रंग के कोनिडियम बनते हैं । यह सफेद चूर्ण जैसा पदार्थ पत्ती को पूरी तरह से ढ़क लेता है। इस रोग की तीव्रता पर तनों और डंठलों पर भी चूर्णी धब्बे बनना शुरू हो जाते है। कवक जाल रोग ग्रसित भाग की ऊपरी सतह पर रहता है। इस बीमारी से प्रभावित फलियों का आकार छोटा, दाने सिकुड़े तथा दाना छोटा रह जाता है।

प्रबंधन–

- रोग से प्रभावित पौधों को उखाड़ कर नष्ट कर देना चाहिये।
- सल्फेक्स की 3 मि.ली. मात्रा प्रति लीटर पानी के हिसाब से छिड़काव करें। 10 से 15 दिन के अन्तराल पर 2 से 3 छिड़काव करने से इसका नियंत्रण हो जाता है।
- 25 किलो गंधक चूर्ण का भुरकाव प्रति हैक्टेयर के हिसाब से करें।

उपज– शुद्ध फसल से 10–12 क्विंटल/हेक्टेयर तथा उन्नतशील किस्मों से 18–20 क्विंटल/हे. बीज मिल जाता है।

भण्डारण– दानों में नमी की मात्रा 7–10 प्रतिशत रखकर भण्डार में रखना चाहिये। इस नमी पर दो वर्ष तक बीज व तेल के गुणों में कोई कमी नहीं आ पाती और न ही भण्डार में किसी प्रकार की फफूंदी या कीट–पतंगों का आक्रमण हो जाता है।

अध्याय 6

हल्दी की वैज्ञानिक खेती

हल्दी एक महत्त्वपूर्ण मसाले वाली फसल है जिसका उपयोग मुख्य रूप से सब्जी तथा मसाले के लिये किया जाता है। इसके अलावा विभिन्न औषधियों विशेष रूप से विभिन्न आयुर्वेदिक दवाओं और कपड़ों को डाई करने (रंगने) में भी इसका प्रयोग किया जाता है। हल्दी सामान्य रोगों के अलावा चर्म रोगों तथा कैंसर जैसी घातक बिमारी के निदान में भी कारगर साबित हो चुकी है। हल्दी में कर्कुमिन पाया जाता है तथा इससे एलियोरोजिन भी निकाला जाता है। हल्दी में स्टार्च की मात्रा सर्वाधिक होती है। इसके अतिरिक्त इसमें 13.1 प्रतिशत पानी, 6.3 प्रतिशत प्रोटीन, 5.1 प्रतिशत वसा, 69.4 प्रतिशत कार्बोहाइड्रेट, 2.6 प्रतिशत रेशा एवं 3.5 प्रतिशत खनिज लवण पाए जाते हैं। हल्दी की खेती आसानी से की जा सकती है तथा कम लागत तकनीक को अपनाकर इसे आमदनी का एक अच्छा साधन बनाया जा सकता है। मध्यप्रदेश में हल्दी का क्षेत्र बहुत कम है परन्तु यहां पर इसके क्षेत्र एवं उत्पादन वृद्धि की प्रबल संभावना है।

जलवायु

हल्दी उत्पादन के लिये नम एवं शुष्क जलवायु की आवश्यकता पड़ती है। हल्दी के जमाव के लिए 30–350 से.ग्रे. तापमान, वानस्पतिक वृद्धि के लिए 25–300 से.ग्रे. तथा कंद विकास हेतु 250 से.ग्रे. तापमान की आवश्यकता होती है। खुदाई के उपरान्त भण्डारण हेतु 20–25 से.ग्रे. तापमान अनुकूल होता है।

भूमि का चुनाव

हल्दी की खेती सामान्यत: सभी प्रकार की भूमियों में की जा सकती है। उचित जलनिकास वाली बलुई दोमट या चिकनी दोमट मिट्टी जिसमें जीवांश की अच्छी मात्रा हो, हल्दी के लिये उपयुक्त होती है। इसकी अच्छी पैदावार के लिये भूमि का पी.एच. मान 5.0–7.5 के बीच होना चाहिए। चिकनी मिट्टी, क्षारीय भूमियों तथा पानी ठहरने वाले स्थान पर इसका विकास रुक जाता है। इसकी खेती बगीचों में अंतरवर्ती फसल के रूप में भी की जा सकती है।

भूमि की तैयारी

हल्दी की अच्छी उपज प्राप्त करने के लिये भूमि की अच्छी तैयारी करने की आवश्यकता होती है क्योंकि यह जमीन के अंदर होती है जिससे जमीन को अच्छी तरह से भुरभुरी बनाया जाना आवश्यक हैं। मिट्टी पलटने वाले हल से गहरी जुताई करके 3–4 बार कल्टीवेटर या हैरो से जुताई करना चाहिए। प्रत्येक जुताई के बाद पाटा लगाकर मिट्टी को समतल कर लेना चाहिये। जुताई कम से कम एक फीट गहरी होनी चाहिये। जिससे प्रकन्द का विकास अच्छा हो।

उन्नतशील प्रजातियाँ

1. **सुगंधा–** विशेष गंध वाली, गहरे नारंगी रंग की तथा मध्यम आकार के कंदों वाली इस किस्म से लगभग 4.70 टन प्रति हेक्टेयर तक उपज मिल जाती है।
2. **रोमा–** इस किस्म के प्रकन्द पतले एवं मध्यम आकार के होते हैं। बुवाई के 250–255 दिन बाद फसल खुदाई योग्य तैयार हो जाती है। इस किस्म से प्रति हेक्टेयर 6–7 टन सूखी एवं तैयार हल्दी प्राप्त होती है। इसके प्रकन्दों में 9.3 प्रतिशत कुरकुमिन पाया जाता है।
3. **सुरोमा–** इस किस्म के कंद मध्यम आकार के तथा गहरे नारंगी रंग के होते हैं। यह किस्म लगभग 255 दिनों में तैयार हो जाती है तथा प्रति हेक्टेयर 5–6 टन तक उपज देती है।
4. **सी.ओ.–1–** यह बारानी क्षेत्रों में तथा लवणीय भूमि में उगाये जाने के लिये उपयुक्त किस्म है। इसके प्रकन्द बड़े, नुकीले तथा चमकीले नारंगी रंग के होते हैं । बुवाई के 280–285 दिन बाद तैयार होने वाली यह किस्म प्रति हेक्टेयर 5–8 टन सूखी एवं तैयार हल्दी की उपज देती है। इस प्रजाति में 3.7 प्रतिशत कुरकुमिन पाया जाता है।
5. **कृष्णा–** इसे महाराष्ट्र राज्य हल्दी अनुसंधान केन्द्र, सांगली द्वारा विकसित किया गया है। इस किस्म के प्रकन्द लम्बे व सुगंधित होते हैं। 245–255 दिनों में तैयार हाने वाली यह किस्म प्रकन्द विगलन के प्रति रोगरोधी है परन्तु इसमें कुरकुमिन प्रतिशत कम (2.8) होती है। इस प्रजाति से प्रति हेक्टेयर 4–5 टन तक उपज प्राप्त होती है।
6. **राजेन्द्र सोनिया–** यह किस्म राजेन्द्र कृषि विश्वविद्यालय के उद्यान विभाग में विकसित होती है। यह प्रजाति बिहार और पूर्वी उत्तर प्रदेश में लगाने हेतु सर्वोत्तम पायी गयी है।
7. **सुदर्शन–** यह अधिक उपज देने वाली किस्म है जो बुवाई के 190 दिन बाद खुदाई योग्य तैयार हो जाती है। इस किस्म की सूखी हल्दी की उत्पादन क्षमता 7 टन प्रति हेक्टेयर है। इसमे कुरकुमिन 5.3 प्रतिशत तक पाया जाता है।

8. **सुगुना–** भारतीय मसाला अनुसंधान संस्थान, कालीकट, केरल द्वारा विकसित यह एक कम समय में तैयार होने वाली किस्म है। इसके प्रकन्द छोटे आकार के सुंगधित होते हैं जो बुवाई के 190 दिन बाद खुदाई योग्य तैयार हो जाते हैं। प्रति हेक्टेयर 6–7 टन सूखी हल्दी की उपज देने वाली यह प्रजाति प्रकन्द विगलन के प्रति रोग रोधी है।

9. **सुवर्णा–** अधिक उपज देने वाली इस किस्म के कंद गहरे नारंगी रंग के होते हैं। यह किस्म 210 दिन में पककर तैयार हो जाती है तथा प्रति हेक्टेयर 7.50 टन तक उपज देती है। यह किस्म प्रकन्द विगलन के लिये प्रतिरोधी है।

10. **प्रभा–** इसे भारतीय मसाला अनुसंधान संस्थान कालीकट, केरल से विकसित किया गया है। यह प्रजाति बुवाई के 205 दिन बाद खुदाई योग्य हो जाती है। इस प्रजाति की सूखी तैयार हल्दी की उत्पादन क्षमता 7.9 टन प्रति हेक्टेयर तक पायी गयी है। जिसमे कुरकुमिन 6.5 प्रतिशत तक पाया जाता है।

11. **प्रतिभा–** उच्च गुणवत्ता एवं अधिक उपज देने वाली इस प्रजाति का विकास भारतीय मसाला अनुसंधान संस्थान कालीकट, केरल द्वारा किया गया है। इसकी सूखी तैयार हल्दी की उत्पादन क्षमता 7–7.5 टन प्रति हेक्टेयर है, जिसकी फसल बुवाई के 255 दिन बाद खुदाई योग्य तैयार हो जाती है। इसमे 6.2 प्रतिशत कुरकुमिन पाया जाता है।

बीज की मात्रा

बीज की मात्रा प्रकन्दों के आकार व बोने की विधि पर निर्भर करता है। शुद्ध फसल बोये जाने के लिये 20–25 क्विंटल जबकि मिश्रित फसल हेतु 12–15 क्विंटल प्रकन्द की प्रति हेक्टेयर आवश्यकता होती है। प्रकन्द 7–8 सेमी लम्बे तथा कम से कम दो आंखों वाले होने चाहिये। यदि कन्द बड़े हो तो उन्हें काटकर बुवाई की जा सकती है।

बीजोपचार

बुवाई के पूर्व प्रकन्दों को थिरम या मैंकोजेब नामक किसी एक दवा की 2.5 ग्राम मात्रा को प्रति लीटर पानी में घोलकर बीज को 30–50 मिनट तक उपचारित करके छाया में सुखाकर बुवाई करनी चाहिये। भूमि में यदि दीमक लगने की सम्भावना हो तो उपरोक्त रसायनों में क्लोरोपाईरीफॉस की 2 मिली मात्रा प्रति लीटर पानी की दर से मिलाकर उपचारित करना चाहिये।

बुवाई का समय तथा विधि

हल्दी की बुवाई 15 अप्रैल से 15 जुलाई तक की जाती है। आमतौर पर किसान हल्दी की बुवाई समतल क्यारियों में करते हैं । परन्तु जहां पर पानी रुकने की सम्भावना हो वहां पर हल्दी की बुवाई 15–20 सेमी. ऊँची मेड़ों पर भी की जा सकती है। समतल खेत में तैयारी के बाद 5–7 मीटर लम्बी व 2–3 मीटर चौड़ी क्यारियां बनाते हैं। ध्यान रहे क्यारियों में जल निकास की उचित व्यवस्था हो। इन क्यारियों में प्रकन्दों की पंक्ति से पंक्ति 40 सेमी. की दूरी पर 15–20 सेमी के अन्तराल पर 5–6 सेमी की गहराई पर बुवाई करते हैं। बुवाई के पश्चात खेत में नमी बनाये रखने तथा खरपतवार के नियन्त्रण के लिये सूखी घासफूस, पत्ती, पूआल या भूसे को

पलवार के रूप में मोटी परत बिछाने से जमाव शीघ्र होता है तथा उपज में 40 प्रतिशत तक बढ़ोत्तरी पाई गई है।

खाद एवं उर्वरक

हल्दी की बेहतर उपज प्राप्त करने के लिये खाद एवं उर्वरक की संतुलित मात्रा में समयानुसार प्रयोग करना आवश्यक होता है। इसके लिये प्रति हेक्टेयर 20-25 टन गोबर या कम्पोस्ट की सड़ी हुई खाद, 100-120 किग्रा नत्रजन, 60-80 किग्रा स्फूर तथा 80-100 किग्रा पोटाश प्रति हेक्टेयर की आवश्यकता होती है। खेत की जुताई से पहले गोबर की खाद को खेत मे अच्छी तरह से मिला देते हैं। इसी प्रकार अंतिम जुताई के समय नत्रजन की आधी मात्रा, पोटाश व स्फूर की पूरी मात्रा को खेत में अच्छी तरह से मिला देना चाहिये। नत्रजन की शेष मात्रा को दो भागों में बांटकर खड़ी फसल में पहली मात्रा बुवाई के 40-60 दिन बाद एवं दूसरी मात्रा 80-100 दिनों बाद देकर हल्की मिट्टी चढ़ाना चाहिये। हल्दी की खेती हेतु पोटाश का बहुत महत्त्व है। जो किसान इसका प्रयोग नही करते हैं हल्दी की गुणवत्ता एवं उपज दोनों प्रभावित होती है। सूक्ष्म तत्त्वों में जिंक सल्फेट व आयरन सल्फेट को 50 किग्रा प्रति हेक्टेयर देने से उपज में वृद्धि पाई गयी है।

सिंचाई

चिकनी दोमट या मटियार भूमि में हल्दी की खेती करने से सिंचाई की आवश्यकता कम पड़ती है किन्तु हल्की भूमियों में सिंचाई की आवश्यकता अधिक होती है। बुवाई के बाद वर्षा न होने तक 4-5 सिंचाई की आवश्यकता होती है। बरसात में यदि आवश्यकता हो तो 20 दिन के अन्तराल पर सिंचाई करते रहना चाहिये। बीज प्रकन्दों के जमाव तथा प्रकन्दों की बढ़ोत्तरी के समय (अक्टूबर- दिसम्बर) भूमि को नम रखना अत्यन्त आवश्यक है।

खरपतवार नियंत्रण

हल्दी में समान्यत: 3-4 निराई-गुड़ाई की आवश्यकता होती है। यदि पलवार बिछाया गया हो तो काफी हद तक खरपतवार नियन्त्रण हो जाता है। बुवाई के 30, 60 व 90 दिनों बाद निराई-गुड़ाई करनी चाहिये। अक्टूबर-नवम्बर माह में गुड़ाई करके पौधे के आधार पर मिट्टी चढ़ाने से प्रकन्दों का समुचित विकास होता है।

रोग प्रबंधन

1. **प्रकन्द विगलन–** जड़ गलन या विगलन रोग हल्दी के खेत तथा भण्डारण दोनों समय होता है। इससे प्रभावित पौधे की पत्तियाँ सुखने लगती हैं। प्रकन्दों का रंग चमकीले नारंगी से भूरा हो जाता है। तत्पश्चात प्रकन्द ऊपर से स्वस्थ दिखाई पड़ते हैं परन्तु अन्दर सड़ जाते हैं। खेत में उचित जल निकास तथा उचित फसल चक्र अपनाने से रोग का प्रसारण कम हो जाता है। खेत में लक्षण दिखाई देने पर रोग ग्रसित पौधे को निकाल कर जला देना चाहिये। मैंकोजेव तथा कार्बेन्डाजिम नामक रसायनों की दो-दो ग्राम मात्रा प्रति लिटर पानी में घोलकर छिड़काव करना चाहिये। जड़ के पास सिंचाई करने से रोग दूर हो जाता है।

2. **पत्ती चित्ती–** रोग के लक्षण पत्तियों के दोनों सतहों पर धब्बे के रूप में दिखाई देते हैं जो बाद में भूरे होकर सूख जाते हैं। नियन्त्रण के लिये रोग रहित प्रकन्दों का चयन करके बुवाई करना चाहिए तथा खेत में जल भराव नहीं होना चाहिये। रोग का प्रकोप होने पर मैंकोजैब 0.2 प्रतिशत तथा कार्बेन्डाजिम 0.1 प्रतिशत के मिश्रण के घोल का छिड़काव करना चाहिये।

3. **पत्ती धब्बा–** इस रोग से ग्रसित पौधे की पत्तियों तथा डंठल पर छोटे-छोटे ध्ब्बे दिखाई देते हैं। जो 4-5 सेमी लम्बे तथा 3 सेमी तक चौड़े होते हैं। ये धब्बे आपस में मिलकर बड़े हो जाते हैं जिससे पत्तियां सूख जाती हैं। धब्बों का मध्य भाग हल्का स्लेटी तथा किनारा भूरे रंग का होता है। इसके नियन्त्रण के लिये कैप्टान, जिनेब या कॉपर ऑक्सीक्लोराइड नामक रसायन का 0.2 प्रतिशत घोल का छिड़काव करना चाहिये। अगस्त-दिसम्बर माह तक प्रत्येक माह में कम से कम एक छिड़काव करते रहने से रोग का प्रकोप नहीं होता है।

कीट नियंत्रण

1. **थ्रिप्स–** यह कीट पत्तियों का रस चूसकर पत्तियों को कमजोर कर देतीं है। जो धीरे-धीरे पीली पड़कर सूख जाती हैं। इस कीट की रोकथाम के लिये डायोमेथोएट या मेटासिस्टाक की 2 मिली मात्रा 1 लीटर पानी में घोलकर छिड़काव करना चाहिये। अगर कीट का प्रकोप अधिक हो तो 10-15 दिन बाद दुबारा छिड़काव करना चाहिये।

2. **तना छेदक–** यह कीट तने के अन्दर प्रवेश कर रस चूसता है जिससे नयी पत्तियाँ सुखने लगती हैं। परिणामस्वरूप पूरा पौध सूख जाता है। टहनियों की ऊपरी भागों में छेद दिखाई देते है तथा इन छेदों से विशेष प्रकार का द्रव निकलता है। इस कीट का प्रकोप होने पर डाइमेथोएट नामक रसायन की 1.5 मिली मात्रा प्रति लीटर पानी में घोलकर जुलाई-अक्टूबर माह तक एक महीने के अन्तराल पर छिड़काव करना चाहिये।

3. **पत्ती लपेटक कीट–** इस कीट की सूंडियाँ पत्तियों को लपेट लेती हैं। जिससे पत्ती मुड़ी सी दिखाई देती है। मुड़ी हुयी पत्तियों के अन्दर सूंडी पत्तियों को नुकसान पहुँचाती है। इस कीट नियन्त्रण के लिये थायोडान या डाइमेथोएट रसायन की 1.5 मिली मात्रा प्रति लीटर पानी में घोलकर छिड़काव करना चाहिये। यदि आवश्यकता हो तो 15 दिन के बाद दुबारा छिड़काव करना चाहिये।

4. **स्केल कीट–** यह बहुत छोटा कीट होता है जो हल्दी के प्रकन्दों को खेत से लेकर भण्डारण तक नुकसान पहुँचाता है। बुवाई के पूर्व तथा भण्डारण में प्रकन्दों को रखने से पहले क्लोरोपाइरीफॉस नामक रसायन की 1.5 मिली मात्रा प्रतिलीटर पानी में घोलकर 30 मिनट तक उपचारित करने से कीटों का प्रकोप नहीं होता है।

5. **सूत्रकृमि–** हल्दी की फसल को सूत्रकृमि द्वारा भी नुकसान पहुँचता है। सूत्रकृमि से प्रभावित खेतों में बुवाई से पूर्व इससे सूत्रकृमियों का विकास रूक जाता है।

प्रकन्दों की खुदाई

जब पौधे की पत्तियाँ पीली होकर सूखने लगती है तब फसल खुदाई योग्य हो जाती है। हल्दी की फसल किस्मों के अनुसार 210–280 दिन में पक कर खुदाई योग्य हो जाती है। पूर्ण रूप से परिपक्व प्रकन्द पुंजों की खुदाई इस प्रकार करनी चाहिये कि प्रकन्द कटने व छिलने न पाये। प्रकन्द पुंजों से पत्तियों, जड़ों आदि को काटकर अलग करके प्रकन्दों को अच्छी तरह साफ करके रखना चाहिये।

उपज

हल्दी की उपज उगायी जाने वाली किस्मों पर निर्भर करती है। यदि हल्दी की उन्नत प्रजातियों की खेती वैज्ञानिक ढ़ंग से की जाय तो इससे 400–500 क्विंटल प्रति हेक्टेयर पर प्रकन्द प्राप्त किये जा सकते हैं। इन प्रकन्दों से 15–20 प्रतिशत तक की सूखी हल्दी प्राप्त की जा सकती है। असिंचित क्षेत्रों तथा बागों में बोई गयी पफसल से 200–210 क्विंटल तक हल्दी की उपज प्राप्त हो सकती है।

भण्डारण

बीज के लिये हल्दी के भण्डारण हेतु खुदाई के बाद मूल प्रकन्दों तथा अच्छे प्रकन्दों को छाँटकर अलग कर लेते हैं। कन्दों को अन्धेरे में रखते हैं। कीटों व कन्दों के गलन से रोकने के लिये कन्दों को 0.2 प्रतिशत बाविस्टीन तथा 0.2 प्रतिशत क्लोरोपाईरीफॉस के घोल में 30 मिनट तक डुबाने के बाद छाया में अच्छी तरह सुखाने के बाद भण्डारण करते हैं। भण्डारण के लिये मिट्टी में आवश्यकतानुसार गड्ढ़ा बनाकर 3–5 सेमी भूसे की परत बिछाकर गाँठों को रखकर ऊपर से बाँस की पट्टी या घास फूस रखकर मिट्टी से ढ़क देते हैं। गड्ढ़े के चारों तरफ 15–20 सेमी. उँची मेड़ बना देते हैं।

प्रसंस्करण

हल्दी को बाजार में ले जाने के लिये प्रकन्दों का प्रसंस्करण करना आवश्यक है। प्रसंस्करण प्रक्रिया में प्रकन्दों की सफाई करना, उबालना, उपचारित करना, सूखाना तथा भण्डारण करना आदि शामिल है।

प्रकन्दों की सफाई करना

खुदाई के एक सप्ताह के अन्दर गाँठों से मिट्टी झाड़कर, पक्के टैंक में पानी भरकर अच्छी प्रकार से धुलाई करते हैं। अन्त में साफ पानी से धोकर प्रकन्दों को पक्की फर्श पर फैलाकर सूखाते हैं।

उपचारित करना

साफ तथा सूखी गाँठों को मिट्टी के या किसी बड़े बर्तन में रखकर या गाँठों को लोहे के कड़ाहे जिसमें टोकरी या कैरेट डूब जाय। उसमें 0.1 प्रतिशत सोडियम कार्बोनेट का घोल बनाकर 1 ग्राम प्रति लीटर पानी की दर से डालकर घोल बनाकर भर देते हैं।

उबालना

इस घोल में साफ की गई गाँठों को तब तक उबालते हैं जब तक गाँठों से विशेष प्रकार का गंध निकलने लगे और गाँठ मुलायम हो जाये। उबालने के बाद गाँठों को कैरेट के साथ निकालने पर गाँठों का नारंगी रंग निखर आता है। गाँठों के पक्के फर्श या त्रिपाल पर रखकर तेज धूप में सुखाते हैं। गाँठों को पूर्ण रूप से सूखने में 10–12 दिन लग जाते हैं।

पॉलिश करना

गाँठों को अच्छी तरह से सूखाने के बाद उसे आकर्षक बनाने के लिये पॉलिश करना आवश्यक होता है। पॉलिश करने के लिये बोरे में 10–15 किग्रा सूखी गाँठ को भर कर धीरे-धीरे रगड़ने से गाँठों में लगी पत्तियाँ तथा जड़ें निकल जाती हैं। पॉलिश हो जाने से गाँठें चमकदार हो जाती हैं। इसके लिये दुकानदार खुरदरी डिब्बों में गाँठों को रखकर घूमाने से गाँठों की सफाई हो जाती है।

उपज

इस प्रकार 100 किग्रा कच्ची गाँठों से प्रसंस्करण के उपरान्त 20–25 किग्रा सूखी हल्दी प्राप्त हो जाती है।

अध्याय | **7**

कलौंजी की खेती

परिचय : कलौंजी रनैनकुलसी कुल का झाड़ीय पौधा है, जिसका वानस्पतिक नाम नाइजेला सटाइवा है, जो लैटिन शब्द नीजर (यानी काला) से बना है। इसे अंग्रेजी में फेनेल लावर, नटमग लावर, लव-इन-मिस्ट, रोमन कोरिएंडर, हिंदी में कलौंजी, मगरैला, बंग्ला में मुगरेला, कालाजीरा, संस्कृत में कृष्णजीरा, तमिल में करून जीरागम, तेलगू में नल्ला जीरा एवं मलयालम में करीम जीराकम के नाम से जानते हैं । इसका स्वाद हल्का कड़वा व तीखा और गंध तेज होती है। इसमें लम्बी-पतली विभाजित पत्तियाँ होती है, और 5-10 कोमल सफेद या हल्की नीली पंखुड़ियां व लंबे डंठल वाला फूल होता है। इसका फल बड़ा व गेंद के आकार का होता है जिसमें काले रंग के लगभग तिकोने आकार के, 3 मिमी. तक लंबे, खुरदरी सतह वाले बीजों से भरे 3-7 प्रकोष्ठ होते हैं ।

वानस्पतिक वर्गीकरण

जगत	:	पादप
विभाग (डिवीजन)	:	मैग्नोलिओफाइटा
वर्ग (क्लास)	:	मैग्नोलियोप्सिडा
गण (ऑर्डर)	:	रनैनकुलेलिस
कुल (फैमिली)	:	रनैनकुलेसी
वंश (जीनस)	:	कलौंजी

इतिहास

कलौंजी का इतिहास बहुत पुराना है। सदियों से कलौंजी का प्रयोग एशिया, उत्तरीअफ्रीका और अरब देशों में मसाले व दवा के रूप में होता आया है। ईस्ट के बाइबल शब्द कोश में हेष्मू शब्द का मतलब कलौंजी लिखा गया है। पहली शताब्दी मे दीस्कोरेडीज नामक यूनानी चिकित्सक कलौंजी से जुकाम, सरदर्द और पेट के कीड़ों का उपचार करते थे। इन्होने इसे दुग्ध वर्धक और मूत्र वर्धक के रूप में भी प्रयोग किया। रोम में इसे पेनासिया यानी हर मर्ज की रामबाण दवा माना जाता है। इस्लाम के अनुसार हजरत मोहम्म्द साहब कलौंजी को मौत के सिवा हर मर्ज की दवा बताते थे। इसका जिक्र कई हदीसों मे मिलता है। पैगम्बर मोहम्मद की दवाओं में भी शामिल है। एविसिना ने अपनी किताब केनन ऑफ मेडीसिन में लिखा है कि कलौंजी शरीर को

ताकत से भर देती है, कमजोरी व थकान दूर करती है एवं पाचन तंत्र, श्वसन तंत्र तथा प्रजनन तंत्र की बीमारियों का इलाज करती है।

उत्पत्ति एवं वितरण

कलौंजी की उत्पत्ति स्थल पूर्वी भूमध्य सागरीय क्षेत्र माना जाता है। रूस से उत्तरी भारत तक कलौंजी कम उगाई जाने वाली फसल है, उपसहारा क्षेत्र मुख्यत: नाइगर और पूर्वी अफ्रीका के भाग जैसे- इथोपिया, इजिप्त (मिश्र) तथा रूस, उत्तरी अमेरिका और श्रीलंका, पाकिस्तान, बंग्लादेश, नेपाल तथा दक्षिण पूर्व एशिया में गौण बीजीय मसाला फसल के रूप में उगाई जाती है। यह भारत सहित दक्षिण पश्चिमी एशियाई भूमध्य सागर के पूर्वी तटीय देशों और उत्तरी अफ्रीकाई देशों में आने वाले वार्षिक पौधे है। जो 20-30 सेमी लंबा होता है। भारत में इसकी खेती पंजाब, हिमाचल प्रदेश, मध्य प्रदेश, झारखंड, पश्चिम बंगाल, छत्तीसगढ, बिहार व असम में की जाती है। इसकी खेती उत्तर प्रदेश, राजस्थान तथा तमिलनाडु में कम मात्रा में की जाती है। भारत देश नाइजेला के उत्पादन में विश्व में प्रथम स्थान रखता है। मध्यप्रदेश मे रीवा, सीधी, मण्डला, शाजापुर, नीमच और मंदसौर जिले में बहुतायत से उगाया जाता है।

औषधीय गुण

कलौंजी का औषधीय रूप में सेवन स्वास्थ्य के लिए लाभकारी होता है। भोजन में उपयोग करने से हाजमा दुरूस्त रहता है एवं पेट साफ रहता है। पेट में कृमि होने पर कलौंजी का शहद के साथ नियमित रूप से सेवन करना लाभदायक होता है। मानसिक तनाव होने पर चाय के पानी में एक चम्मच कलौंजी का तेल डाल कर लेने से तनाव में राहत मिलती है। कलौंजी दिमाग को तेज करने के साथ-साथ स्मरण शक्ति को बढ़ाती है। कलौंजी का सेवन स्वास्थ के साथ-साथ सुदंरता को बढ़ाता है। कलौंजी का तेल लोशन, क्रीम और ब्यूटी ऑयल आदि बनाने में प्रयोग

होता है। चेहरे को सुन्दर व आकर्षण बनाने के लिये कलौंजी के तेल में थोड़ा सा जैतून का तेल मिलाकर चेहरे पर लगाए और थोडी देर बाद चेहरा धो लें । इससे चेहरे के दाग धब्बे दूर होते हैं । बालो का झड़ने से रोकने मे एवं रूसी कम करने मे कलौंजी तेल की मालिश फायदेमंद होती है।

कलौंजी का प्रयोग वायुनाशी तथा उत्तेजकता के लिए किया जाता है तथा अपच के निदान एवं आँत की शिकायत होने पर उपयोग में ली जाती है। भारत में इसका उपयोग प्रसव के बाद गर्भाशय संकुचन तथा माताओं के दूध में वृद्धि करने के लिए किया जाता है। यह उत्तेजक, सुगन्धित, पाचन संबंधी, मूत्रवर्धक, आर्तवजनक, दुग्धकारक, रेचक, विघटनकारी, आमाशय संबंधी, शक्तिवर्धक औषध एवं पेट के कीड़ों को दूर करने की दवा आदि रोगों को दूर करने में प्रयोग किया जाता है। काले बीज का उपयोग मध्य तथा सुदूरपूर्व देशों में परम्परागत रूप में श्वास संबंधी बीमारी अस्थमा, श्वसनीषेध व वातरोग तथा इससे संबंधित दर्दकारक व्याधियों में किया जाता है।

पोषक तत्त्व एवं रासायनिक संगठन– पोषक तत्त्व की दृष्टि से कलौंजी बहुत ही उपयोगी है। इसमें 35 प्रतिशत कार्बोहाइड्रेट, 21 प्रतिशत प्रोटीन, और 35–38 प्रतिशत वसा पाये जाते है। इसमें 100 से ज्यादा महत्त्वपूर्ण पोषक तत्त्व होते हैं । इसमें आवश्यक वसीय अम्ल 58% ओमेगा–6 (लिनोलिक अम्ल), 0.2 प्रतिशत ओमेगा–3 (एल्फा–लिनोलिन अम्ल) और 24 प्रतिशत ओमेगा–9 (मूफा) होते है। इसमें 1.5 प्रतिशत जादुई उड़नशील तेल (वोलाटाइल आयल) एवं 37.5 प्रतिशत नान वोलाटाइल आयल पाये जाते है। थाईमोक्विनोन बढ़िया एंटी–आक्सीडेंट है। कलौंजी में केरोटीन, विटामिन ए, बी–1, बी–2, नायसिन व सी के साथ–साथ कैल्शियम, पोटेशियम, लोहा, मैग्नीशियम, सेलेनियम व जिंक आदि खनिज पाये जाते हैं ।

कलौंजी के 100 ग्राम दानों में औसत पोषक तत्त्वों की मात्रा

क्रमांक	औसत पोषक तत्त्व	मात्रा/ 100 ग्राम बीज
01	ऊर्जा (किलो कैलोरी)	531
02	प्रोटीन (ग्राम)	20.8
03	थायमीन (मिग्रा.)	1.50
04	रिबोफ्लेविन (मिग्रा.)	0.10
05	पायरीडाक्सीन (मिग्रा.)	0.50
06	नायसिन (मिग्रा.)	5.70
07	कैल्शियम (मिग्रा.)	185.90
08	लोहा (मिग्रा.)	10.50
09	कॉपर (मिग्रा.)	1.80
10	जस्ता (मिग्रा.)	6.00
11	फास्फोरस (मिग्रा.)	520.5
12	फोलेबिन (मिग्रा.)	0.061

उत्पाद एवं उपयोग

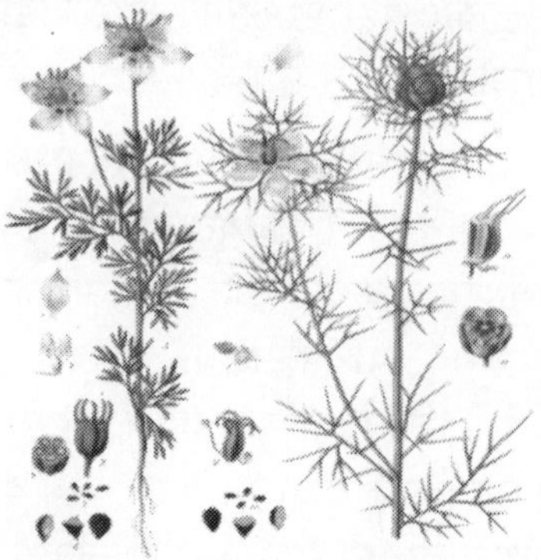

कलौंजी एक बेहद उपयोगी मसाला है, जिसका प्रयोग विभिन्न व्यंजनों जैसे दालों, सब्जियों, नान ब्रेड, केक और आचार आदि में किया जाता है। कलौंजी की सब्जी भी बनाई जाती है। बिहार में लिट्टी में भी कलौंजी का प्रयोग किया जाता है। बंगाल, असम व पूर्वी उत्तर प्रदेश में यह एक महत्त्वपूर्ण मसाला है जिसको जीरा, राई, अजवायन तथा काली मिर्च के साथ मिलाकर पंचफोरन बनाकर सब्जियों में सुगंध बढ़ाने में प्रयोग किया जाता है। आकार में तिल या प्याज के बीज की तरह होते हैं । कलौंजी के बीज का तेल शारीरिक क्षमता को बढ़ाता है, तथा शरीर को रोगों से बचाता है। तेल कफ को नष्ट करता है। कलौंजी के चूर्ण को नारियल के तेल में मिलाकर त्वचा पर मालिश करने से त्वचा के विकार नष्ट होते हैं और त्वचा निखरती है। इस तेल के सेवन से पेट साफ रहता है, एवं जोड़ों के दर्द, सिर दर्द, कमर दर्द आदि में तेल की मालिश करने से आराम मिलता है।

जलवायु एवं वातावरण

कलौंजी समशीतोष्ण जलवायु की फसल है। शुष्क एवं ठंडा मौसम उपयुक्त होता है। उत्तरी भारत में इसकी बुवाई रबी की फसल के रूप में की जाती है। बुवाई के समय बिल्कुल साफ गर्म मौसम होना चाहिये। जबकि प्रारम्भ में वानस्पतिक वृद्वि के लिये ठंडा मौसम अनुकूल पाया गया है। बोवाई के समय सबसे उपयुक्त तापमान लगभग 20–25 से.ग्रे. होना चाहिए। जबकि बीज परिपक्वता के समय शुष्क एवं अपेक्षाकृत गर्म मौसम उपयुक्त होता है। यह फसल पाले एवं अधिक जल भराव के प्रति संवेदनशील है।

कलौंजी की अच्छी एवं अधिक उत्पादन के लिये ठण्डी जलवायु लगभग 5–25 से.ग्रे. तापमान उपयुक्त होता है। जबकि औसत तापमान 12–14 डिग्री से.ग्रे उपयुक्त माना गया है। इसकी अच्छी बढवार के लिये औसतन वर्षा 400–500 मिमी पर्याप्त होता है। खेती के दौरान उचित जल निकास की व्यवस्था होनी चाहिये। 80–100 दिनों में फूल आना प्रारम्भ होते हैं जो कि औसत तापमान पर निर्भर करता है। पुष्पन में तापमान में वृद्धि गति प्रदान करता है किन्तु दीर्घकालीन अधिक तापमान फूलों की संख्या में कमी करता है, तथा परागण के बाद फूल झड़ना प्रारम्भ हो जाता है। बीज 130–150 दिनों में पक कर तैयार हो जाता है।

भूमि एवं भूमि की तैयारी

कलौंजी की खेती विभिन्न प्रकार की मृदाओं में की जा सकती है, लेकिन पर्याप्त कार्बनिक पदार्थ वाली बलुई दोमट मिटट्री जिसका पी.एच. मान 6.5 से 7.5 तक हो, सबसे उत्तम होती है। अच्छे अंकुरण एवं पौधों की बढ़वार के लिये खेत को अच्छी तरह से तैयार करना चाहिये। मृदा भुरभुरी एवं उचित जल निकास वाली होनी चाहिये।

खेत की तैयारी के लिये एक गहरी जुताई तथा 2-3 उथली जुताई के बाद पाटा लगाना चाहिये। बुवाई से पूर्व खेत को सुविधानुसार छोटी-छोटी क्यारियों में बाँट लेना चाहिये ताकि सिंचाई के जल का फैलाव समान रूप से हो सके। मिट्टी में दीमक की समस्या होने पर अन्तिम जुताई के समय क्यूनालफॉस 1.5 प्रतिशत की 25 किलोग्राम मात्रा को प्रति हैक्टेयर की दर से खेत में एक समान छिड़क कर मिला देना चाहिये।

उन्नत किस्में

1. **एन.एस. 44-** यह किस्म जवाहर लाल नेहरू कृषि विश्वविद्यालय, जबलपुर द्वारा विकसित की गई हैं। इसकी उपज 4-5 क्विंटल/हैक्टर तथा 140-150 दिन में पककर तैयार हो जाती है।
2. **एन.एस. 48-** अधिक उपज देने वाली एवं शीघ्र तैयार होने वाली किस्म है जो लगभग 135 से 145 दिन मे पककर तैयार हो जाती है। औसत दानों की उपज 4-5 क्विंटल प्रति हैक्टर प्राप्त होती है।
3. **एन.एस. 32-** यह प्रजाति भी जवाहर लाल नेहरू कृषि विश्वविद्यालय, जबलपुर द्वारा विकसित की गई हैं। इसकी उपज 4.5-5.5 क्विं./हैक्टर तथा 140 से 150 दिन में पककर तैयार हो जाती है।
4. **अजमेर कलौंजी-** यह किस्में अर्द्ध शुष्क क्षेत्रों के लिए अनुकूल है। इसके पौधे की ऊँचाई 32 सें.मी. होती है तथा पकने में 135 दिन का समय लेती है। यह जड़ गलन के प्रति सहनशील है। एक कैपस्यूल में लगभग 65 बीज होते हैं। वाष्पशील तेल की मात्रा लगभग 0.7 प्रतिशत होती है। औसत पैदावार लगभग 8.0 क्विं./हैक्टर होती है।
5. **काला जीरा-** यह भी एक उन्नत किस्म है जिसकी उपज 4-5 क्विं./हैक्टर है तथा 135-140 दिन में पककर तैयार हो जाती है।
6. **राजेंद्र श्यामा-** यह किस्म उद्यान विभाग,राजेन्द्र कृषि विश्वविद्यालय, बिहार द्वारा निकाली गई हैं। यह पं. बंगाल तथा बिहार प्रदेश के लिए उपयुक्त है।
7. **पंत कृष्णा-** गोविंद वल्लभ पंत कृषि विश्वविद्यालय, पंत नगर द्वारा विकसित इस प्रजाति के पौधे मध्यम बढ़वार के तथा बीज मोटे होते हैं। यह प्रजाति उत्तर प्रदेश एवं उत्तरांचल में उगाने के लिए अनुकूल है।
8. **आजाद कलौंजी-** चंद्रशेखर आजाद कृषि एवं प्रौद्योगिकी विश्वविद्यालय, द्वारा विकसित प्रजाति है। यह 135-145 दिन में पककर तैयार हो जाती है तथा इसकी उपज लगभग 9-10 क्विंटल/हैक्टर है।

बीज एवं बीजाई

अधिक उपज प्राप्त करने हेतु बीज की मात्रा, बुवाई समय, बीजोपचार एवं बुवाई विधि पर विशेष रूप से ध्यान देना चाहिये। इसके अतंर्गत निम्नलिखित वैज्ञानिक अनुशंसाओं पर ध्यान देने की आवश्यकता है।

- उत्तरी भारत मे बुवाई का उचित समय मध्य सितम्बर से मध्य अक्टुबर तक है परन्तु नवम्बर माह में भी बुवाई की जा सकती है।
- उचित पौध संख्या सुनिश्चित करने हेतु बीज की मात्रा औसतन 5-7 किग्रा./हे.का प्रयोग करना चाहिये।
- बीज को बुवाई से पूर्व अच्छी तरह से उपचारित अवश्य करना चाहिये । जिसके लिये बावस्टिन या कैप्टान या स्प्रिन्ट (कार्बेन्डाजिम 25 प्रतिशत + मैन्कोजेब 50 प्रतिशत) 2 ग्राम प्रति किलो बीज अथवा ट्राइकोडरमा 4 ग्राम प्रति किलो बीज की दर से अच्छी तरह मिला कर उपचारित करके ही बुवाई करना चाहिये।
- कलौंजी की बुवाई दो विधि द्वारा की जा सकती है। पहला छिड़काव विधि जिसके अंतर्गत बीजों को बनायी गयी समतल क्यारियों में एक समान छींट देना चाहिये एवं इनके उपर दताली की सहायता से मिट्टी की हल्की परत चढ़ा देना चाहिये। दूसरी विधि कतारों में बुवाई करना चाहिये जिसमें बीज भूमि में 1.5 -2 सेमी. गहराई पर पड़ना चाहिये। पौध से पौध की दूरी 15 सेमी तथा कतार से कतार की दूरी 30 से.मी. रखनी चाहिये।
- अच्छे अंकुरण के लिये खेत में नमी का रहना आवश्यक है। यदि नमी की कमी हो तो बुवाई के बाद एक हल्की सिंचाई अवश्य करना चाहिये। पानी देने में यह ध्यान दें कि पानी का वेग अधिक न हो क्योंकि बीज के बाहर निकलने या बहने की समस्या आ जाती है।

खाद एवं उर्वरक

खाद एवं उर्वरक की मात्रा मृदा परीक्षण रिपोर्ट के आधार पर निर्भर करती है। सामान्यत: 5-10 टन अच्छी सड़ी हुई गोबर की खाद या कम्पोस्ट खेत तैयार करते समय अच्छी तरह मिला देनी चाहिए। इसके अलावा 40 कि.ग्रा. नत्रजन, 20 कि.ग्रा. फास्फोरस, तथा 20 कि.ग्रा. पोटाश रासायनिक उर्वरकों के रूप में देना चाहिए। फास्फोरस तथा पोटाश की सम्पूर्ण मात्रा तथा नत्रजन की एक तिहाई मात्रा खेत तैयार करते समय देनी चाहिए। बची हुई नत्रजन दो बार समान मात्रा में खड़ी फसल में छिटकवां विधि द्वारा बुवाई के 30 दिन तथा दूसरी फूल आने पर देनी चाहिए। यदि प्रारम्भ में फसल की बढ़वार कमजोर हो तो 1.0 प्रतिशत यूरिया के घोल का छिड़काव बुवाई के 3 सप्ताह बाद करना चाहिए।

सिंचाई

अच्छे अंकुरण के लिए खेत में पर्याप्त नमी होनी चाहिए यदि नमी पर्याप्त नहीं हो तो बुवाई के बाद हल्की सिंचाई करनी चाहिए। इसके बाद 15-20 दिन के अंतराल से मौसम और मृदा की स्थिति अनुसार सिंचाई करते रहना चाहिए। फसल के लिए 3-5 सिंचाई पर्याप्त होती हैं। कलौंजी में सिंचाई की क्रांतिक अवस्थाएं पुष्पन तथा फलन है। इसलिए फसल को उक्त दो अवस्थाओं में पानी की कमी नहीं होनी चाहिए। अतिरिक्त नमी या जल भराव से जड़ गलन का खतरा रहता है इसलिए फसल की आवश्यकतानुसार ही सिंचाई करनी चाहिए। जलनिकास की उचित व्यवस्था अवश्य सुनिश्चित करें।

खरपतवार नियंत्रण

कलौंजी की खेती भारत में रबी के शीतकालीन महीनों में की जाती है। इसकी फसल में चौड़ी तथा सकड़ी पत्ती वाले खरपतवार सामान्यत: पाए जाते हैं। फसल के साथ अधिक संख्या में पाए जाने वाले खरपतवार मुख्यत: निम्नलिखित हैं।

क्र.सं.	खरपतवार का प्रकार	हिन्दी नाम	वानस्पत्तिक नाम
1.	चौड़ी पत्ती वाले	बथुआ	चिनोपौडियम एल्बम
		खरबथुआ	चिनोपौडियम मुरेल
		जंगली चौलाई	अमेरेन्थस विरिडिस
		सफेद सेंजी	मेलिलोटस इण्डिका
		कृष्णनील	एनागैलिसस आरवेन्सिस
		जंगली पालक	पोरचुलाका ओलेरेसिया
		गेंगला	विसिया सैटाइवा
		सत्यानाशी	आर्जीमोन मेक्सिकाना
		सतगठिया	स्परगुला आर्वेन्सिस
2.	संकरी पत्ती वाले खरपतवार	जीरी	प्लेनटेगो पुमिला
		जंगली जई	एविनिया फटुआ
		दूब घास	साइनोडोन डेक्टाइलोन
		मकड़ा	डेक्टाइलोकटियम अजीपटीकम
		सामाघास	इकाईनोक्लोआ कोलानम
		प्याजी	एस्फोडिलस टेन्यूकोलियस
3.	साइप्रस परिवार के खरपतवार	मोथा	साइप्रस रोटिन्डस
			साइप्रस इरिया

कलौंजी का बीज 10 दिन में अंकुरित हो जाता है इसलिए खरपतवारों को अंकुरण से पूर्व ही नष्ट कर देना चाहिए। पौधों की अच्छी बढ़वार के लिए खेत को खरपतवार रहित रखना चाहिए। बुवाई के 30-60 दिन तक खेत की निराई-गुड़ाई करके खरपतवार रहित कर देना चाहिए। कलौंजी में 2-3 निराई-गुड़ाई की आवश्यकता होती है। प्रथम निराई-गुड़ाई बुवाई के 30 दिन बाद तथा दूसरी 60 दिन पर करनी चाहिए। यदि आवश्यक हो तो तीसरी निराई-गुड़ाई कर सकते हैं। प्रथम निराई-गुड़ाई के समय अतिरिक्त पौधों को निकाल कर निर्धारित दूरी पर कर देना चाहिए। रासायनिक विधि द्वारा खरपतवारों का नियंत्रण शाकनाशियों से अंकुरण पूर्व छिड़काव करके किया जा सकता है। शाकीय अवस्था में खरपतवारों के नियंत्रण के लिए लुक्लेलिन 0.75 से 1.0 कि.ग्रा./हैक्टर की दर से बुवाई पूर्व उपयोग में लेना चाहिए या आक्सिडाइराजियल 0.075 कि.ग्रा./हैक्टर या आक्सीलोरोफोन 0.15 कि.ग्रा./हैक्टर या पैंडामेथिलिन 0.75 कि.ग्रा. से 1.0 कि.ग्रा./हैक्टर की दर से 400-500 लीटर पानी में घोल कर अंकुरण पूर्व छिड़काव करना चाहिए।

शाकनाशियों का प्रयोग निर्धारित मात्रा से अधिक नहीं करना चाहिए, क्योंकि ये मृदा को विषैला बना देते हैं जिसका विपरीत प्रभाव मृदा में विद्यमान सूक्ष्मजीव, जंतुओं तथा मृदा निर्माण के कारकों पर पड़ता है। इसलिए पर्यावरण सहयोगी विधियाँ जैसे– पलवार, हाथ से निराई–गुड़ाई, फसल चक्र तथा सोलेराइजेसन आदि अपनाने से खरपतवारों का नियंत्रण के साथ फसल की उपज तथा गुणवत्ता में सुधार भी आता है।

पौध संरक्षण

कलौंजी की फसल पर विभिन्न प्रकार के कीट एवं बीमारियाँ का आक्रमण होता है। फसल को हानि पहुँचाने वाली प्रमुख बीमारियाँ एवं कीटों का विवरण निम्नलिखित है।

बीमारी /कीट	फसल की अवस्था
प्रमुख बीमारियाँ	
चूर्णिल आसिता रोग	प्रारम्भिक अवस्था से लेकर अंतिम अवस्था तक
झुलसा रोग	पुष्पन अवस्था पर
उकठा रोग	फसल की किसी भी अवस्था पर
प्रमुख कीट	
चैपा या मॉहू	फूल आने से फसल की परिपक्वता तक
सफेद मक्खी	प्रारम्भ वानस्पतिक वृद्धि
कुटवा इल्ली	फसल की आरम्भिक अवस्था
दीमक	किसी भी अवस्था में खासतौर पर रेतीली एवं हल्की जमीन में
फल भेदक	फल बनने की प्रारम्भिक अवस्था पर

प्रमुख बीमारियों की पहचान एवं प्रबंधन

चूर्णिल आसिता

यह रोग एरीसिफी पोलीगॉनी फफूंद के द्वारा फैलता है। रोग की प्रारंभिक अवस्था में पौधों की पत्तियों एवं टहनियों पर सफेद चूर्ण दिखाई पड़ता है। रोग की तीव्रता होने पर संपूर्ण पौधा सफेद चूर्ण से ढ़क जाता है। पौधों में बीज नहीं बनते, यदि बनते भी है तो छोटे बनते हैं । फसल की अंतिम अवस्था में रोग का प्रकोप होने पर दानों का रंग पूर्णतया खराब हो जाता है

प्रबंधन

- घुलनशील गंधक (0.3 प्रतिशत) या कार्बेन्डिजिम (0.05 प्रतिशत) का 500 से 600 लिटर पानी में घोल बनाकर 15 दिन के अंतराल पर छिड़काव करें। या
- केराथियान (0.1 प्रतिशत) का 500 से 600 लिटर पानी में घोल बनाकर 15 दिन के अंतराल पर छिड़काव करें।

झुलसा रोग

यह रोग आल्टरनेरिया बरन्सी फफूंद के द्वारा फैलती है। फसल में फूल की अवस्था होने पर यदि आकाश में बादल छाये हों तो रोग के फैलने की सम्भावना बढ़ जाती है। रोग ग्रसित पौधों की पत्तियाँ एवं तनों पर गहरे भूरे रंग के धब्बे बन जाते हैं । टहनियाँ नीचे की ओर झुक जाती हैं । रोग तेजी से फैलता है । रोग का प्रकोप होने पर फसल का बचना मुश्किल होता है। रोग नियंत्रण के लिये –

- कार्बेन्डाजिम (0.05 प्रतिशत)का 500 से 600 लिटर पानी के घोल बनाकर 15 दिन के अंतराल पर छिड़काव करें।
- मैन्कोजेब या कॉपर ऑक्सीक्लोराइड के (0.25 प्रतिशत) का 500 से 600 लिटर पानी में घोल बनाकर 15 दिन के अतंराल पर छिड़काव करें।

उकठा

यह रोग यूजेरियम आक्सीस्पोरम या यूजेरियम क्यूमिनाई फफूंद के द्वारा फैलता है। रोग का आक्रमण किसी भी अवस्था में हो सकता है परन्तु प्रारंभिक अवस्था में रोग का प्रकोप अधिक होता है रोग ग्रसित पौधे हरे के हरे मुरझा कर सूख जाते हैं रोग के नियंत्रण के लिये –

- थायरम + कार्बेन्डिजिम के 3 ग्राम सम मिश्रण या ट्राइकोडर्मा विरडी 8 ग्राम प्रति कि.ग्रा. बीज की दर से बीजों को उपचारित कर बुवाई करें।

प्रमुख कीटों की पहचान एवं प्रबंधन

चैंपा/माह

ये कीट छोटे आकार के हल्के हरे रंग से गहरे कत्थई या काले रंग के होते हैं। इनका प्रकोप पौधों की वानस्पतिक वृद्धि से फसलों के पकने तक देखा जा सकता है जो सामान्यत: दिसम्बर से मार्च/अप्रैल के बीच पाया जाता है। अधिक प्रकोप की अवस्था में ये कीट पूरी फसल को ढ़क लेते हैं और रस चूसकर पौधों को नष्ट कर देते हैं। इस कीट के प्रौढ़ व शिशु दोनों ही पौधों को क्षति पहुँचाते हैं। ये पत्तियों, फूलों एवं फलों से रस चूसते हैं। पौधे का रस चूसने के कारण पीले पड़ जाते हैं एवं पैदावार में भारी कमी आ जाती है।

प्रबंधन

- वानस्पतिक कीटनाशक जैसे नीम तेल 1–2 प्रतिशत, करंज तेल 1–2 प्रतिशत, नीम बीज अर्क 2–5 प्रतिशत का उपयोग प्रारम्भिक अवस्था में कीट नियंत्रण के लिए काफी उपयोगी सिद्ध होते हैं।

- बीज की निर्धारित मात्रा एवं पौधे से पौधे एवं पंक्तियों की उचित दूरी रखें।
- नत्रजन उर्वरक की केवल निर्धारित मात्रा ही उपयोग में लेवें।
- परभक्षी कीट जैसे काक्सीनेला, क्राइसोपा इत्यादि को संरक्षण दें। ये कीट प्राकृतिक रूप से नुकसान पहुँचाने वाले नाशीजीवों को खा कर इनकी संख्या को नियंत्रित करते हैं।
- यदि कीटों की संख्या ज्यादा हो तो रासायनिक कीटनाशक जैसे डाइमिथोएट (1.0 मि.ली.) या थायोमेथोक्जाम (1 ग्राम) या इमिडाक्लोरोप्रिड (0.5 मि.ली.) प्रति लीटर पानी में घोल बनाकर किसी एक कीटनाशी का छिड़काव 10-15 दिन के अन्तराल से करें।

सफेद मक्खी

इस कीट का प्रकोप फसल की प्रारम्भिक अवस्था में देखा जा सकता है। प्रौढ़ तथा अविकसित अवस्थाएं पौधों की पत्तियों के निचले भागों में चिपकी रहती है और उनका रस चूसती रहती है। प्रभावित पौधे के भाग रस चूसने के कारण सफेद से हल्के भूरे रंग में परिवर्तित हो जाते हैं। लेकिन जब इनका प्रकोप आर्थिक क्षति स्तर से अधिक हो जाता है तो प्रभावित पौधों में बीज तथा फल नहीं बन पाते हैं।

प्रबंधन

- सफेद मक्खी के प्रभावी नियंत्रण के लिए इमिडोक्लोरप्रिड 0.5प्रतिशत या डाई मेथोएट 0.03 प्रतिशत का घोल बना कर छिड़काव करना चाहिए।
- वानस्पतिक कीटनाशक जैसे निबोली का सत् 2-5 प्रतिशत, नीम तेल 1-2 प्रतिशत सफेद मक्खी की संख्या में सकारात्मक कमी करते हैं।

कटुवा इल्ली

इस कीट की इल्लीयाँ कलौंजी की फसल को आरम्भिक अवस्था में काफी नुकसान पहुँचाती है। इनके वयस्क भूरे/काले रंग की तितली के आकार के होते हैं तथा सूंडियाँ गहरे भूरे रंग की 3-4 मि.मी. आकार की होती हैं। सूण्डी मिट्टी के अन्दर पौधों के तने एवं जड़ों को खाकर विकसित होती हैं। इस कीट की सूंडी अवस्था ही पौधों को नुकसान पहुँचाती है। ये पौधों को जमीन की सतह से काट डालती है जिससे पूरा पौधा नष्ट हो जाता है।

प्रबंधन

- प्रकाश प्रपंच या फिरोमेन प्रपंच का उपयोग करके वयस्क कीटों को नियंत्रित करें।
- दानेदार दैहिक कीटनाशक जैसे फोरेट 10 जी. की 10-12 किलो/हैक्टर या फैनवेलरेट धूल 25 किग्रा/हैक्टर की दर से बीज बोने के साथ या बाद में पौधों के पास छिड़काव करें।

दीमक

इस कीट का प्रकोप रेतीली जमीन में काफी पाया जाता है। ये पौधों की जड़ों तथा तने को काट देते हैं जिससे पौधे अपरिपक्व अवस्था में सूख कर गिर जाते हैं। कलौंजी की फसल में इसका नुकसान बहुतायत में देखा जा सकता है। इसके प्रकोप से उपज में भारी कमी आ जाती है।

प्रबंधन

- नीम की खली 125-250 किलो/हैक्टर की दर से खेत में डालें।
- फसल के दौरान प्रकोप दिखाई देने पर क्लोरोपाइरीफोस 20 ई.सी. का 4 लीटर दवा/हैक्टेयर की दर से रेत में मिलाकर नरम मिट्टी में छिड़काव करें या सिंचाई में जल के साथ दें।

फल भेदक

इस कीट का प्रकोप फल बनने की प्रारम्भिक अवस्था में पाया जाता है। यह कीट संपुट में छेद करके अपरिपक्व बीजों को खा जाता है जिससे बीज का विकास रूक जाता है परिणामस्वरूप फसल की पैदावार में भारी कमी हो जाती है।

प्रबंधन

क्यूनालफास 0.03 प्रतिशत या क्लोरोपाइरीफोस 0.04 प्रतिशत का घोल बनाकर 10-12 दिन के अन्तराल पर 2-3 बार छिड़काव करने से इस कीट को प्रभावी रूप से नियंत्रित किया जा सकता है। नीम तेल 2 प्रतिशत का छिड़काव करना चाहिए।

जड़ सड़न

यह बीमारी राइजोक्टोनिया एवं फ्यूजेरियम फफूँद द्वारा संयुक्त रूप से उत्पन्न की जाती है। रोगग्रस्त पौधे पहले तो पीले दिखते हैं तथा बाद में पत्तियां सूख जाती है और अंत में पौधा मर जाता है। इसके लिए कोई समुचित नियंत्रण नहीं है परन्तु रोग से बचाव के लिए बीज को बुवाई से पूर्व ट्राइकोडर्मा द्वारा 4 ग्राम प्रति किलोग्राम बीज की दर से उपचारित करके बोना चाहिए अथवा कार्बन्डेजिम या कैप्टान 2 ग्राम प्रति कि.ग्रा. बीज की दर से उपचारित करना चाहिए । ग्रीष्म ऋतु में गहरी जुताई करके खेत को खुला छोड़ देना चाहिए एवं उचित फसलचक्र अपनाने से भी इस रोग का प्रकोप कम किया जा सकता है।

फसल कटाई

सामान्यत: फसल 135–150 दिनों में पककर कटाई के लिए तैयार हो जाती है। फसल की कटाई तभी करनी चाहिए जब फसल परिपक्व हो जाये तथा बीज गहरे काले रंग के हो जाए। बीज संपुट में बन्द होते हैं तथा ज्यादा सूख जाने पर ये संपुट फट जाते हैं जिससे बीज खेत में बिखर जाते हैं। अत: फसल की कटाई समय पर कर लेनी चाहिए। इसके लिए पौधों को हाथ से उखाड़ लेते हैं या हँसिये से काट लेना चाहिए। इसके बाद छोटे-छोटे बण्डल बांध कर इन्हें मड़ाई कर फर्श पर फैलाकर उलटते रहना चाहिए जिससे अच्छी प्रकार सूख जाय। फसल के सूखने के उपरान्त थ्रेसर द्वारा दानों को अलग कर डिब्बों में भरकर भण्डारित करना चाहिए।

उपज

कृषि की उन्नत तकनीक अपनाकर औसतन 8 से 10 कुन्टल बीज प्रति हैक्टर प्राप्त किया जा सकता है।

कलौंजी बीज उत्पादन

किसी भी फसल से गुणवत्तायुक्त अधिक उत्पादन में बीज सबसे महत्त्वपूर्ण आदान है। अच्छी गुणवत्ता वाली बीज उपलब्धता के लिये बीज उत्पादन एक महत्त्वपूर्ण प्रक्रिया है। किसी भी फसल का बीज उत्पादन करने से पहले वह किस्म केन्द्रीय किस्म विमोचन समिति द्वारा विमोचन होना चाहिये तथा नोटिफाई भी होना अनिवार्य है। बीज उत्पादन के लिये वैज्ञानिक अनुशंसाओं के अनुरूप सभी शस्य क्रियायें सामान्य फसल उत्पादन की तरह ही अपनाना चाहिये परन्तु कुछ प्रमुख बिन्दु है, जिसका कि बीज उत्पादन में विशेष ध्यान देने की जरूरत है।

पृथक्करण दूरी

बीज फसल को परपरागण द्वारा होने वाले संदूषण, कटाई व गहाई के समय अन्य बीजों के मिश्रण तथा रोगों के फैलाव की रोकथाम के लिये एक निश्चित दूरी पर उगाया जाता है, जो बीज

फसल की परागण विधि व बीज वर्ग (आधार या प्रमाणित बीज) के आधार पर रखा जाता है। कलौंजी की फसल में अन्य किस्में अलग रखने के लिये आधार बीज उत्पादन में 400 मीटर एवं प्रमाणित बीज उत्पादन में 200 मीटर की पृथ्क्करण दूरी रखते है।

खेत का चुनाव

बीज उत्पादन के लिये खेत समतल, उपजाऊ तथा सिंचाई युक्त होना चाहिये ताकि गुणवत्ता बीज का उत्पादन किया जा सके।

रोगिंग

अवांछनीय पौधों को फसल में से निकालना रोगिंग कहलाता है। बीज फसल से समय-समय पर अन्य किस्मों के पौधों, खरपतवारों व रोगी पौधों को निकालते रहना चाहिये जिससे पर-परागण व रोगों के प्रसार से बीज खराब न होने पायें ।

खेत निरीक्षण

बीज उत्पादन करने वाले खेत में बीज उगाने वाले को बिना सूचना दिये हुए बीज प्रमाणी अधिकारी खेत का तीन बार निरीक्षण करते है।

1. **फूल आने से पहले–** फूल निकलने के पहले अवांछित पौधों तथा अनिष्टकारी खरपतवारों की उपस्थिति का निरीक्षण करते हैं ।
2. **फूल आने पर एवं बीज बनते समय–** पुष्पण के दौरान अवांछित पौधों तथा अनिष्टकारी खरपतवारों की उपस्थिति का निरीक्षण करते हैं ।
3. **कटाई से पहले–** दाने पकने के बाद मगर कटाई से पहले यह अंतिम प्रक्षेत्र निरीक्षण होता है इस निरीक्षण में बीमारी आदि का निरीक्षण किया जाता है।

अवांछनीय पौधों के प्रकार	**अधिक से अधिक अनुमत लिमिट प्रतिशत**	
	आधार बीज	**प्रमाणित बीज**
ऑफ टाइप	0.10	0.50
आपत्तिजनक खरपतवार	0.01	0.02
रोगिंग पौधे	0.10	0.05

कटाई व गहाई

बीजों के पूर्णत: परिपक्व हो जाने पर उचित नमी अवस्था में कटाई की जाती है। अधिक नमी अवस्था में कटाई करने पर गहाई व सफाई करने में बीज क्षति होती है, कवकों व कीड़ों का आक्रमण शीघ्र होता है और अंकुरण क्षमता पर विपरीत प्रभाव पड़ता है। बीज की गहाई पक्के फर्श अथवा तिरपाल पर की जानी चाहिये ।

बीज संसाधन

प्रथम कटाई के समय बीज फसल में नमी की मात्रा सुरक्षित आर्द्रता मात्रा से अधिक होती है। अत: उसे सुरक्षित आर्द्रता मात्रा के स्तर तक लाने के लिये धूप या कृत्रिम सुखाई द्वारा सुखाया जाता है। विभिन्न फसलों में यह मात्रा अलग-अलग होती है कलौंजी में सुरक्षित आर्द्रता की मात्रा आधार एवं प्रमाणित दोनों बीज के लिये 9 प्रतिशत होती है। कटाई के पश्चात अच्छे किस्मों वाले बीज को छांट दिया जाता है तथा निम्न गुणवत्ता वाले बीजों को हटा दिया जाता है।

बीज उपचार

बीज जनित कीड़ों व रोगों से भंडारण के समय बीज को होने वाली क्षति और खेत में इनके प्रसार से बचाव के लिये बीजों को अनुशंसित कीटनाशक व कवक नाशी से उपचारित किया जाना आवश्यक है।

बीज भंडारण

बीज को निम्न तापमान व निम्न नमी की दशाओं में भडारित किया जाता है जिससे भंडारण के समय कीड़ों के फैलने का भय न रहे। इसके के लिये बीज बोरों या साइलो बिन में रखा जाता है।

बीज परीक्षण

बीज में आनुवांशिक व भौतिक शुद्धता, अंकुरण प्रतिशत व नमी प्रतिशत आदि के लिये परीक्षण किया जाता है जिनका ब्यौरा उन पर लगाये जाने वाले टैग में दिया जाता है।

थैले भरना

संसाधित व परीक्षित बीज को उपयुक्त नमी युक्त थैलों में भर कर सील किया जाता है और प्रमाण प्रत्र संलग्न किये जाते हैं । थैलों में बीज के बारे में पूर्ण जानकारी सहित लेबिल या टैग आदि लगाये जाते हैं प्रमाणित बीज के टैग का रंग नीला होता है जिसके बाद इस बीज को बेचा जा सकता है।

अध्याय | 8

लहसुन की वैज्ञानिक खेती

परिचय

लहसुन एक नगदी फसल के रूप में भारत वर्ष के राज्यों जैसे तमिलनाडु, आन्ध्र प्रदेश, उत्तर प्रदेश, गुजरात एवं मध्य प्रदेश में वृहद पैमाने पर उगाया जाता है। यह महत्त्वपूर्ण पौष्टिक कन्दीय सब्जी है, जिसे मसाले वाली फसलों में भी वर्गीकृत किया जाता है। लहसुन का उपयोग अचार, चटनी, मसाले तथा लगभग हर सब्जी में किया जाता है, इसके निर्यात से विदेशी मुद्राएँ भी अर्जित की जाती है। आयुर्वेदिक दवाओं में भी लहसुन का उपयोग किया जाता है, लोग कहते है कि इसके एक प्रतिशत अर्क से कम से कम आठ घंटों तक मच्छरों से सुरक्षित रहा जा सकता है। इतना ही नहीं इसका उपयोग उच्च रक्त चाप, उदर विकार, फेफड़े की समस्या, कैंसर, गठिया, नपुंसकता तथा रक्त के अन्य बिमारियों के उपचार में किया जाता है। लहसुन के कन्द में तत्त्व के रूप में विटामिन सी एवं प्रोटीन प्रचुर मात्रा में पायी जाती है साथ ही साथ इसमे जीवाणु नाशक तथा कर्क नाशक गुण भी विद्यमान रहता है।

जलवायु

लहसुन समशीतोष्ण जलवायु की फसल है, इसकी खेती के लिए रबी मौसम सर्वोत्तम मानी जाती है। इस फसल की सफल खेती के लिए अधिक गर्मी एवं अधिक सर्दी दोनों ही हानिकारक होती है, फसल में कन्द निर्माण के लिए छोटे दिनों की आवश्यकता होती है। लहसुन की सफलतापूर्वक खेती के लिए 30° से 35° सेल्सियस तापमान, लगभग 70% आर्द्रता एवं 10 घंटे का दिन उपयुक्त होता है।

भूमि

लहसुन की खेती के लिए कार्बनिक तत्त्वों से युक्त, समुचित जल निकास वाली दोमट या बलुई दोमट भूमि, जिसका पी. एच. मान 6 से 7 के बीच हो सर्वोत्तम मानी जाती है, भारी भूमियों में कन्द का समुचित विकास नहीं हो पाता है।

प्रभेद

भारत वर्ष में लहसुन की अधिकतर स्थानीय प्रभेद ही उगाई जाती है, जिनका वर्गीकरण कन्द की संख्या के आधार पर किया गया है : एक कन्द वाली एवं अनेक कन्द वाली। एक कन्द वाली प्रभेद अब बहुत ही कम मात्रा में लगती है, जबकि अनेक कन्द वाली प्रमुख प्रभेद इस प्रकार है : मदुरई पर्वतीय लहसुन, मदुरई मैदानी लहसुन, जामनगर लहसुन, पूना लहसुन, नासिक लहसुन इत्यादि। तुलनात्मक रूप से अधिक पैदावार देने वाली प्रमुख प्रभेद इस प्रकार है :-

एग्रीफाउंड व्हाइट (जी-41), यमुना सफेद (जी-1), यमुना सफेद-2 (जी-1), यमुना सफेद-2 (जी-50), पार्वती (जी-32), जी-323, टी-56-4, गोदावरी, श्वेता, आई. सी. 49381, आई. सी. 42881, आई. सी. 42860 इत्यादि।

लहसुन को कन्द के रंग के आधार पर भी दो भागों में विभाजित किया जा सकता है : सफेद कन्द वाली एवं लाल कन्द वाली। सफेद कन्द वाली लहसुन का उपयोग मुख्य रूप से खाने में जबकि लाल कन्द वाली लहसुन का उपयोग मुख्यत: औषधियों में किया जाता है। सफेद लहसुन के प्रमुख प्रभेद इस प्रकार है :-

छोटी कन्द वाली- तहीती, टाइप-56-4;

बड़ी कन्द वाली- रजाली गद्दी, फावरी सोलन, नासिक लहसुन, हिसार स्थानीय, सोलन, अगेती कुवारी, टाइप-56-4, सी. ओ.-2।

बुवाई का समय

लहसुन के बुवाई का समय क्षेत्र की भौगोलिक परिस्थिति के आधार पर परिवर्तित हो सकता है, जैसे मैदानी क्षेत्रों में फसल की बुवाई सितम्बर से नवम्बर माह के मध्य, जबकि पहाड़ी क्षेत्रों में मार्च से मई माह के मध्य करना अधिक लाभप्रद होता है।

बीज दर

लहसुन की फसल से अपेक्षित उत्पादन प्राप्त करने हेतु प्रति एकड़ क्षेत्रफल की बुवाई के

लिए 150-200 किलोग्राम स्वस्थ कलियों की आवश्यकता पड़ती है, जबकि व्यास 8-10मिली मीटर के मध्य रहना चाहिए फसल को बीज एवं मृदा जनित व्याधियों से बचाव के लिए, उपलब्धता के आधार पर ट्राईकोडर्मा या फफूँदनाशी से उपचारित कर लेना हितकर होता है।

खेत की तैयारी

लहसुन जैसी कन्दीय फसल के लिए खेत की तैयारी करने के लिए पहली गहरी जुताई मिट्टी पलट हल से करनी चाहिए। इसके बाद तीन से चार आड़ी-तिरछी जुताई कल्टीवेटर से करके पाटा लगाकर मिट्टी को भुरभुरा एवं समतल बना लेते हैं । खेत की अन्तिम जुताई से पहले 25-30 कुन्तल / एकड़ की दर से सड़ी हुई गोबर की खाद या कम्पोस्ट का व्यवहार कर लेना अपेक्षाकृत अधिक लाभप्रद रहता है।

बुवाई की विधि

फसल से अच्छी उपज प्राप्त करने के लिए बीज की बुवाई डिबलिंग विधि से करना चाहिए, बुवाई के समय पंक्ति से पंक्ति की दूरी 15 सेन्टी मीटर जबकि पौध से पौध की दूरी 7.5 सेन्टी मीटर तथा बीज की गहराई सेन्टी मीटर रखना चाहिए।

खाद एवं उर्वरक

फसल से अपेक्षित उत्पादन प्राप्त करने के लिए 25-30 कुन्तल गोबर की सड़ी हुई खाद या कम्पोस्ट, 50 किलोग्राम नत्रजन, 20 किलोग्राम फास्फोरस एवं 20 किलोग्राम पोटाश प्रति एकड़ की आवश्यकता होती है। नत्रजन की एक तिहाई मात्रा, सड़ी हुई गोबर की खाद या कम्पोस्ट, फास्फोरस एवं पोटाश की सम्पूर्ण मात्रा खेत की अन्तिम जुताई से पहले, जबकि शेष नत्रजन की आधी मात्रा, बुवाई के 30-40 दिनों बाद निकाई-गुड़ाई करके व्यवहार करना चाहिए।

जल प्रबन्धन

कन्द के समुचित विकास के लिए भूमि में पर्याप्त नमी का होना अत्यन्त आवश्यक होता है, अतः पहली सिंचाई बुवाई के तुरन्त बाद कर देना चाहिए। लहसुन की खड़ी फसल में आवश्यकतानुसार सर्दियों में 10-15 दिनों के अन्तराल पर, जबकि गर्मियों में 5-7 दिनों के अन्तराल सिंचाई करते रहना चाहिए।

खरपतवार प्रबन्धन

फसल पर पड़ने खरपतवारों के कुप्रभाव को कम से कम रखने के लिए, 2-3 बार निकाई-गुडाई की आवश्यकता पड़ती है। पहली निकाई-गुडाई बुवाई के 20-25 दिनों बाद, जबकि दूसरी बुवाई के 40-45 दिनों बाद हैण्ड हैरो या खुरपी से करना चाहिए।

पौध सुरक्षा

प्रत्येक फसल की विभिन्न बढ़वार की अवस्थाओं पर अनेकों प्रकार के परजीवियों का प्रकोप प्रमाणित है, अतः हमलोग विशेष हानिकारक परजीवियों के नियन्त्रण की नहीं अपितु

उनके प्रबन्धन की विधाओं का अनुसरण समय रहते कर ले तो अधिक लाभप्रद हो सकता है। इन्ही परिस्थितियों को दृष्टिगत रखते हुए फसल की विभिन्न अवस्थाओं पर किये गए उपायों की रूप रेखा इस प्रकार है

बुवाई से पूर्व

1. गर्मी के मैसम में खेत की गहरी जुताई करना चाहिए,
2. भूमि का निर्जर्मीकरण कर लेना लाभप्रद रहता है,
3. फसल की बुवाई उथली बेड पर ही करना सुनिश्चित करें,
4. अंत:फसल के रूप में लोबिया, मक्का धनियाँ, उड़द, गेंदा इत्यादि लगायें,
5. मक्का एवं बाजरा को मुख्य फसल के चारों तरफ गार्ड फसल के रूप में लगाया जा सकता है।

बुवाई के समय

1. उच्च उत्पादन क्षमता वाली व्याधि एवं कीटों के प्रति सहनशील प्रभेद का चुनाव करें,
2. संस्तुत बीज दर एवं ज्यामिति ही उपयोग में ले,
3. बीज उपचार सुनिश्चित करें,
4. जमाव से पहले उपयोग होने वाले खरपतवारनाशी की संस्तुत मात्रा का व्यवहार करें,
5. बुवाई के बाद हल्की सिंचाई अवश्य करें।

वानस्पतिक वृद्धि

1. आवश्यकतानुसार सिंचाई करते रहें,
2. बुवाई के 20-25 दिनों बाद पहली निकाई गुडाई करें,
3. नत्रजन की पहली टॉप ड्रेसिंग करें,
4. बुवाई के 40-45 दिनों बाद पहली निकाई गुडाई करें
5. नत्रजन की दूसरी टॉप ड्रेसिंग करें,
6. फसल की इस अवस्था में बर्ड पर्चर @ 20 प्रति एकड़, पीला चिपचिपा ट्रैप @ 20 प्रति एकड़, साथ ही साथ फेरोमोन ट्रैप @ 5 प्रति एकड़ की दर से स्थापित किया जा सकता है।

उपरोक्त कार्य-कलापों से फसल को काफी हद तक हानिकारक परजीवियों से बचाया जा सकता है, फिर भी यदि किन्हीं कारणों से किसी परजीवी की संख्या आर्थिक क्षति स्तर तक पहुँचने की संभावना हो तो जिले के कृषि विज्ञान केंद्र या जिला कृषि कार्यालय या प्रखण्ड कृषि कार्यालय के सम्बन्धित अधिकारी से सलाह ले कर ही किसी भी पीड़कनाशी का व्यवहार सुनिश्चित करें।

खुदाई

फसल तैयार होने की स्थिति में पत्तियाँ पीली पड़ कर सूखने लगती है, फसल की इस अवस्था में कन्द सहित सम्पूर्ण पौध को भूमि से उखाड़ लिया जाता है इसके बाद पत्तियों के ऊपरी भाग को ऊपर से बांधकर छोटे–छोटे गट्ठर बना लिए जाते हैं, इन गट्ठरों को 2–3 दिनों तक धूप में सूखाकर सुरक्षित स्थान पर भंडारित कर लिया जाता है।

उपज

फसल की उपज प्रभेद की उत्पादन क्षमता, भूमि के प्रकार, बुवाई का समय, बुवाई की विधि, खाद एवं उर्वरकों की मात्रा इत्यादि विभिन्न कारकों पर निर्भर करती है। उपज को प्रभावित करने वाले सभी कारकों के सामान्य रहने की स्थिति में, लहसुन की फसल से औसतन 100–200 कुन्तल कन्द प्रति हेक्टेयर उपज प्राप्त की जा सकती है।

अध्याय 9

प्याज की खेती

प्याज एक महत्त्वपूर्ण सब्जी एवं मसाला फसल है। प्याज एलिएसी परिवार का सदस्य है। इसका वानस्पतिक नाम एलियम सेपा (एल) है। प्याज उत्पादन करने वाले राज्यों में महाराष्ट्र, आन्ध्र प्रदेश, कर्नाटक, गुजरात व मध्यप्रदेश प्रमुख है। विश्व में क्षेत्र के अनुसार भारत का स्थान अग्रणी होने पर भी प्रति हे. उत्पादकता की दृष्टि से इसका क्रमांक बहुत नीचे आता है। भारत में प्याज की खरीफ फसल की उत्पादकता 8 टन प्रति हे. है, जबकि रबी में यह 12 टन प्रति हे. है। कुछ विकसित राष्ट्र जैसे–अमेरिका (42.92 टन), नीदरलैण्ड (39.1 टन), चीन (22.2 टन) आदि में उत्पादकता बहुत अधिक है।

जलवायु

प्याज के समुचित विकास के लिए समशीतोष्ण जलवायु अर्थात जहां तापमान न अधिक, न कम हो, उपयुक्त रहती है। सामान्यत: प्याज की अच्छी बढ़वार के लिए आरंभ में रात्रि का तापमान 10–15 से.ग्रे., कंद बढ़ने के लिए 20 से 30 से.ग्रे. तथा निकलते समय 30–35 से.ग्रे., 10–12 घण्टे सूर्यप्रकाश व 70–75 प्रतिशत आपेक्षिक आर्द्रता की आवश्यकता होती है। प्याज की बढ़वार के समय यदि तापमान एकदम नीचे गिर जाता है, तो उसमें कन्द के बजाय

फूल आने लगते हैं। खरीफ प्याज जो कि 10-11 घण्टे वाले प्रकाश में होता है को छोड़कर संपूर्ण भारतवर्ष में रबी प्याज की खेती 12-13 घण्टे वाले प्रकाशकाल में की जाती है। भारत में प्याज की खेती के लिए अनुकूल जलवायु मुख्यत: रबी मौसम में उपलब्ध है।

भूमि

प्याज कन्द वाली फसल है। इसकी जड़ें जमीन में अधिकतम 20-25 सेमी. तक जाती है। जड़ों की अच्छी वृद्धि के लिए पर्याप्त मात्रा में नमी तथा हवा का संचार होना आवश्यक होता है। प्याज की खेती सभी प्रकार के मृदा में की जा सकती है। परन्तु अच्छे उत्पादन के लिए मृदा भुरभुरी, उत्तम जल निकास वाली, बलुई दुमट (हल्की से मध्यम भारी) सर्वोत्तम होती है।

भूमि की तैयारी

प्याज की जड़ें भूमि की ऊपरी सतह से 15-20 सेमी. की गहराई तक रहती है, इसलिए भूमि की गहरी जुताई की आवश्यकता नहीं है। खेत की तीन से चार बार जुताई करके 15-20 सेमी. तक मिट्टी को भुरभुरी बना लेते हैं।

खाद एवं उर्वरक

प्याज की फसल अधिक मात्रा में पोषक तत्त्व की आवश्यकता होती है, अत: 20-25 टन प्रति हे. के हिसाब से गोबर की सड़ी हुई खाद व रासायनिक खाद के रूप में 100 कि.ग्रा. नत्रजन 60 किग्रा. स्फूर, 80 किग्रा. पोटाश व 25 किग्रा. सल्फर प्रति हे. की आवश्यकता होती है।

खाद एवं उर्वरक देने की विधि

गोबर की खाद को खेतो की तैयारी के समय भूमि में मिला दें। स्फूर तथा पोटाश की पूरी मात्रा व नत्रजन की आधी मात्रा आधार खाद के रूप में दें। नत्रजन की शेष मात्रा को दो बराबर भाग में करके एक भाग को रोपाई के 30 दिन बाद व दूसरी मात्रा रोपाई के 60 दिन बाद खड़ी फसल में छिटककर देते हैं ।

बीज की मात्रा

1. नर्सरी विधि से बुवाई हेतु : 8-10 किग्रा. प्रति हेक्टर
2. सीधी बुआई हेतु : 18-20 किग्रा. प्रति हेक्टर
3. कंदों द्वारा बुआई हेतु : 12 क्विंटल कंद प्रति हेक्टर
4. बीज उत्पादन हेतु (कन्द) : 20 क्विंटल कंद प्रति हेक्टर

बीज की नर्सरी में बुआई और रोपाई का समय

क्रं.	मौसम	बीज बुआई (नर्सरी में)	रोपाई
1	खरीफ	जून-जुलाई	जुलाई-अगस्त
2	रबी	अक्टूबर-नवम्बर	दिसम्बर-जनवरी

प्याज की अच्छी उन्नत किस्में

क्रं.	प्रजाति	विकसित की गयी संस्था का नाम	फसल तैयार होने का समय (दिन)	औसत उत्पादन (क्विंटल/हे.)	अन्य विवरण
खरीफ मौसम					
1	एन.-53	नासिक जिले के स्थानीय किस्म से विकसित की गई है।	100-110	200-250	इसके शल्क कंद गोलाकार, चपटे, बैंगनी लाल रंग, तीखापन
2	बसवन्त - 780	महात्मा फुले कृषि विश्वविद्यालय, महाराष्ट्र	100-110	250-300	प्याज गोलाकार तथा तने के पास शंक्वाकार, रंग आकर्षक लाल
3	एग्री फाउण्ड डार्क रेड	राष्ट्रीय बागवानी अनुसंधान एवं विकास प्रतिष्ठान नासिक	100	250-270	शल्क कंदों का आकार गोल एवं गहरा लाल
4	भीमा सुपर	राष्ट्रीय प्याज एवं लहसुन अनुसंधान केन्द्र, नासिक	100-110	250-300	यह पछेती खरीफ के लिए भी उपयुक्त है
रबी मौसम					
5	एन.-2-4-1	प्याज अनुसंधान केन्द्र, बसवन्त पिपल गांव	120	300-350	मध्यम से बड़े तथा गोलाकार रंग ईट सदृश लाल, स्वाद तीखा
6	पूसा रेड	भारतीय कृषि अनुंसधान संस्थान, नई दिल्ली	125-140	250-300	प्याज गोलाकार, चपटे
7	अर्का निकेतन	भारतीय बागवानी अनुसंधान संस्थान, बंगलौर	110-120	300-400	शल्क कंद गोल, आकर्षक गुलाबी रंग, पतली गर्दन वाले
8	एग्री फाउण्ड लाइट रेड	राष्ट्रीय प्याज एवं लहसुन अनुसंधान केन्द्र, नासिक	120-125	300-350	शल्क कन्द गोल, मध्यम से बड़े आकार के तीखापन युक्त

क्रं.	प्रजाति	विकसित की गयी संस्था का नाम	फसल तैयार होने का समय (दिन)	औसत उत्पादन (क्विंटल/हे.)	अन्य विवरण
9	पूसा व्हाइट राउण्ड	भारतीय कृषि अनुसंधान संस्थान, नई दिल्ली	–	200–250	शल्क कंद सफेद तथा चपटे, गोलाकार
10	पूसा व्हाइट फ्लेट	भारतीय कृषि अनुसंधान संस्थान, नई दिल्ली	–	200–250	इसके कंद चपटाकार, गोलाई लिए हुए होते हैं।
11	फुले सफेद	ज्योतिबा फुले विश्वविद्यालय, राहुरी	–	200–250	शल्क कन्द मध्यम, गोलाकार तथा रंग चमकदार सफेद होते हैं।

पौधशाला (नर्सरी) तैयार करना

एक हेक्टर क्षेत्र के रोपाई के लिए 500 वर्ग मीटर क्षेत्र की आवश्यकता होती है। तीन मीटर लम्बी, एक मीटर चौड़ी व 15 सेमी. ऊंची बेड बनाकर बुवाई से पूर्व मिट्‌टी को भुरभुरी बना लेते है। इन बेड में उपचारित बीजों को लाइन से लाइन की दूरी 5 सेमी., पौधे से पौधे की दूरी एक सेमी. व एक सेमी. की गहराई पर बीजों को लगा देते हैं । इसके बाद कम्पोस्ट खाद व मिट्‌टी को आपस में मिलाकर हल्की परत से बीजों को ढ़ककर क्यारियों से घास फूस आदि से ढ़क कर हजारे से हल्का पानी देते हैं।

पौधे की रोपाई

नर्सरी से पौधे 42–45 दिन के बीच तैयार हो जाते हैं । रोपाई करते समय यह ध्यान रखना चाहिए कि रोप की ऊंचाई 12–15 सेमी. के बीच होना चाहिए । नर्सरी में तैयार पौधे को कतार से कतार 15 सेमी. तथा पौध से पौध की दूरी 7.5 सेमी. रखते हैं । खरीफ फसल के लिए 15 जुलाई से 15 अगस्त तथा रबी मौसम के लिए 15 दिसम्बर से 15 जनवरी तक रोपाई की जाती है। खरीफ मौसम में देरी करने व रबी मौसम में जल्दी रोपाई करने से पौधों से फूल निकल आते है तथा बल्ब नहीं बन पाते हैं । पौध रोपण के समय पौधों को बॉवस्टीन 2 ग्राम प्रति लीटर पानी के घोल में आधा घण्टे तक डुबोकर रोपाई करने से जड़गलन रोग की संभावना में कमी आती है।

निराई–गुड़ाई

प्याज की फसल को खरपतवारों से मुक्त रखना अति आवश्यक होता है। खरपतवारों को नष्ट करने के लिए 2–3 बार उथली निराई–गुड़ाई की आवश्यकता होती है। अगर रासायनिक दवा से खरपतवार का नियंत्रण करना चाहते हैं तो बासालिन 2 किग्रा. मात्रा को 600–800 लीटर पानी में घोलकर रोपाई के पूर्व खेत में मिला देना चाहिए। 45–50 दिन बाद एक निराई हाथ से कर देनी चाहिए।

सिंचाई

रोपाई के तुरन्त बाद हल्की सिंचाई की आवश्यकता पड़ती है। चूंकि प्याज की जड़ें मिट्‌टी में 10–15 सेमी. की गहराई तक फैलती है। इसलिए प्याज की फसल की सिंचाई करते समय 15 सेमी. से अधिक गहराई तक पानी देने की आवश्यकता नहीं होती है। प्याज की फसल को शुरूआत में हल्का परन्तु बहुत कम अंतर पर पानी की आवश्यकता होती है। जड़ें विकसित होने तक खेत में पर्याप्त नमी होना आवश्यक है। पौधों में गांठ बनना आरंभ होने से कन्दों के पूर्ण विकास तक (रोपाई के 60–110 दिन तक) नियमित रूप से सिंचाई की आवश्यकता होती है। अनियमित व कम सिंचाई से दुफाड़ कन्दों की संख्या में वृद्धि होती है। इसके विपरीत आवश्यकता से अधिक पानी देने पर मोटी गर्दन वाले प्याज निकलते हैं तथा इसकी भण्डारण क्षमता कम हो जाती है। रबी मौसम में (नवम्बर से जनवरी) में 10–12 दिन के अन्तराल पर सिंचाई की जाती है और फरवरी से अप्रैल माह में 7–8 दिनों के अंतराल पर सिंचाई करनी चाहिए। कुल 12–15 सिंचाई की आवश्यकता होती है ।

कीट-व्याधि की पहचान व नियंत्रण

कीट व्याधि	नुकसान व प्रभावित भाग	नियंत्रण
पर्णजीवी व थ्रिप्स	पत्तियों की विभिन्न प्रकार से काटते हैं। रस चूसकर व अन्दर कन्द में रहकर सड़न पैदा करते हैं।	एमिडा क्लोप्रिड 17.8 एस.एल. 5 मिली. प्रति लीटर पानी में मिलाकर छिड़काव करें, आवश्यकतानुसार दोहरायें।
पत्तियों का बैंगनी धब्बा रोग	रोग से प्रभावित भाग पर छोटे सफेद बैंगनी रंग के धंसे हुए धब्बे बनते हैं। उग्र अवस्था में रोग के धब्बे बड़े होकर पत्तियों व तने को झुलसे हुए लक्षण के साथ नष्ट कर देता है।	(1) थाइरम, मैन्कोजैब अथवा बॉवस्टीन दवा 2 ग्राम प्रति किग्रा. की दर से बीज को उपचारित करके ही नर्सरी में बुवाई करें। (2) मैन्कोजैब 0.2 प्रतिशत का छिड़काव बीमारी के लक्षण देखते ही शुरू करें व आवश्यकतानुसार 10 दिन के अन्तराल पर छिड़काव को दोहरायें।
अंगमारी व झुलसा	पत्ती व बीज वृन्तों पर रोग के लक्षण काले धब्बों के रूप में उत्पन्न होते हैं रोग जिससे हरिमाहीनता व मुरझाने से पौधा मर जाता है।	कन्द उपचार, वीटावैक्स अथवा मैन्कोजैब 0.2 प्रतिशत घोल में 15 मिनट तक कन्दों को डुबाने के बाद ही बुवाई करें। खड़ी फसल में बीमारी के लक्षण दिखाई देने पर कॉपर ऑक्सीक्लोराइड (50 प्रतिशत) 3 ग्राम प्रति लीटर दर से पानी में घोल बनाकर छिड़काव करें।
विषाणु रोग	इस रोग के फैलाने में कीटों की प्रमुख भूमिका है। इस रोग से पत्तियों में टूटन सिकुड़न व पीलापन तथा पौधे का आकार कम हो जाता है।	पत्तियों के ऊपर गुच्छेदार धारियों में पीलापन आ जाता है। डॉइमेथोएट दवा 0.2 प्रतिशत का छिड़काव करें व आवश्यकतानुसार दुहरावें।
भण्डारण कन्द सड़न	आर्द्रता की अधिकता कन्दों में अधिक नमी व अपूर्ण परिपक्वता और कन्दों को बन्द जगह में रखने पर कई प्रकार के कीटों व फफूंद से इनमें सड़न पैदा हो जाती है।	बीज बनाने के लिए कन्दों को भण्डारित करने से पहले थाइरम अथवा केप्टान 0.2 प्रतिशत घोल में 15 मिनट डुबोकर व सुखाकर रखें। भण्डारण हवादार सुखा व ठण्डी जगह में करें।

प्याज निकालना

1. **हरी प्याज :-** हरी प्याज को खाने की अवस्था या जब छोटे-छोटे कंद बन जाए तब इन्हें उखाड़कर बाजार में बेचा जा सकता है।

2. **बल्बों की खुदाई :–** पौध से तैयार फसल लगभग 140–150 दिन में तैयार हो जाती है, जबकि गठियों से लगाई गई प्याज की फसल 90–100 दिन में तैयार हो जाती है। किस्म व मौसम के अनुसार कन्दों के परिपक्व होने पर नयी पत्तियां आनी रूक जाती है तथा भोज्य पदार्थ पत्तियों से कन्दों में उतरकर उन्हें सुदृढ़ बना देते है। पत्तियां पीली होने लगती है तथा पौधे के गर्दन के पास से कमजोर होकर गिरने लगती है। साधारणत: 30–40 प्रतिशत पौधों की गरदन गिरने पर यह माना जाता है कि प्याज निकालने के लिए तैयार है परन्तु खरीफ मौसम में प्याज निकालने का समय कन्दों के आकार व किस्म की अवधि के अनुसार की जाती है।
3. **प्याज सुखाना :–** प्याज को उखाड़ने के बाद उन्हें पत्तियों समेत 3–4 दिनों तक खेत में रखकर सुखाना चाहिए। प्रत्येक क्यारी में प्याज को इस प्रकार रखना चाहिए कि पहली पंक्ति के प्याज के कन्द दूसरी पंक्ति के प्याज की पत्तियों से ढ़क जायें। इससे प्याज पर सीधी धूप नहीं पड़ती और प्याज पर धूप से निशान नहीं बनते हैं। तीन–चार दिन सूखने के बाद पत्तियों को प्याज से 3–4 सेमी. लंबी गर्दन (डण्डी) छोड़कर काटना चाहिए। अधिक नजदीक से पत्तियों को काटने से प्याज के ऊपरी भाग खुले रहते हैं, इससे रोग कारक (जैसे- फफूंद व जीवाणु आदि) प्याज में आसानी से प्रवेश कर जाते है। फलस्वरूप प्याज भण्डारण में जल्दी सड़ने लगते हैं । इस प्रकार के प्याज में प्रस्फुटन की समस्या भी अधिक आती है। इसके विपरीत लम्बी गर्दन वाले प्याज में गर्दन न सुखकर कटे भाग को बंद कर देती है तथा ऐसे प्याज भण्डारण में अधिक समय तक टिके रहते है।

श्रेणीकरण

अच्छी तरह श्रेणीकरण करके एक समान प्याज को ग्राहकों तक पहुँचाने से अच्छे दाम मिलते है। प्याज को मुख्यत: तीन श्रेणियों में श्रेणीकृत करना चाहिए। प्याज को आकार के अनुसार बड़े प्याज (6 सेमी. व्यास से अधिक), मध्यम (4–6 सेमी. व्यास) तथा छोटे (2–4 सेमी. व्यास) के श्रेणियों में वर्गीकृत करना चाहिए।

भण्डारण

प्याज को 2.0 डिग्री सेन्टीग्रेड तापक्रम व 65–70 प्रतिशत आर्द्रता वाले ठण्डे भण्डार गृहों में भण्डारित करना चाहिए। सामान्यत: खरीफ प्याज की भण्डारण क्षमता कम होने के कारण उसे तुरन्त बेच देना चाहिए। रबी मौसम के प्याज को भण्डारित करने के लिए हवादार, नमी रहित व ठण्डी जगह में छोटे–छोटे ढेरों पर छिद्र युक्त पाइपों से तैयार किये गये मचाननुमा भण्डार गृहों में रखना चाहिए।

उपज

अनुकूल परिस्थितियों में उन्नत कृषि तकनीक द्वारा उत्पादन करने पर लगभग 300–400 क्विंटल प्रति हे. उत्पादन होता है। सामान्यत: 60–65 क्विंटल हरी प्याज और 250–300 क्विंटल पके हुए कन्द प्रति हे. उत्पादन होता है।

अध्याय | **10**

अदरक की वैज्ञानिक खेती

अदरक का उपयोग मुख्यतः मसाले के रूप में किया जाता है। भारत अदरक उत्पादन में विश्व के अग्रणी देशों में से एक है। वर्ष 2010-11 में देश में 149.1 हजार हेक्टर क्षेत्रफल से 701.9 हजार टन अदरक का उत्पादन हुआ। भारत के अधिकांश राज्यों में अदरक की खेती की जाती है जिनमें केरल और मेघालय प्रमुख राज्य हैं।

जलवायु

अदरक की खेती गर्म और आर्द्रता वाले स्थानों में की जाती है। बुवाई के समय मध्यम वर्षा अदरक की गाँठों (राइजोम) के जमाने के लिये आवश्यक होती है। इसके बाद थोड़ा ज्यादा वर्षा पौधों को वृद्धि के लिये तथा इसकी खुदाई के एक माह पूर्व सूखे मौसम की आवश्यकता होती हैं। अगेती बुवाई या रोपण अदरक की सफल खेती के लिये अति आवश्यक हैं। 1500-1800 मि.मी. वार्षिक वर्षा वाले क्षेत्रों में इसकी खेती अच्छी उपज के साथ की जा सकती हैं परन्तु उचित जल निकास रहित स्थानों पर खेती को भारी नुकसान होता हैं। इसकी खेती बागों में अन्तरवर्तीय फसल के रूप में भी की जा सकती हैं।

भूमि

अदरक की खेती के लिये बलुई दोमट मृदा जिसमें अधिक मात्रा में जीवांश या कार्बनिक पदार्थ की मात्रा हो, सबसे ज्यादा उपयुक्त रहती है। अच्छे जल निकास वाली भूमि जिसका पी.एच.मान 5.6 ये 6.5 हो, अदरक की अधिक उपज के लिए उपयुक्त होती हैं। एक ही भूमि पर बार-बार फसल लेने से भूमि जनित रोग एवं कीटों में वृद्धि होती हैं। इसलिये फसल चक्र अपनाना चाहिये। उचित जल निकास ना होने से कन्दों का विकास अच्छे से नहीं होता ।

खेत की तैयारी

मार्च-अप्रैल में खेत की गहरी जुताई मिट्टी पलटने वाले हल से करने के बाद खेत को खुली धूप लगने के लिये छोड़ देते हैं। मई के महीने में डिस्क हैरो या रोटावेटर से जुताई करके मिट्टी को भुरभुरी बना लेते हैं। अनुशंसित मात्रा में गोबर की सड़ी खाद या कम्पोस्ट और नीम की खली को सामान रूप से खेत में डालकर पुनः कल्टीवेटर या देशी हल से 2-3 बार आड़ी-तिरछी जुताई करके पाटा चला कर खेत को समतल कर लिया जाता है। जिन क्षेत्रों में प्रकन्द गलन रोग तथा सूत्रकृमियों की समस्या है वहां पारदर्शी प्लास्टिक शीट को गर्मियों में मई-जून में 40 दिनों तक मृदा पर फैला कर मृदा का सौर्यीकरण करते हैं। अंतिम जुताई के समय उर्वरकों की अनुशंसित मात्रा का प्रयोग करना चाहिये । सिंचाई की सुविधा एवं बोने की विधि के अनुसार तैयार खेत को छोटी-छोटी क्यारियों में बाँट कर बुवाई कर लेना चाहिये।

उन्नत प्रजातियाँ और उनके विशिष्ट गुण

क्र. सं.	प्रजाति	फ्रेश उपज (टन/हे.)	फसल अवधि (दिन)
1.	आई आई एस आर वरदा	22.6	200
2.	सुप्रभा	16.6	229
3.	सुरुचि	11.6	218
4.	सुरभि	17.5	225
5.	हिमगिरी	13.5	230
6.	आई आई एस आर महिमा	23.2	200
7.	आई. आई. एस. आर. रजाता	22.4	200

बीज (कन्द) की मात्रा

अच्छे प्रकन्द के 2.5-5.0 सेमी. लम्बे कन्द, जिनका वजन 20-25 ग्राम तथा जिनमें कम से कम तीन गाँठें हो बुवाई हेतु चयन कर लेना चाहिये। अदरक की खेती के लिये 20-25 क्विंटल प्रति हेक्टेयर बीज दर उपयुक्त रहता हैं तथा पौधों की संख्या 1,40,000 प्रति हेक्टेयर पर्याप्त मानी जाती हैं। चूंकि अदरक की लागत का 40-46 प्रतिशत भाग बीज में लग जाता इसलिये बीज की मात्रा का चुनाव, प्रजाति, क्षेत्र एवं प्रकन्दों के आकार के अनुसार ही करना चाहिये।

बुवाई के समय

अदरक की बुवाई दक्षिण भारत में मानसून फसल के रूप में अप्रैल–मई में की जाती है। जो दिसम्बर में परिपक्व होती है। जबकि मध्य एवं उत्तर भारत में अदरक की खेती का उपयुक्त समय अप्रैल से जून माह तक हैं। सबसे उपयुक्त समय 15 मई से 30 मई हैं। 15 जून के बाद बुवाई करने पर कंद सड़ने लगते हैं और अंकुरण पर प्रभाव बुरा पड़ता हैं।

बोने की विधि

भूमि की दशा या जल वायु के प्रकार के अनुसार समतल कच्ची क्यारी, मेड़–नाली आदि विधि से अदरक की बुवाई या रोपण किया जाता है।

(क) **समतल विधि–** हल्की एवं ढालू भूमि में समतल विधि द्वारा रोपण या बुवाई की जाती हैं। खेती में जल निकास के लिये कुदाली या देशी हल से 5–6 सेमी. गहरी नाली बनाई जाती है जो जल के निकास में सहायक होती हैं। इन नालियों में कन्दों को 15–20 सेमी. की दूरी अनुसार रोपण किया जाता हैं तथा रोपण के दो माह बाद पौधों पर मिट्टी चढ़ाकर मेड़नाली विधि बनाना लाभदायक रहता हैं।

(ख) **ऊँची क्यारी विधि–** इस विधि में 1×3 मी. आकार की क्यारियों को जमीन से 20 सेमी. ऊँची बनाकर प्रत्येक क्यारी में 50 सेमी .चौड़ी नाली जल निकास के लिये बनाई जाती हैं। बरसात के बाद यही नाली सिंचाई के काम में आती हैं। इन उथली क्यारियों में 30×20 सेमी. की दूरी पर 5–6 सेमी. गहराई पर कन्दों की बुवाई करते हैं। भारी भूमि के लिये यह विधि अच्छी है।

(ग) **मेड़ नाली विधि–** इस विधि का प्रयोग सभी प्रकार की भूमियों में की जा सकती हैं। तैयार खेत में 60 या 40 सेमी. की दूरी पर मेड़ नाली का निर्माण हल या फावड़े से काट के किया जा सकता हैं। बीज की गहराई 5–6 सेमी. रखी जाती हैं।

बोने की दूरी

प्रकन्दों को 5 सेमी की गहराई पर कतार से कतार 40 सेमी और पौध से पौध 20 सेमी के अन्तराल पर बोना चाहिये। मेड़ या कूड़ विधि से बुवाई करनी चाहिये। बाद में अच्छी सड़ी हुई गोबर की खाद या मिट्टी से ढ़क देना चाहिये।

बीज उपचार

प्रकन्द बीजों को खेत में बुवाई, रोपण एवं भण्डारण के समय उपचारित करना आवश्यक हैं। बीज उपचारित करने के लिये (मैंकोजेब + मैटालैक्जिल) या कार्बोन्डाजिम की 3 ग्राम मात्रा को प्रति लीटर पानी के हिसाब से घोल बनाकर कन्दों को 30 मिनट तक डुबो कर रखना चाहिये। साथ ही स्ट्रप्टोसाइक्लिन की 5 ग्राम मात्रा को 20 लीटर पानी के हिसाब से मिला लेते है जिससे जीवाणु जनित रोगों की रोकथाम की जा सके। चार बार के उपचार करने के बाद फिर से नया घोल बनाना चाहिये। उपचारित करने के बाद बीजों को थोडी देर छायादार जगह में सुखाकर बोनी करना चाहिये।

पलवार

अदरक की फसल में पलवार बिछाना बहुत ही लाभदायक होता हैं। रोपण के समय इससे भूमि का तापक्रम एवं नमी का सामंजस्य बना रहता है जिससे अंकुरण अच्छा होता है। खरपतवार भी नही निकलते और वर्षा होने पर भूमि का क्षरण भी नहीं होने पाता है। रोपण के तुरन्त बाद हरी पत्तियाँ या लम्बी घास अथवा आम, शीशम, केला या गन्ने की सूखी पत्तियों का उपयोग किया जा सकता हैं। सूखी पत्तियाँ 5–6 टन प्रति हेक्टेयर की दर से बिछाना चाहिये। काली पॉलीथीन को भी खेत में बिछा कर पलवार का काम लिया जा सकता हैं। निदाई, गुडाई और मिट्टी चढाने का भी उपज पर अच्छा असर पड़ता हैं।

निंदाई, गुडाई तथा मिट्टी चढ़ाना

पलवार के कारण खेत में खरपतवार नहीं उगते। यदि उगे हो तो उन्हें निकाल देना चाहिये, दो बार निदाई 4–5 माह बाद करनी चाहिये। जब पौधे 20–25 सेमी ऊँची हो जाये तो उनकी जड़ों पर मिट्टी चढाना आवश्यक होता हैं। इससे मिट्टी भुरभुरी हो जाती है तथा प्रकंद का आकार बड़ा होता है, एवं भूमि में वायु संचार अच्छा होता हैं।

पोषक तत्त्व प्रबन्धन

अदरक एक लम्बी अवधि की फसल हैं जिसके लिये अधिक पोषक तत्त्वों की आवश्यकता होती है। उर्वरकों का उपयोग मिट्टी परीक्षण के बाद करना चाहिए। खेत तैयार करते समय 250–300 क्विंटल प्रति हेक्टेयर के हिसाब से सड़ी हई गोबर या कम्पोस्ट की खाद खेत में सामन्य रूप से फैलाकर मिला देना चाहिए। प्रकन्द रोपण के समय 20 क्विंटल प्रति हेक्टेयर की दर से नीम की खली डालने से प्रकन्द गलन एवं सूत्रकृमि या भूमिजनित रोगों की समस्या कम हो जाती हैं। यदि गोबर की खाद या कम्पोस्ट डाला गया है तो रासायनिक उर्वरकों की मात्रा को 20 प्रतिशत कम कर देना चाहिए। अदरक को 75 कि.ग्रा. नत्रजन, 50 कि.ग्रा. स्फूर कि.ग्रा. और 50 कि.ग्रा. पोटाश प्रति हेक्टेयर हैं। जिंक की कमी वाली मृदा में मिट्टी में 6 कि.ग्रा. जिंक प्रति हेक्टेयर (30 कि.ग्रा. जिंक सल्फेट) डालने से उपज अच्छी प्राप्त होती हैं।

अदरक की खेती के लिए उर्वरकों का विवरण (प्रति हेक्टेयर)

उर्वरक	आधार उपयोग	40 दिन पश्चात	90 दिन पश्चात
कम्पोस्ट/गोबर की खाद	25–30 टन		
नीम केक	2 टन		
नाइट्रोजन	–	37.5 कि.ग्रा.	37.5 कि.ग्रा.
स्फूर	50 कि.ग्रा.	–	–
पोटाश	50 कि.ग्रा.	–	–

खुदाई

अदरक की खुदाई रोपण के लगभग 8–9 महीने बाद जब पत्तियाँ धीरे-धीरे पीली होकर सूखने लगे, तब कर लेना चाहिये। देरी से खुदाई करने पर प्रकन्दों की गुणवत्ता और भण्डारण क्षमता में गिरावट आ जाती है तथा भण्डारण के समय प्रकन्दों का अंकुरण होने लगता हैं। खुदाई कुदाली या फावड़े की सहायता से की जा सकती है। बहुत शुष्क और नमी वाले वातावरण में खुदाई करने पर उपज को क्षति पहुँचती है इसलिये ऐसे समय में खुदाई नहीं करना चाहिए । खुदाई करने के बाद प्रकन्दों से पत्तियों, मिट्टी तथा अदरक में लगी मिट्टी को साफ कर देना चाहिये। यदि अदरक का उपयोग सब्जी के रूप में किया जाना है तो खुदाई रोपण के 6 महीने के अन्दर खुदाई किया जाना चाहिऐ। प्रकन्दों को पानी से धुलकर एक दिन तक धूप में सूखा लेना चाहिये। धुलाई के बाद अदरक को सोडियम हाइड्रोक्लोरोइड के 100 पीपीएम के घोल में 10 मिनट के लिये डुबोना चाहिए जिससे सूक्ष्म जीवों के आक्रमण से बचाव के साथ-साथ भण्डारण क्षमता भी बढ़ती है।

उपज

उन्नत किस्मों के प्रयोग एवं अच्छे प्रबंधन द्वारा अदरक की औसत उपज 300 क्विंटल प्रति हेक्टेयर तक प्राप्त की जा सकती है। ताजा हरे अदरक की अैसत उपज 100–150 क्विंटल प्रति हेक्टेयर प्राप्त हो जाती है जो सूखाने के बाद 20–25 क्विंटल तक आ जाती हैं।

पौध संरक्षण

प्रमुख रोग

1. **मृदु विगलन**–मृदु विगलन अदरक का सबसे अधिक हानिकारक रोग हैं जिसके कारण सभी रोगग्रसित पौधे नष्ट हो जाते हैं। यह रोग पाईथीयम अफेनिडरमाटम के द्वारा होता है। इसका प्रभाव सर्वप्रथम आभासी तने के निचले भाग में होता है और फिर यह ऊपर की तरफ फैल जाता है। संक्रमित तने का निचला भाग पानी को सोख कर प्रकन्द तक पहुंचाता है जिससे यह रोग प्रकन्द में भी लग जाता है। बाद में यह रोग जड़ में भी फैल जाता है। इसके बाह्य लक्षणों में पत्तियों के अग्र भाग में पीलापन आ जाता है और यह धीरे-धीरे पूरी पत्तियों पर फैल जाता है। रोग की प्रारंभिक अवस्था में पत्तों का मध्य भाग हरा रहता है जबकि अगले भाग में पीलापन आ जाता है। यह पीलापन पौधे की सारी पत्तियों पर फैल जाता है जिसके कारण पत्तियां सूख कर गिरने लगती हैं।

नियंत्रण

- बुआई से पहले बीज प्रकन्द को 0.3 प्रतिशत मैन्कोजेब से 30 मिनट तक उपचार करना चाहिए।
- खेत में पानी का उपयुक्त निकास होना चाहिए।
- ट्राईकोडरमा हरजियानम के साथ नीम केक 1 कि.ग्रा. प्रति क्यारी की दर से डालने पर इस रोग को नियंत्रित किया जा सकता है।

- रोग ग्रसित पौधे को निकाल कर नष्ट कर देना चाहिए और उसके चारों तरफ 0.3 प्रतिशत मैन्कोजेब डालना चाहिए ताकि यह रोग और अधिक न फैलें ।

2. **जीवाणु म्लानि–** यह रोग मिट्टी एवं बीज द्वारा उत्पन्न होता है। सबसे पहले निचली पत्तियां पीली पड़ने लगती हैं बाद में धीरे-धीरे ऊपर वाली पत्तियां भी पीली पड़ जाती हैं। तने के निचले हिस्से पर रोग का प्रकोप दिखाई पड़ता हैं और यह ऊपर की ओर बढ़ने लगते हैं। रोग बाधित तने के संवहनी (वास्कुलर) तंतु में गहरे रंग की लाइन पड़ जाती हैं और प्रकन्द को दबाने पर उस में से दूध जैसे पदार्थ का स्राव होने लगता हैं। अंत में प्रकन्द गल जाता है।

नियंत्रण

- मृदु विगलन प्रबंध के लिए अपनाई गयी नियंत्रण विधियों को जीवाणु म्लानि के लिए भी उपयोग कर सकते हैं।
- बुआई के लिए प्रकन्दों को 30 मिनट तक स्ट्रेप्टोसाईक्लिन (20 ग्राम/100 लीटर पानी) से उचारित करके छायादार जगह में सुखा कर उपयोग करना चाहिए।
- साथ ही 0.2 प्रतिशत कॉपर ऑक्सिक्लोराइड का बेडों पर छिड़काव करना चाहिए।

3. **पर्ण चित्ती रोग**–यह रोग जुलाई से अक्टूबर के मध्य होता है। इस रोग की शुरुआत पत्तों पर सूखे पानी के धब्बे के रूप में होती है जो बाद में सफेद धब्बे के रूप में हो जाता है। इन धब्बों के चारों ओर गहरे भूरे रंग के किनारे बन जाते हैं। ये धब्बे निरंतर बढ़ते रहते है।

नियंत्रण

- इस रोग का नियंत्रण करने के लिए मैन्कोजेब (0.2 प्रतिशत) का छिड़काव करना चाहिए।

सूत्रकृमि

अदरक को हानि पहुंचाने वाले प्रमुख सूत्रकृमि जड़ गांठ(मेलोयिडोगाइन स्पीसीस), बोरोयंग (रेडोफोलस सिमिलस) तथा जड़ विक्षित सूत्रकृमि (प्राटाइलेन्कस स्पीसीस) है। सूत्रकृमि ग्रसित पौधे के बाह्य लक्षणों में पत्तियां पीली पड़ जाती हैं, पौधा बौना रह जाता है एवं अंत में पौधा सूख जाता है। जड़ विक्षित सूत्रकृमि ग्रसित जड़ में विक्षित निशान पड़ जाते हैं। जड़ गाँठ सूत्रकृमि ग्रसित पौधे की जड़ों में गांठे पड़ जाती हैं जिससे पौधे में जड़ गाँठ रोग हो जाता हैं। सूत्रकृमियों की उपस्थिति में प्रकांड गलन रोग बढ़ता है। इसको नियंत्रण करने के लिए प्रकन्द को गरम पानी से (500से.) 10 मिनट तक उपचार करते हैं। सूत्रकृमि प्रतिरोधक प्रजाति जैसे आई आई एस आर महिमा का उपयोग करना चाहिए। बुआई के समय बेडों पर पौकोनिया क्लामिडोस्पेरिया का छिड़काव करके सूत्रकृमियों की समस्या का समाधान किया जा सकता है।

प्रमुख कीट

1. तना बेधक–तना बेधक अदरक को हानि पहुंचाने वाला प्रमुख कीट हैं। इसका लार्वा तने को बेधकर उसकी आंतरिक कोशों को खा लेता है। पौधे की ऊपरी भाग की पत्तियाँ पीली पड़ जाती हैं इसका वयस्क मध्यम आकार का होता है जिसमें 20 मि.मि. शलभ युक्त नारंगी पीले

रंग के पंख होते हैं जिस पर सूक्ष्म काले चित्ती के निशान होते हैं। इसका लार्वा हल्के भूरे रंग का होता हैं। इनका प्रभाव सितम्बर से अक्टूबर के बीच अधिक होता है।

तना बेधक को 21 दिनों के अन्तराल पर जुलाई से अक्तूबर के मध्य 0.1 प्रतिशत मैलथियोन का छिड़काव करके नियंत्रण किया जा सकता है

2. **राइजोम शल्क**–राइजोम शल्क खेत के अन्दर तथा भण्डारण में प्रकंदों को हानि पहुंचाते हैं। इसकी वयस्क मादा गोल बनाकर (लगभग 1 मि.मीटर) हल्के भूरे रंग की होती है। यह प्रकन्द का सार चूस लेता है जिससे प्रकन्द सुखकर मुरझा जाते हैं परिणामस्वरूप अंकुरण में समस्या आती है।

इसकी रोकथाम के लिए प्रकन्द को भंडारण के समय और बुआई से पहले 0.075: क्विनालफोस से 20–30 मिनट तक उपचारित करते हैं। कीट ग्रसित प्रकन्द को भंडारण न करके उसे नष्ट कर देना चाहिए।

3. **जड़ बेधक**–यह कीट मुख्यत: नरम प्रकन्द, जड़ें और आभासी तने के निचले हिस्से को खाते हैं जिसके कारण पत्तियों में पीलापन आ जाता है और पौधा सूखने लगता है। इस कीट का नियंत्रण करने के लिए क्लोरीपाईरिफोस (0.075 प्रतिशत) का मिट्टी में छिड़काव करते हैं ।

अध्याय **11**

पुदीना (मेन्था) की खेती

मेंथा वंश की लगभग सभी जातियों को पोदीना के नाम से भी जाना जाता है। इसकी कई जातियाँ अपने आप से उगती है, तथा कुछ की खेती भी की जाती है। भारतवर्ष में 12,000 टन तेल का उत्पादन होता है। हमारे देश में लगभग 1,20,000 हेक्टेयर भूमि में इसकी खेती की जा रही है। क्षेत्रफल एवं उत्पादन की दृष्टि से मेंथा के उत्पादन में उत्तरप्रदेश देशभर में प्रथम है। उ.प्र. में मुरादाबाद बदायुं, रामपुर, नैनीताल, उधमसिंह नगर, बरेली, बस्ती, लखनऊ, सीतापुर एवं बारासी जिलों में इसकी खेती सफलतापूर्वक की जा रही है। पंजाब के जालन्धर जिले में हरियाणा के अम्बाला और यमुनानगर जिले में और बिहार के मुजज्फरपुर जिले में भी मेंथा की खेती सफलतापूर्वक की जा रही है।

हमारे प्रदेश में वर्तमान में लगभग 2,000 हेक्टेयर भूमि में इसकी खेती की जा रही है। तथा उत्पादन लगभग 48,925 क्विंटल है। प्रदेश में इसकी खेती प्रमुख रूप से होशंगाबाद, धार, भोपाल, उज्जैन, हरदा एवं गुना में की जा रही है।

इस वंश के पौधे छोटे एवं गंधमय होते है। इनमें मुख्य रूप से उपयोगी तत्त्व मेंथोल और पेपरमिंट आयल पाया जाता है। इस जाति की एक जापनी प्रजाति मेंथा आरबेंसिस उपजाति हाप्लोकैलिक्स प्रजाति पिपरेसेंस की जम्मू एवं कश्मीर में खेती की गयी है। इससे प्राप्त तेल को जापानी पेपरमिंट आयल कहते है।

पौधे का वानस्पतिक वर्णन

यह एक ऊर्ध्व, शाखित, 60 से.मी. तक ऊँचा पौधा होता है पत्ते 5 से.मी. तक लंबे होते है उनके किनारे नोकदार एवं डंठल छोटे होते है कभी-कभी पौधे अवृंत होते है। फूल छोटे गुलाबी पीले और छोटे गुच्छों में पत्तों के कक्ष में आते है।

मेंथा की उत्पादन तकनीकी

मेंथा कृषक भाईयों के लिए नई फसल है, इनकी खेती एवं कटाई के बाद रखरखाव की जानकारी का अभाव के कारण कई किसान भाईयों को मेंथा की खेती में असफलता का सामना करना पड़ रहा है यद्यपि इसके तेल की मांग बाजार में अधिक हैं।

जलवायु

इसकी खेती उष्ण तथा समशीतोष्ण जलवायु जहाँ का औसत तापमान 20° सेल्सीयस से 40° सेल्सीयस तक होता है व शीत ऋतु में तापमान 15°-20°C रहे तो इसकी वृद्धि अच्छी होती है तथा इसका उत्पादन भी अधिक होता है। इसके सफल उत्पादन के लिए वार्षिक वर्षा 100 से.मी. होनी चाहिए।

औषधीय गुण

इसकी खेती मुख्य रूप से इसके सगंध तेल के लिए की जाती है जिसका उपयोग विभिन्न प्रकार की औषधियों को तैयार करने में किया जाता है। इस पौधे में एंटीसेप्टिक तथा उत्तेजक गुण होते हे, यह अपच और ज्वर में उपयोगी होता है। इस औषधि से प्राप्त तेल पेपरमिंट आयल का उपयोग अपच की औषधियों में, सिर दर्द व गठिया आदि के मरहमों में, खांसी की गोलियों में तथा कुल्ला या गरारा करने की औषधियों में प्रयुक्त होता है। यह औषधि अफारा, अतिसार और मतली में लाभप्रद है। सिर तथा अन्य अंगों के दर्द पर इसके पत्ते मसल कर लगाते हैं तो मरीज को लाभ मिलता है।

मृदा

इसकी खेती के लिये बलुई दोमट से चिकनी मिट्टी उपयुक्त होती है, जिसका पी.एच. मान 6.5 से 8.0 तक होना चाहिए व खेत से उचित जल निकास प्रबंध भी होना चाहिये।

भूमि की तैयारी

भूमि तैयारी के लिये कल्टीवेटर से आड़ी व खड़ी जुताई करें तत्पश्चात् मिट्टी को भुरभुरा बनाने के लिये डिस्क हेरो का भी प्रयोग करें। जिससे मिट्टी में भुरभुरापन आ जाता है तथा अंत में पठार चलाकर खेत को समतल कर दें।

पौधे सामग्री का उत्पादन

मेंथा को दो तरीकों से खेत में लगा सकते है।

1. **सकर्स द्वारा–** जहाँ मेंथा अगेती फसल के रूप में लगाना हो तो वहाँ सकर्स द्वारा खेती की जाती है।

2. **पौधे द्वारा–** जहाँ पिछेती फसल में लगाना है वहाँ पौधे द्वारा मेंथा फसल लगाई जाती है।

इसकी खेती के लिए नर्सरी तैयार करने का उपयुक्त समय 15 अगस्त से 15 सितम्बर के मध्य होता है।

नर्सरी प्रबंधन

नर्सरी तैयार करने हेतु सर्वप्रथम जमीन को अच्छी तरह से जुताई कर उसे समतल कर दें व आवश्यकतानुसार गोबर एवं रासायनिक खाद डालें और सकर्स को 30:30 सेमी. पर लगा दें। एक हैक्टर जमीन के लिये 200 वर्ग मीटर की नर्सरी उपयुक्त होती है। इस नर्सरी में तैयार सकर्स दिसम्बर/जनवरी माह में रोपने के लिए तैयार हो जाते है। नर्सरी को खरपतवार कीट पंतगों एवं रोगों से मुक्त रखना चाहिये और आवश्यकतानुसार उसमें सिंचाई करना चाहिये।

यदि किसान भाई मेंथा की खेती पूर्व से करते आ रहे है तो उन्हें पहले की फसल की एक निश्चित क्षेत्र सकर्स उत्पादन के लिये छोड़ देना चाहिये। मगर हमें यह ध्यान रखना होगा कि इस फसल के पौधों में बीज न बन पाए इसलिये इन पौधों में जैसे ही फूल आते है उन्हें तोड़कर अलग कर देना चाहिए इससे पौध की शुद्धता बनी रहती है।

सकर्स लगाने के एक माह पश्चात् 20 किलो नत्रजन, प्रति हेक्टर अक्टूबर माह के अंत में डालते हैं।

जनवरी के दूसरे या तीसरे सप्ताह में पौधों की ऊपरी भाग की कटाई करके जड़ों की खुदाई कर लेते हैं।

सकर्स की रोपाई

इसकी रोपाई निम्न तरीकों से जनवरी या फरवरी माह में करना चाहिये–

- ताजा रोपाई हुई सफेद रसयुक्त 8–10 लंबे जड़ों के टुकड़े 45–60 से.मी. दूर लाईनों में 1 से 15 इंच गहरा दबायें तथा तुरंत पानी लगायें।
- जड़ों को 1 ग्राम बाविस्टीन/लीटर पानी के हिसाब से घोल बनाकर 5–10 मिनट तक डुबोकर रोपाई करें। रोपाई 15 जनवरी से फरवरी माह के अंत तक करें।
- 5 क्विंटल जडें एक हैक्टर भूमि के लिये पर्याप्त होती है।
- यह ध्यान रखना चाहिये कि खेत में अगर पिछली फसल के पौधे लगे हों तो उन्हें नष्ट कर देना चाहिये उनमें किसी भी तरह बीज नहीं बनने देना चाहिये।

भारत में व्यावसायिक दृष्टि से उगाई जाने वाली मेंथा की प्रजातियाँ

क्र.	प्रजाति	शाकीय उपज (क्विंटल/हेक्ट.)	तेल का उत्पादन (किग्रा./हेक्ट.)
1	जापानी पुदीना	400–500	250–300
2	स्पियर मिंट	250–300	125–150
3	बरगाट मिंट	350–400	120–150
4	पिपरमेंट	200–250	80–100

सुगंधित द्रव्यों के मुख्य स्रोत मेंथाल लिनालूल, लिनानिल एसीटेट है जिसका उपयोग, सौन्दर्य प्रसाधनों तथा उद्योगों में किया जाता है।

भारत में मेंथाल मिंट की विभिन्न कल्टीवर

क्र.	किस्में	उत्पादन (क्विंटल/हे.)	एसेन्सियल आयल उत्पादन (कि.ग्रा./हे.)	मेंथाल प्रतिशत	अन्य
1	एम.ए.एस.-1	200	125	82	शीघ्र तैयार होने वाली तथा मेंथाल की अधिक मात्रा।
2	कालका	250	150	81	लीफ स्पाट एवं रस्ट रोग प्रतिरोधी।
3	शिवालिक	300	180	75	देर से तैयार होने वाली किस्म।
4	गोमती	400	140	75	देर से तैयार होने वाली किस्म।
5	हिमालय	400	250	60	लीफ स्पाट एवं रस्ट रोग प्रतिरोधी।
6	कोसी	450-500	260-300	80-85	शीघ्र तैयार होने वाली तथा मेंथाल की अधिक मात्रा।

पौधे तैयार करना

ऐसे किसान भाई जो मेंथाल मिंट को रबी की फसल के पश्चात् (मार्च-अप्रैल) में लगाना चाहते हैं, वे पौध निम्न तरह से तैयार कर सकते हैं ।

- एक हेक्टेयर में रोपाई के लिये लगभग 200 वर्ग मीटर में पौध फरवरी के अंतिम सप्ताह में तैयार की जाती है।
- नर्सरी की भलीभांति जुताई के पश्चात् उसमें सड़ी हुई गोबर की खाद मिला देते हैं ।
- अब 100 किलो सकर्स को छोटे-छोटे टुकड़ों में काटते हैं टुकड़े काटते समय इस बात का ध्यान रखें कि प्रत्येक टुकड़े में एक गांठ अवश्य हो । ये सकर्स हमें अगस्त-सितम्बर माह में बोई गई नर्सरी से प्राप्त हो सकते हैं ।
- नर्सरी स्थल में पानी भरकर उसे झाड़ू से मटमैला कर लेते हैं एवं इसमें कटी हुई गांठों को बिखेर देते है।
- पानी खत्म होने पर पुनः झाड़ू से हल्का-हल्का पीट देते है ताकि गांठों में मिट्टी चिपक जायें इसके ऊपर गोबर की खाद का या अन्य पुलवार बिछा देते हैं । इस प्रकार 35-40 दिन में पौध खेत में लगाने हेतु तैयार हो जाती है। तैयार पौध को जिनकी ऊँचाई 9-15 से.मी.

होती है खेत में मार्च–अप्रैल में धान की भांति 45 दिन तक सकर्स के लिये छोड़ देना चाहिये। मगर हमें इस बात का ध्यान रखना होगा कि इस फसल के पौधों में बीज न पाएं इसलिये इन पौधों में जैसे ही फूल आते हैं उन्हें तोड़कर फेंक देना चाहिए इससे पौध की शुद्धता बनी रहती है।

सकर्स लगाने के एक माह पश्चात् 20 किलो नत्रजन प्रति हेक्टेयर अक्टूबर माह के अंत में डालते हैं ।

जनवरी के दूसरे या तीसरे सप्ताह में पौधों की ऊपरी भाग की कटाई करके जड़ों की खुदाई कर लेते हैं ।

सकर्स की रोपाई

इसकी रोपाई निम्न तरीकों से जनवरी या फरवरी माह में करना चाहिये–

- ताजा निकली हुई सफेद रसयुक्त 8–10 लंबे जड़ों के टुकड़े 45–60 से.मी. दूर लाईनों में 1 से 1.5 इंच गहरा दबायें तथा तुरन्त पानी लगायें।
- जड़ों को 1 ग्राम बाविस्टीन/लीटर पानी के हिसाब से घोल बनाकर 5–10 मिनट तक डुबोकर रोपाई करें। रोपाई 15 जनवरी से फरवरी माह के अंत तक करें।
- 5 क्विंटल जड़ें एक हेक्टेयर के लिये पर्याप्त होती है।
- यह ध्यान रखना चाहिये कि खेत में अगर पिछली फसल के पौधे लगे हों तो उन्हें नष्ट कर देना चाहिये उनमें किसी भी तरह बीज नहीं बनने देना चाहिये। जनवरी माह में लगाये सकर्स में 3–4 सप्ताह में कल्ले फूट आते हैं ।

निंदाई

फसल को नींदा से मुक्त रखना आवश्यक है। यह कार्य हेण्डहो से करना चाहिए। पहली निंदाई पौध लगाने के 6 सप्ताह बाद करना चाहिये इसके बाद 15 दिन में निंदाई करना चाहिये। इसके नियन्त्रण हेतु आक्सी लोरोबिन, मेटाक्सान, आइसोप्रोटोरान सिमीजीन या एट्राजिन का प्रयोग करना चाहिए।

उर्वरक

प्राय: 120–150 किग्रा. नत्रजन, 60–80 किग्रा. फास्फोरस एवं 40–60 किग्रा पोटाश प्रति हेक्टेयर उर्वरकों के रूप में पर्याप्त होते हैं । फास्फोरस एवं पोटाश की पूर्ण मात्रा उर्वरकों के रूप में बुवाई के समय दी जाती है। नत्रजन की कुल मात्रा का एक तिहाई भाग बुवाई के समय एवं शेष दो तिहाई भाग का प्रयोग समान मात्रा में खड़ी फसल में किया जाता है। जिन क्षेत्रों में जस्ते की कमी हो वहाँ 20 किग्रा जिंक सल्फेट/हेक्टर डालना चाहिये।

सिंचाई

इसके पौधों का विकास खेत में पर्याप्त नमी की दशा में ही अच्छी होता है। अतएव खेत में पानी आवश्यकता अनुसार लगभग 10–15 दिन के अंतराल पर लगाते रहना चाहिये। खड़ी

फसल में मृदा की नमी 50 प्रतिशत आने पर तुरन्त पानी दे देना चाहिए। साधारणतया 12–15 सिंचाई ग्रीष्म काल में तथा 5–6 सिंचाई शीत ऋतु में आवश्यक होती है।

फसल चक्र

जल्दी तैयार होने वाली मिंट पर आधारित फसल चक्र	ट्रान्सप्लांटेड मिंट पर आधारित फसल चक्र
ट्रांसप्लांटेड धान- आलू-मिंट	धान/सोयाबीन देर से तैयार होने वाली आलू-मिंट
धान-मिंट-सोयाबीन	धान/सोयाबीन-गेहूँ/चना/मसूर-मिंट
धान-सब्जीदार मटर-सोयाबीन-मिंट	सोयाबीन-सरसों-मिंट
अरहर/मिंट	अरहर-गेहूँ- मिंट

प्रमुख कीट

क्र.	साधारण नाम	वैज्ञानिक नाम	कीट आक्रमण से लक्षण	नियंत्रण में प्रयुक्त
1	मिंटलीफ रोलर	सिंगैमिया एलरप्टैलिस	अगस्त-सितम्बर में पत्तियों मुड़ने लगती हैं।	एल्ड्रिन, फास्फामिंडान का छिड़काव।
2	रेड परपकिन बीटल	आंलोकोफोरा फोबिकोलिस	पत्तियाँ व कलियाँ कीट द्वारा खा ली जाती हैं।	एल्ड्रिन व मैलाथियान का छिड़काव।
3	कट वर्क्स	एग्रीटिस लैमेट्रा	पौधे के कालर भाग बंसत ऋतु में कट जाते हैं।	एल्ड्रिन द्वारा मृदा उपचार।
4	हेयरी कैंटर पिलर	डायक्रिसिया आंब्लिका	पत्तियाँ नष्ट की जाती है।	फालीडाल व मैलाथियान का छिड़काव।
5	टरमाईट्स	माइक्रोटरमीरा शासी ओडोण्टोटरमीस ओबेसस	आधार पर पौधे कट जाते है।	हैप्टाफांस अथवा एल्ड्रिन द्वारा मृदा उपचार खासकर सकर्स लगाते समय।

प्रमुख बीमारीयाँ

बीमारी का नाम	रोग कारक	रोग के लक्षण	नियंत्रण के उपाय
स्टोलन सड़न रुटरॉट	मैक्रोफोमिना फेसिओली थिलैबिया बैसिकोला राइजोक्टोना बटाटिकोला	जमीन के नीचे स्थित भागों जैसे स्टालन, जड़ें आदि पर बहुत अधिक गहरे ब्राउन रंग के धब्बे व रांटिंग के लक्षण	बुआई के पहले मृदा की ड्रेचिंग डायथेन एम.45 द्वारा और ब्रासिकाल द्वारा सकर्स को बुआई के पहले कैप्टान घोल द्वारा उपचारित किया जा सकता है।
लीट स्पाट	कांरिनेस्पोरा कैसिकोला कर्यूलेरिया ल्यूनाटा अल्टरनेयि स्पी.	पत्तियों व शाखाओं पर मृत उत्तकों के धब्बे जिनसे पत्तियाँ गिरने लगती है।	स्टालन को डाइफोलेटान से उपचारित अथवा कापर आक्सी क्लोराईड 0.3 प्रतिशत घोल द्वारा उपचारित करना।
यूसेरियम विल्ट	यूसेरियम आक्सीस्पोरम	पीली मुड़ी हुई व सूखी पत्तियाँ	बेनलेट बाविस्टन, टांप-सिन का उपयोग किया जा सकता है।
रुटरॉट	मेलोइडोगाइन इन्कोअग्निटा मेलोइडोगाइन जावानिका	पत्तियाँ पीली पड़ने लगती है व स्तम्भित वृद्धि।	नीम केक एवं कार्बोयूरान देना चाहिये।
रतुआ	पक्सिनिया मेंथी	स्वर्णिम भूरे रंग के धब्बे पत्तियों व शाखाओं पर दिखाई देते हैं।	कार्बोयूरान उपचार व वल्डइनाट्रोएमीन का छिड़काव।
पाउडरी मिल्ड्यू	एरीसासइफसी ससइकोरिसयेरम	सफेद रंग के चूर्ण की सतह पत्तियों पर दिखाई देती है।	पत्तियाँ सूखने लगती हैं। वेटेबल सल्फर द्वारा उपचार।

फसल की कटाई

फसल की कटाई फूल आने पर तथा नीचे के पत्तों के पीला सड़ने की स्थिति में करना चाहिए। दिसंबर/जनवरी में लगाई गई फसल की प्रथम कटाई 100 दिन बाद एवं दूसरी 60-75 दिन में करें। इस समय तेल की मात्रा 0.4 से 0.6 प्रतिशत होती है। फसल की कटाई करते समय

निम्नलिखित सावधानियाँ बरतना चाहिए–

1. फसल को हमेशा चमकीली धूप में ही काटना चाहिये।
2. फसल की कटाई के बाद उसे 4–5 घंटे तक खेत में ही पड़ा रहने देना चाहिये। ऐसा करने से पत्तियों में उपस्थित नमी समाप्त हो जाती है।
3. कटाई से 8–10 दिन पूर्व की सिंचाई बंद कर देना चाहिए।
4. फसल की कटाई के बाद यदि आसवन करने में देरी हो रही हो तो फसल को खुला एवं फैला रहने देना चाहिये अन्यथा पत्तियों में सड़न हो सकती है।

उपज

मेंथा की फसल उपज पहली कटाई में ज्यादा और दूसरी कटाई में कम होती है। यदि मेंथा की फसल को उन्नत तरीके से खेती की जाती है तो 20 से 40 टन प्रति हेक्टेयर तक पत्तियों की उपज होती है। जिससे 125 से 200 कि.ग्रा. प्रति हेक्टेयर तक ईसेंसियल आइल प्राप्त होता है।

भण्डारण

आसवन हेतु पत्तियों का भंडारण एक सप्ताह से अधिक करने पर ईसेंसियल आईल की उपज प्रभावित होती है। अत: भंडारण एक सप्ताह से ज्यादा नहीं करना चाहिए।

मेंथा तेल का उत्पादन तकनीकी

मेंथा की पत्तियों की कटाई के उपरांत तेल निकालने के लिये उनका आसवन किया जाता है। हालांकि आसवन के लिये ज्यादातर वाष्प आसवन विधि को उपयुक्त माना जाता है लेकिन जल–वाष्प आसवन पद्धति सस्ती एवं किसानों में ज्यादा लोकप्रिय है।

मेंथा से निकलने वाले तेल की मात्रा व अनेक कारकों जैसे मेंथा की प्रजाति, भूमि का उपजाऊपन, फसल की देखभाल तथा कटाई का समय आदि पर निर्भर करती है। म.प्र. के संदर्भ में पाया गया है कि मेंथा की पत्तियों में आयल की मात्रा लगभग 1 प्रतिशत होती है एवं मेंथा की तीन कटाईयों से लगभग 200–250 कि.ग्रा. तेल का उत्पादन प्राप्त किया जा सकता है।

मेंथा तेल के लिए आसवन करते समय सावधानियाँ

1. संयंत्र में फसल भरने से पहले पानी निर्धारित सतह तक भरें तथा प्रत्येक बार इसका ध्यान रखें।
2. फसल को धूप उपचार के बाद ही संयंत्र में भरें इससे तेल अधिक व जल्दी निकलता है।
3. संयंत्र को ऊपर तक अच्छी तरह भरकर ढक्कन को वायु–रुद्ध तरीके से बंद करें ताकि भाप का रिसाव न हों।
4. भट्टी में ईंधन लगातार डालना चाहिए ताकि संयंत्र जल्दी गर्म हो सकें तथा तेल शीघ्र निकलें।
5. कंडैंसर में पानी गर्म होने पर ताजे पानी का प्रवाह बनाए रखें ताकि तेल वाष्प/भाप से तरल रूप से बदल सकें।

6. तेल लगभग एक घंटे बाद निकलना शुरु होता है तथा एक घंटे में अधिकांश तेल निकल आता है। इसके उपरांत कांच के बर्तन में तेल व पानी के तरल रूप को इकट्ठा कर जांच करें अगर तेल की बूंदें पानी की सतह पर न हो तो ईंधन डालना बंद कर दें।
7. तेल को शीघ्र ही, साफ व सूखे, एल्यूमोनियम, रंगीन कांच या प्लास्टिक के बर्तन में भरकर रखें तथा वायु–रुद्ध कर दें ताकि तेल की गुणवत्ता ठीक रहें। बर्तनों को धूप रहित, ठंडी व नमी स्थान में भंडारित करें।
8. समय–समय पर भट्टी एवं धुँए की चिमनी के रास्ते से राख निकालते रहना चाहिये ताकि भट्टी ठीक तरह कार्य करें।

मेंथा खेती की आर्थिकी

क्र.	व्यय प्रति हेक्टेयर	रुपए में
अ.	मेंथा की कीमत व आसवन	
	1. जमीन व मृदा की तैयारी तथा सकर्स की कीमत व लगाने का खर्च	5000.00
	2. उर्वरक	200.00
	3. सिंचाई	1500.00
	4. निंदाई	2400.00
	5. पौध–रक्षा व साधारण खर्च	800.00
	6. कटाई	1000.00
	7. आसवन पर खर्च	4800.00
ब.	कुल प्राप्तियाँ	
	1. आइल का उत्पादन	180.00
	2. ऑयल की कीमत	500.00
	3. कुल उत्पादित आइल की कीमत	90000.00
स.	शुद्ध प्राप्तियाँ	72500.00

अध्याय | **12**

सौंफ की वैज्ञानिक खेती

सौंफ का वानस्पतिक नाम फोइनिकम वलगेयर है। यह व्यावसायिक रूप से एक वार्षिक जडी-बूटी एवं मसालों के रूप मे खेती की जाती है। यह एक मोटा एवं सुगंधित मसाला फसल है। सौंफ के बीजों से ओलेटाइल तेल (0.7-1.2%) भी निकाला जाता है। सौंफ एक खुशबूदार बीज वाला मसाला होता है। सौंफ के दाने आकार मे छोटे और हरे रंग के होते है। आमतौर पर इसके छोटे और बड़े दाने भी होते है। और दानों में खुशबू भी होती है। सौंफ का उपयोग आचार बनाने में और सब्जियों में खुशबू और स्वाद बढाने में किया जाता है। इसके अलावा इसका उपयोग औषधि के रूप में किया जाता है। सौंफ एक त्रिदोष नाशक औषधि होती है। भारत में सौंफ के प्रमुख उत्पादन राज्य राजस्थान, आंध्रप्रदेश, पंजाब, मध्यप्रदेश, उत्तरप्रदेश, गुजरात, कर्नाटक और हरियाणा है।

सौंफ के लाभ

सौंफ मनुष्य के स्वास्थ्य के लिए उपयोगी होती है। इससे एनीमिया जैसी बीमारी का उपचार किया जाता है। इसके अलावा पेट फूलना, दस्त, कब्ज, गुर्दे पेट का दर्द और साँस की बीमारियों को ठीक करने के लिए सौंफ का उपयोग किया जाता है। यदि किसी व्यक्ति का भोजन

उचित प्रकार से नहीं पच रहा है तो उसे खाना खाने के बाद सौंफ का सेवन करना चाहिए। सौंफ मे अनेक औषधीय गुण होते है। मुँह को फ्रेश रखने के लिए या बदबू को दूर करने के लिए सौंफ के साथ चीनी, मिश्री मिलाकर खाना चाहिए। सौंफ के पानी को आमतौर पर दवा के रूप में छोटे बच्चों को दिया जाता है। सौंफ के तेल का उपयोग साबुन और शेम्पू में सुगंध लाने के लिए किया जाता है। इस तेल का उपयोग पकवान और मिठाईयों को स्वादिष्ट बनाने के लिए किया जाता है।

जलवायु

सौंफ समशीतोष्ण जलवायु की फसल है । इसके लिए औसत वार्षिक वर्षा 75 से 90 सेमी होनी चाहिए। यह मुख्यत: रबी मौसम की फसल है। ठंडी और शुष्क जलवायु सौंफ की फसल की खेती के लिए सबसे अच्छी रहती है। इस जलवायु में पौधे की बढवार अच्छे से होती है। सौंफ की अच्छी उपज केवल मौसम पर ही आधारित होती है। फसल पकते समय शुष्क जलवायु की आवश्यकता पड़ती है। बीज बनते समय अधिक ठंड की आवश्यकता नहीं होती है।

भूमि का चुनाव

सौंफ की खेती बलुई मिट्टी को छोड़कर सभी प्रकार की भूमि में की जा सकती है। लेकिन इसकी खेती के लिए दोमट मिट्टी सबसे अच्छी मानी जाती है। भूमि का चुनाव करते समय इस बात का अवश्य ध्यान रखें कि खेती में पानी का निकास उचित प्रकार से हो।

खेत की तैयारी

पहली जुताई मिट्टी पलटने वाले हल से तथा बाद में 3 से 4 जुताई देशी हल या कल्टीवेटर से करके खेत को समतल बनाकर पाटा लगाते हुए एक सा बना लिया जाता है। अंतिम जुताई में 10-15 गाड़ी अच्छी से सड़ी गोबर की खाद को मिलाकर खेत को पाटा लगाकर समतल कर लिया जाता है।

उन्नत किस्में

क्र.	किस्में	विशेषताऐं
1.	आर एफ 101	इस किस्म का पौधा आकार में लम्बा और सीधा होता है। इसके पौधे का तना मोटा होता है। इस किस्म को पकने में लगभग 150 से 160 दिन का समय लगता है। इस किस्म की खेती करने से हमें एक हैक्टयर से 14 से 15 क्विंटल तक उपज मिल जाती है।
2.	आर एफ 125	इस किस्म के पौधे आकार में छोटे होते हैं । यह अधिक उपज देने वाली किस्म है। यह किस्म लगभग 16 से 17 क्विंटल तक उपज दे देती है।
3.	गुजरात सौंफ 1	इस किस्म के बीज का रंग गहरा हरा होता है और स्वाद मीठा होता है। इस किस्म का उपयोग मनुष्य के रोग को दूर करने के लिए किया जाता है। इसे सूखा प्रभावित क्षेत्र मे भी सफलतापूर्वक उगाया जाता है। सौंफ की इस किस्म को पकने में 200 से 225 दिन का समय लगता है। अगर अच्छे से प्रबन्धन किया जाये तो यह 16 से 17 क्विंटल तक उपज दे देती है।

क्र.	किस्में	विशेषताऐं
4.	आर एफ 35	इस किस्म का पौधा मध्यम लम्बा होता है। इसके बीज का रंग हरा होता है। बीजों का स्वाद मीठा होता है। यह रोग प्रतिरोधी किस्म होती है। इस किस्म को पकने मे लगभग 220 से 225 दिन लगते है। इसकी खेती करने से 12–13 क्विंटल प्रति हैक्टर उपज मिल जाती है।
5.	पी. एफ. 35	यह किस्म गुजरात के द्वारा विकसित की गयी है। इसकी उपज 19–20 क्विंटल तक प्राप्त हो जाती है।
6.	यू. एफ. 8	यह किस्म उदयपुर कृषि विश्वविद्यालय से विकसित की गयी है।

बुवाई का समय

सौंफ की बुवाई के लिए अक्टूबर माह सर्वोत्तम माना जाता है। लेकिन 15 सितम्बर से 15 अक्टूबर तक बुवाई की जा सकती है। बुवाई लाइनों में करनी चाहिए। अगर पौध तैयार हो तो इसकी रोपाई लाइनों में भी की जाती है। रोपाई मे लाइन से लाइन की दूरी 60 सेंटीमीटर तथा पौधे से पौधे की दूरी 45 सेंटीमीटर रखनी चाहिए। अगर बुवाई देरी से करते हैं तो इसकी उपज पर विपरीत प्रभाव पडता है एवं उपज कम मिलती है।

बीज उपचार

बीज को बुवाई से पूर्व कार्बेण्डाजिम 2.5 ग्राम प्रति किलो बीज की दर से उपचारित करना आवश्यक होता है जोकि फसल को होने वाली बीमारियों से बचाता है।

नर्सरी तैयार करना

भारत के कुछ राज्यो जैसे कि उत्तरप्रदेश, बिहार मे सौंफ की खेती रोपा तैयार कर के की जाती है। जिसके लिए 7–10 किलो बीज प्रति हैक्टयर की दर से आवश्यकता होती है। यह बीज 100 वर्गमीटर के लिए पर्याप्त रहता है। बीजों को 4–5 दिनों तक भिगोकर छायादार स्थान पर सुखाते हैं फिर इन बीजों को नर्सरी की क्यारियों में डालते हैं । तथा खुरपी से मिला देते हैं । क्यारियों को केले के पत्तों से अथवा पलाश या धान के पुवाल से ढ़क देते हैं । हल्का हल्का पानी छिडकते रहते हैं । 18–20 दिनों बाद पुवाल हटा देते हैं । नर्सरी में पौधा लगभग 40–50 दिन का हो जायें तब निकाल कर खेत मे रोपाई कर दें। नर्सरी में पौधे तैयार करने से समय की बचत होती है। साथ में नर्सरी में तैयार किए पौधों से उपज ज्यादा मिलती है क्यूकि पौधे बीमारियों की वजह से मरते कम हैं ।

बुवाई की विधियाँ एवं बीजदर

1. **बीज द्वारा :** बीज द्वारा सीधे बुवाई करने पर लगभग 10 से 12 किलोग्राम प्रति हेक्टेयर बीज लगता है। बीज को 80 से.मी. कतार से कतार की दूरी एवं पौधे से पौधे की दूरी 25–30 से.मी. पर करनी चाहिए। जब पौधे 4–5 सप्ताह के हो जाए पौधे की छंटनी कर देनी चाहिए।

2. **रोपाई द्वारा :** पौध द्वारा रोपाई करने पर लगभग 4 से 5 किलोग्राम प्रति हेक्टेयर बीज लगता है। इसके बीजों को जून या जुलाई के महीने में बोयें । जब बीजों में अंकुरण हो जाये तो इसे खेत में रोपित किया जाता है। रोपाई के लिए बीजों को नर्सरी में बोयें । पौधे तैयार करने के लिए 100 वर्गमीटर भूमि की आवश्यकता होती है। जब पौध 5-6 सप्ताह की हो जाए तब पौध खेत में रोपण करना चाहिए। पौध रोपण विधि से बुवाई करें तो इससे हमें अधिक और अच्छी गुणवत्ता वाली सौंफ प्राप्त होती है और पौधा छोटा रहता है। जो हवा में भी नहीं गिरता है।

खाद एवं उर्वरक प्रबंधन

अच्छी सड़ी हुयी गोबर की खाद 10-15 टन प्रति हेक्टेयर बुवाई के एक माह पूर्व खेत में डालें । रासायनिक उर्वरक की मात्रा 80 किलोग्राम नत्रजन, 60 किलोग्राम फास्फोरस तथा 40 किलोग्राम पोटाश प्रति हैक्टयर देना चाहिए। नत्रजन की आधी मात्रा तथा फास्फोरस एवं पोटाश की पूरी मात्रा खेत की तैयारी के समय आखिरी जुताई के समय देना चाहिए तथा शेष नत्रजन की आधी मात्रा को दो बराबर भागों में बाँटकर बुवाई के 60 दिन बाद तथा शेष आधी मात्रा को 90 दिन बाद खड़ी फसल में देना चाहिए।

खरपतवार प्रबधंन

सौंफ की फसल में खरपतवारों की एक गंभीर समस्या है। सौंफ की फसल में खरपतवार जल्दी ही उग आते हैं जो कि इसकी उपज के लिए नुकसानदायक है। खड़ी फसल में इन खरपतवारों को निकालने के लिए बुवाई के 30 दिन के बाद निराई करनी चाहिए। इसके अलावा खेत से खरपतवार को दूर करने के लिए खरपतवारनाशक दवा (पेन्डिमेथेलिन 1.0 लीटर/हे., बुवाई पश्चात एवं अंकुरण से पहले) का भी प्रयोग कर सकते है। जिस खेत में सौंफ की खेती की जा रही हो उसे हमेशा खरपतवार मुक्त रखना चाहिए।

सिंचाई प्रबंधन

प्रथम सिंचाई बुवाई के बाद जल्द ही कर देनी चाहिए क्यूंकि अगर रोपाई से फसल लगाई गयी है तो उसकी जड़ें आसानी से जम नहीं पाती है। फसल मे पहली सिंचाई बुवाई के 5 या 7 दिन के अंतर पर कर देनी चाहिए। पहली सिंचाई करने के बाद 10-15 दिन के अन्तराल पर सिंचाई करनी चाहिए। सिंचाई करते समय इस बात का ध्यान अवश्य रखें कि खेत में पानी का भराव ना हो। यदि खेत में पानी भर जाता है तो इससे फसल और उसके बीज को हानि पहुँचती है। इसलिए खेत में पानी का भराव नहीं होना चाहिए।

कीट प्रबंधन

माहू व पत्ती खाने वाले कीट : सौंफ के फूल एवं कोमल बीजों को माहू (एफिड) से बचाने के लिए मेलाथियान 0.5 % अथवा डाइमिथोएट 30 ई.सी. 1.0 मि.ली. प्रति लीटर पानी का घोल बनाकर छिड़काव करना चाहिए या डायक्लोरोवॉस 500 मिली लीटर दवा को 500-600 लीटर पानी में घोल बना कर छिड़काव करें ।

रोग प्रबंधन

छाछिया रोग (पाउडरी मिल्ड्यू) : यह रोग इरीसाईफी पोलीगोनी नामक कवक से होता है। इस रोग में पत्तियों, टहनियों पर सफेद चूर्ण दिखाई देता हैं। जो बाद में पूर्ण पौधे पर फैल जाता है। अधिक प्रकोप से उत्पादन एवं गुणवत्ता कमजोर हो जाती है। इसकी रोकथाम हेतु गन्धक चूर्ण 20–25 किलोग्राम प्रति हेक्टेयर की दर से भूरकाव करें या घुलनशील गंधक 2 ग्राम प्रति लीटर पानी या केराथेन 1. 0 मि.ली. प्रति लीटर पानी में घोल बनाकर छिड़काव करें । यदि आवश्यक हो तो 15 दिन बाद पुन: छिड़काव करें।

जड एवं तना गलन : यह रोग स्क्लेरोटेनिया स्क्लेरोटियोरम व यूजेरियम सोलेनाई नामक कवक के द्वारा होता है। इस रोग के प्रकोप से तना नीचे मुलायम हो जाता है व जड़ गल जाती है। जड़ों पर छोटे–बड़े काले रंग के स्कलेरोशिया दिखाई देते हैं। इस बीमारी से बचाने हेतु बुवाई पूर्व बीज को कार्बेण्डाजिम 2 ग्राम प्रति किलो बीज की दर से बीजोपचार कर बुवाई करनी चाहिए या केप्टान 2 ग्राम प्रति लीटर पानी के हिसाब से भूमि उपचारित करना चाहिए। ट्राइकोडर्मा विरिडी मित्र फंफूद 2.5 किलो प्रति हैक्टेयर गोबर खाद में मिलाकर बुवाई पूर्व भूमि में देने से रोग में कमी होती है।

झुलसा (ब्लाईट): झुलसा रोग रेमुलेरिया व ऑल्टरनेरिया नामक कवक से होता है। रोग के सर्वप्रथम लक्षण पौधे की पत्तियों पर भूरे रंग के धब्बों के रूप में दिखाई देते हैं । धीरे धीरे ये काले रंग में बदल जाते है। पत्तियों से वृत, तने एवं बीज पर इसका प्रकोप बढता है। संक्रमण के बाद यदि आर्द्रता लगातार बनी रहे तो रोग उग्र हो जाता है। रोग ग्रसित पौधों पर या तो बीज नहीं बनते या बहुत कम और छोटे आकार के बनते हैं । बीजों की विपणन गुणवत्ता का हास हो जाता है। नियंत्रण कार्य न कराया जाये तो फसल को बहुत नुकसान होता है। इस रोग के नियंत्रण के लिए स्वस्थ बीजों का चुनाव करें। फसल मे अधिक सिंचाई नहीं करें। इस रोग के लगने की प्रारंभिक अवस्था में फसल पर मैंकाजेब 0.2 प्रतिशत के घोल का छिड़काव करें, आवश्यकतानुसार 10 से 15 दिन बाद दोहरायें ।

रेमुलेरिया झुलसा रोग रोधी आर एफ 15, आर. एफ. 18, आर. एफ. 21, आर. एफ. 31, जी. एफ. 2 सौंफ बोयें। बीजोपचार तथा फसल चक्र अपनाकर रोग का प्रकोप कम किया जा सकता है।

पाला से बचाव

सौंफ को सर्दियो में उगाया जाता है इस दौरान पाला पड़ने की सम्भावना रहती है। इसके बचाव के लिए सल्फ्यूरिक एसिड के 0.1% छिड़काव कर फसल को होने वाली हानि को कम किया जा सकता है।

फसल की कटाई

सौंफ की फसल लगभग 160 से 170 दिन में पककर तैयार हो जाती है। इसकी कटाई उस समय करें जब इसके बीज पूरी तरह से विकसित हो जाएं । हालांकि इसके बीज का रंग हरा ही

रहता है। इसलिए पहले एक डंडी को तोड़कर उसमें से बीज को निकालकर दोनों हाथों के बीच रगड़कर देखें कि ये पूरी तरह से पक चुके हैं या नहीं। इसके बाद ही फसल की कटाई करें। फसल की कटाई लगभग 10 दिन में पूरी कर लेनी चाहिए।

कटाई के बाद बीज सुखाना

फसल की कटाई के बाद सौंफ के बीजों को 7 से 10 दिन तक छाया में सुखाया जाता है। इसके बाद एक या दो दिन तक धूप में सुखाया जाता है। इसके बीजों को लम्बे समय तक धूप में ना सुखाएं। इससे सौंफ की गुणवत्ता में कमी आ जाती है।

साफ–सफाई , ग्रेडिंग एवं भंडारण

बीजों को अच्छी तरह से सूखाने के बाद इसकी साफ–सफाई की जाती है। इसके बीजों को साफ करने के लिए वैक्यूम गुरूत्वाकर्षण या सर्पिल गुरूत्वाकर्षण विभाजक नामक यंत्र की सहायता लेनी चाहिए। इसके बाद साफ और अच्छी गुणवत्ता के आधार पर पैक किया जाता है। इसे जूट से बनी हुई थैलियों में पैक किया जाता है। इन्हें नमी मुक्त वातित दुकान में जूट बैग में भंडारण करना चाहिए।

उपज

सौंफ की उपज 12 से 15 क्विंटल प्रति हैक्टयर होती है। जब कुछ हरे बीज प्राप्त करने हों तो फसल को कुछ समय पहले काट लेते हैं। जिससे पैदावार कम मिलती है। यह 9 से 10 क्विंटल प्रति हैक्टयर ही मिल पाती है ।

अध्याय 13

धनियाँ की वैज्ञानिक खेती

वानस्पतिक नाम – कोरियण्ड्रम सेटाइबम एल (*Coriandrum sativum* L.)

कुल फैमिली – अम्बेलीफेरी (Umcelliferae)

धनियाँ के बीजों का मसाले के रूप में एक महत्त्वपूर्ण स्थान है। बीजों के अलावा इसकी हरी शाखाओं एवं पत्तियों का उपयोग व्यंजनों को सुगंधित बनाने के लिए किया जाता है। बीजों का औषधीय महत्त्व भी है एवं बीजों से आसवन विधि में वाष्पशील तेल निकाला जाता है।

उत्पत्ति एवं वितरण

धनियाँ की उत्पत्ति स्थल भूमध्य सागरीय क्षेत्र माना जाता है। विश्व में भारत, मोरक्को, रूमानिया, फ्रांस, स्पेन, इटली, टर्की, फिलिस्तीन, रूस एवं उत्तरीय अफ्रीका धनियाँ के प्रमुख उत्पादक देश हैं। भारत में लगभग 412 हजार हेक्टेयर क्षेत्र से 243 हजार टन उत्पादन प्राप्त हुआ (1999-2000)। धनियाँ उत्पादक राज्यों में राजस्थान, आन्ध्रप्रदेश, मध्यप्रदेश, तमिलनाडू, बिहार, उत्तरप्रदेश तथा कर्नाटक प्रमुख हैं। धनियाँ बीजों को मलेशिया, सिंगापुर, दुबई, दक्षिण अफ्रीका, सऊदी अरेबिया, श्रीलंका, अमेरिका आदि देशों को निर्यात किया जाता है। मध्यप्रदेश

में इसकी खेती गुना, मंदसौर, शाजापुर, राजगढ़ एवं विदिशा जिलों में मुख्य रूप से की जाती है। प्रदेश में 144 हजार हेक्टेयर क्षेत्र से लगभग 57.7 हजार टन उत्पादन प्राप्त हुआ (1999-2000)।

पोषक मूल्य

धनियाँ के दानों में वाष्पशील तेल 0.1 से 1 प्रतिशत तक पाया जाता है। इस वाष्पशील तेल में लगभग 26 प्रतिशत हाइड्रोकार्बन व शेष ऑक्सीजन युक्त यौगिक होते हैं जिनमें लिनोलिन व कोन्ड्रोपोल प्रमुख हैं। धनियाँ की प्रति 100 ग्राम दानों में पोषक तत्त्वों की मात्रा निम्नानुसार है–

पोषक तत्त्व	मात्रा	पोषक तत्त्व	मात्रा
नमी	11.2 ग्रा.	एल्ब्यूमिनाइड	14.1 ग्रा.
वसा	16.1 ग्रा.	कार्बोहाइड्रेट्स	21.4 ग्रा.
रेशा	32.6 ग्रा.	भस्म	4.4 ग्रा.

धनियाँ के प्रति 100 ग्राम हरी पत्तियों में मुख्य पोषक तत्त्वों की मात्रा निम्नानुसार है–

पोषक तत्त्व	मात्रा	पोषक तत्त्व	मात्रा
नमी	87.9 ग्रा.	प्रोटीन	3.5 ग्रा.
वसा	0.6 ग्रा.	कार्बोहाइड्रेट	6.5 ग्रा.
खनिज लवण	2.3 ग्रा.	रेशा	2.3 ग्रा.
ऊर्जा	44.0 कि. केलोरी	फास्फोरस	71.0 मि ग्रा.
केल्शियम	144.0 मि ग्रा.	लोहा	1.42 मि ग्रा.
केरोटीन	6.9 ग्रा.	थाइमिन	0.05 मि ग्रा.
रिबोफ्लेविन	0.06 मि ग्रा.	नियासिन	0.8 मि ग्रा.
विटामिन सी	135.0 मि ग्रा.		

जलवायु

फसल के लिये उष्ण व मध्यम जलवायु वाले क्षेत्र जहां तापमान अधिक न हो अर्थात शीतोष्ण एवं समशीतोष्ण जलवायु के साथ वर्षा का सामान्य वितरण हो सफलतापूर्वक उगाया जा सकता है। शुष्क व ठंडा मौसम अच्छा उत्पादन प्राप्त करने के लिये अनुकूल होता है। फरवरी-मार्च के महीने में जब फूल आते हैं इस समय पाले की संभावना वाले क्षेत्र धनियाँ के लिये उपयुक्त नहीं होते। दानों के बनते समय अधिक तापमान व तेज हवा का उपज पर विपरीत प्रभाव पड़ता है। फूल आते समय बादलों से आच्छादित वातावरण होने पर कीट एवं रोगों के प्रकोप बढ़ जाता है। मृदा का तापमान 17 डिग्री सेन्टीग्रेड से कम होने पर बीजों का अंकुरण ठीक प्रकार से नहीं हो पाता है, जबकि 25 से 26 सेन्टीग्रेड तापमान होने पर बीजों का अंकुरण अच्छा होता है।

भूमि

अच्छे जल निकास वाली रेतीली दुमट या मटियार दुमट भूमि जिसकी उत्तम उर्वरा शक्ति हो, उपयुक्त रहती है। क्षारीय एवं अम्लीय भूमि में उपज अच्छी प्राप्त नहीं होती। असिंचित क्षेत्रों के लिए भारी किस्म की भूमि जिसमें जल धारण क्षमता अच्छी हो, अधिक उपयुक्त होती है। सिंचित अवस्था में सभी प्रकार की भूमि जिसमें पर्याप्त जैविक अंश मौजूद हो धनियाँ की खेती की जा सकती है।

उन्नत किस्में

गुजरात धनियाँ 1– अधिक पैदावार देने वाली, मध्यम अवधि की किस्म है जो लगभग 112 दिन में तैयार हो जाती है। पौधों में अधिक शाखाओं का विकास, बीज बड़े एवं हरे रंग के होते हैं। औसत दानों की उपज 11 क्विंटल प्रति हेक्टर प्राप्त होती है।

गुजरात धनियाँ 2– मध्यम अवधि की किस्म जो लगभग 110 से 115 दिन में तैयार हो जाती है। पौधों में द्वितीयक शाखायें अधिक और घनी पत्तियां होती हैं। तना तलीदार और पतन प्रतिरोधी होता है। इसके पत्रक आकार में बड़े होते हैं किस्म हरी पत्तियों के लिये उपयुक्त होती है। औसत दानों की उपज 15 से 16 क्विंटल प्रति हैक्टर प्राप्त होती है। यह गुजरात और राजस्थान दोनों राज्यों के लिये उपयुक्त किस्म हैं।

को. 1– मध्यम अवधि की किस्म जो लगभग 110 दिन में तैयार हो जाती है। बीज व पत्तियों के लिये उपयुक्त है। किस्म ग्रनमोल्ड बीमारी के लिये प्रतिरोधी है। औसत दानों की उपज 5 से 6 क्विंटल प्रति हेक्टर प्राप्त होती है।

को. 2– मध्यम अवधि की किस्म जो लगभग 10 से 100 दिन में तैयार हो जाती है। तमिलनाडु राज्य में रबी व खरीफ दोनों ही मौसमों के लिये उपयुक्त सूखा प्रतिरोधी किस्म है। इसके दानों में 0.3 प्रतिशत वाष्पशील तेल की मात्रा पाई जाती है। किस्म बीज व पत्तियों दोनों के लिये उपयुक्त है। औसत दानों की उपज 6 से 7 क्विंटल प्रति हैक्टर प्राप्त होती है।

को. 3– अगेती किस्म है जो लगभग 78 दिन में पककर तैयार हो जाती है। किस्म दानों और पत्तियों दोनों के लिये उपयुक्त है। इसके दाने मध्यम आकार के भूरे पीले रंग के होते हैं एवं इनमें वाष्पशील तेल की 0.4 प्रतिशत होता है। यह उकठा व ग्रेनमोल्ड रोग के प्रति सहनशील है। और दानों की उपज 6.5 से 7 क्विंटल प्रति हैक्टेयर प्राप्त होती है।

आर.सी.आर.–41– किस्म को यू.डी.–41 व कर्ण के नाम से भी जानी जाती है। पौधे 65 से 19 से.मी. तक ऊँचे बढ़ते हैं एवं पौधों में औसत 4.3 से 7.7 शाखायें होती है। किस्म 120 से 130 दिन में तैयार हो जाती है। इसको पौधा सीधा, लम्बा बढ़ने वाला एवं तने के निचला भाग बैंगनी रंग का होता है। गुलाबी रंग के फूल एवं दाने आकार में छोटे, सुडौल व आकर्षक होते हैं। दानों में 0.25 प्रतिशत वाष्पशील तेल होता है। किस्म पत्तियों के लिये भी उपयुक्त है। तना सूजन स्टेम गॉल व उकठा रोगों के प्रति प्रतिरोधी होती है। औसत दानों की उपज 12 क्विंटल प्रति हैक्टेयर प्राप्त होती है।

आर.सी.आर 20– यह किस्म यू.डी. 20 के नाम से भी जानी जाती है। बारानी क्षेत्रों के लिये उपयुक्त किस्म है। इस किस्म के बीज बड़े और मध्यम लम्बाई के होते हैं। औसत दानों की उपज 11.75 क्विंटल प्रति हैक्टेयर प्राप्त होती है।

पूसा चयन 360– किस्म लगभग 120 से 140 दिन में तैयार हो जाती है। किस्म पत्तियों एवं दानों के लिये उपयुक्त होती है। औसत दानों की उपज 8 से 9 क्विंटल प्रति हैक्टेयर प्राप्त होती है। यह किस्म उत्तरप्रदेश, राजस्थान, मध्यप्रदेश गुजरात, महाराष्ट्र, आन्ध्रपदेश व तमिलनाडु के लिए उपयुक्त है।

स्वाति– अगेती किस्म है जो लगभग 80 से 90 दिन में तैयार हो जाती है। इसके पौधे मध्यम उर्ध्व वाले होते हैं। देरी से बुवाई के लिये उपयुक्त है। इसके दानों में 0.3 प्रतिशत तेल पाया जाता है। चूर्णिल असिता रोग का प्रकोप नहीं होता।

लॉम चयन सी.एस. 2– किस्म लगभग 110 दिन में तैयार हो जाती है। पौधे झाड़ीनुमा, मध्यम ऊंचाई एवं अधिक शाखाओं वाले होते हैं। दाने उच्च गुणवत्ता वाले होते हैं। दानों में 0.4 प्रतिशत वाष्पशील तेल पाया जाता है। बीज उत्पादन के लिये उपयुक्त किस्म है। इसमें हानिकारक कीट एवं रोगों को सहने की विशेष क्षमता होती है। औसत दानों की उपज 13 क्विंटल प्रति हैक्टेयर प्राप्त होती है।

साधना– शीघ्र अवधि की किस्म जो लगभग 15 से 105 दिन में पककर तैयार हो जाती है। इसका पौधा मध्य उर्ध्व होता है। बारानी क्षेत्रों में उगाने के लिये उपयुक्त किस्म है। औसत दानों की उपज 10 से 11 क्विंटल प्रति हेक्टेयर प्राप्त होती है। चैंपा कीट के प्रति प्रतिरोधी किस्म है।

राजेन्द्र स्वाति– पौधे मध्यम ऊँचाई वाले होते हैं । यह मिश्रित खेती के लिये उपयुक्त किस्म है। इसके बीज छोटे व उत्तम गुणवत्ता वाले होते हैं जिनमें वाष्पशील तेल प्रचुर मात्रा में पाये जाते हैं। किस्म तना सूजन रोग के प्रति प्रतिरोधी एवं फलमक्खी के प्रकोप से मुक्त रहती है। औसत दानों की उपज 12 से 14 क्विंटल प्रति हैक्टेयर प्राप्त होती है।

सी.एस. 287– मध्यम अवधि की किस्म है जो लगभग 110 दिन में पककर तैयार हो जाती है। इसका दाना छोटा एवं सुदृढ़ होता है। बारानी क्षेत्रों के लिये उपयुक्त है। उकठा एवं बीज मोल्ड रोग के प्रति प्रतिरोधक किस्म है। औसत दानों की उपज 5 से 6 क्विंटल प्रति हैक्टेयर प्राप्त होती है।

ग्वालियर नं. 5365– शीघ्र तैयार होने वाली किस्म है जो लगभग 110 से 115 दिन में तैयार हो जाती है। यूजेरियम विलट के प्रति प्रतिरोधी किस्म है। औसत उपज सिंचित क्षेत्रों में 9 से 10 क्विंटल एवं असिंचित क्षेत्रों में 4 से 5 क्विंटल दाने प्रति हैक्टेयर प्राप्त होती हैं।

सिन्दू– पौधे कम ऊंचाई वाले एवं दाने बड़े होते हैं । सफेद मक्खी एवं माइट्स का प्रकोप कम होता है। किस्म लगभग 110 दिन में पक जाती है। औसत दानों की उपज 10.5 क्विंटल प्रति हेक्टेयर प्राप्त होती है।

आर.सी.आर. 435– पौधे झाड़ीनुमा जल्दी बढ़ने वाले होते हैं। दाने आकार में बड़े होते हैं। फसल लगभग 110 से 130 दिन में पक्कर तैयार हो जाती है। औसत दानों की उपज 10.5 क्विंटल प्रति हेक्टेयर प्राप्त होती है।

आर.सी.आर. 436– पौधे झाड़ीनुमा जल्दी बढ़ने वाले होते हैं। दाने आकार में बड़े होते हैं। फसल लगभग 90 से 110 दिन में पक्कर तैयार हो जाती है। औसत दानों की उपज 12 क्विंटल प्रति हैक्टेयर प्राप्त होती है।

आर.सी.आर. 446– पौधे अधिक पत्तियों वाले सीधी, दाने मध्यम आकार के संख्या में अधिक होते हैं। फसल लगभग 110 से 130 दिन में पक्कर तैयार हो जाती है। औसत दानों की उपज 12 क्विंटल प्रति हैक्टेयर प्राप्त होती है।

खाद और उर्वरक

धनियाँ की अच्छी उपज प्राप्त करने के लिए 20 से 25 टन गोबर या कम्पोस्ट की खाद प्रति हैक्टेयर की दर से प्रथम जुताई के पूर्व खेत में बिखेर दें। इसके अतिरिक्त नत्रजन 60 कि.ग्रा., स्फुर 40 कि.ग्रा. एवं पोटाश 20 कि.ग्रा. प्रति हेक्टेयर की अनुशंसा की गई है।

बीज की मात्रा

बीज की मात्रा बुवाई विधि पर निर्भर करती है। छिटकवां विधि से बुवाई के लिये 22 से 25 कि.ग्रा. एवं पंक्तियों में बुवाई के लिये 12 से 15 कि.ग्रा. प्रति हैक्टेयर बीज की आवश्यकता होती है।

खेत की तैयारी

असिंचित खेती के लिये भूमि में संचित वर्षा की नमी जब उचित स्तर पर आ जाए खेत की तैयारी शुरू कर देनी चाहिए। पहली गहरी जुताई के पश्चात् 2 से 3 जुताई देशी हल या हेरो से करके मिट्टी को भुरभुरा बना लें। जुताई के बाद पाटा अवश्य लगावें ताकि ढ़ेले फूट जाए एवं नमीं ह्रास को भी कम किया जा सके। सिंचित फसल के लिये यदि भूमि में नमी का अभाव हो तो पलेवा देकर खेत की तैयारी करें। हल्की मिट्टी में कम एवं भारी मिट्टी में अधिक जुताई की आवश्यकता होती है। ग्रीष्मकालीन गहरी जुताई करना लाभप्रद होता है।

खाद एवं उर्वरक देने की विधि

असिंचित क्षेत्रों में गोबर एवं कम्पोस्ट खाद की पूरी मात्रा खेत की पहली जुताई के समय समान रूप से फैलाकर मिट्टी में मिलाएं एवं नत्रजन, स्फुर एवं पोटाश की पूरी मात्रा खेत की अंतिम जुताई के समय मिट्टी में मिला देनी चाहिये। सिंचित क्षेत्रों में खेत की अंतिम जुताई के समय नत्रजन की आधी मात्रा के साथ स्फुर एवं पोटाश की पूरी मात्रा खेत में समान रूप से छिड़क कर आधार खाद के रूप में दें। नत्रजन की शेष मात्रा को दो बराबर भागों में बांटकर बुवाई के 30 से 40 दिन बाद खेत में अतिरिक्त पौधों को निकालने के पश्चात् खड़ी फसल में बिखेर कर नमी क़ी अवस्था पर देना चाहिए।

बुवाई का समय

धनियाँ मुख्यत: रबी की फसल है। अधिकांश क्षेत्रों में वर्षाधारित खेती की जाती है इसलिए इसे शुद्ध या मिश्रित फसल के रूप में उगाया जाता है। बुवाई के लिये सर्वोत्तम समय अक्टूबर से लेकर नवम्बर का द्वितीय सप्ताह होता है, क्योंकि इस समय ठण्ड अधिक नहीं पड़ती है, उत्तरी भारत में धनिये की बोआई का उपयुक्त समय 15 अक्टूबर से 15 नवम्बर है।

बीजोपचार

मृदा एवं बीज जनित फफूंदी रोगों से बचाव हेतु धनियाँ के दानों को दो भागों में विभक्त करने के पश्चात् थायरम + कार्बेन्डजिम के 3 ग्राम सम मिश्रण या ट्राइकोडर्मा विरडी या ट्राइकोडर्मा हार्जीनिया 4 ग्राम प्रति किलो बीज की दर से उपचारित कर बुवाई करनी चाहिए।

बुवाई का तरीका

सामान्य तौर पर धनियाँ की बुवाई दो विधियों से की जाती है-

छिटकवां विधि :- इस विधि में कम समय में अधिक क्षेत्र की बुवाई सुगमता एवं शीघ्रता से की जा सकती है। इस विधि में अधिक बीज की आवश्यकता होती है। साथ ही बीजों का वितरण समान रूप से नहीं होता है। परिमाण स्वरूप अन्त:शस्य क्रियाएं पूर्णरूपेण नहीं हो पाती जिससे उपज कम मिलती है।

कतारों में बुवाई :- धनियाँ की बुवाई पंक्तियों में करना अधिक लाभप्रद होता है। बुवाई के लिये कतार से कतार की दूरी 25 से 30 से.मी. एवं पौधे से पौधे की दूरी 10 से 12 से.मी. रखनी चाहिए। कूंड में बीज की गहराई 3 से 5 से.मी. तक होनी चाहिए। बीज को अधिक गहराई पर बोने से अंकुरण कम प्राप्त होता है।

सिंचाई एवं जल निकास :- फसल के अंकुरण के बाद पहली सिंचाई एवं दूसरी सिंचाई फूल आने के समय एवं तीसरी सिंचाई दाने बनते समय करनी चाहिए। सामान्यत: धनियाँ फसल को अधिक सिंचाई की आवश्यकता नहीं होती है। मौसम एवं मिट्टी की दिशा को देखकर सिंचाई आवश्यकतानुसार करनी चाहिए। खेत में पानी का भराव न होने दें अन्यथा फसल के मरने की आशंका रहती है। यदि खेत में पानी भर जाये तो उसे तुरन्त निकालने की व्यवस्था करनी चाहिये।

निराई-गुड़ाई एवं खरपतवार नियंत्रण :- धनियाँ की फसल के साथ उनके खरपतवार उग आते हैं जो भूमि से नमी, पोषक तत्त्वों, स्थान, धूप आदि के लिये प्रतिस्पर्धा करते हैं जिसके कारण पौधों के विकास एवं बढ़वार पर प्रतिकूल प्रभाव पड़ता है।

खरपतवार नियंत्रण के लिये दो बार निराई-गुड़ाई करनी चाहिए :- बुवाई के 30 से 45 दिन बाद एवं दूसरी पहली निराई-गुड़ाई के 60 से 70 दिन बाद करें। पहली निराई-गुड़ाई के समय अतिरिक्त अनावश्यक पौधों को निकाल कर पौधे से पौधे की दूरी 10 से 12 से.मी. कर लेनी चाहिए।

यदि फसल बड़े क्षेत्र में उगाई गयी है तो अंकुरण के पूर्व पेन्डामिथालिन 1.0 कि.ग्रा. सक्रिय तत्त्व का प्रति हेक्टर की दर से खेत में नमी की अवस्था में छिड़काव करें। इसके बाद बुवाई के 40 से 50 दिन बाद एक निराई-गुड़ाई करनी चाहिए।

पौध संरक्षण

उकठा

यह रोग यूजेरियम अक्सीस्पोरम एवं यूजेरियम कोरिएन्डरी कवक के द्वारा फैलता है। कवक के द्वारा फैलता है। यह धनिये का सबसे भयंकर रोग है। इस रोग के कारण पौधे मुरझा जाते हैं, जिससे पौधों के विकास व बढ़वार पर प्रतिकूल पड़ता है। अंतत: पौधे मर जाते हैं। रोग नियंत्रण के लिये-

- ग्रीष्मकालीन गहरी जुताई एवं उचित फसल चक्र अपनाएँ।
- बीज की बुवाई नवम्बर के प्रथम एवं द्वितीय सप्ताह में करें।
- बुवाई के पूर्व बीजों को थायरम + कार्बेन्डिजिम के 3 ग्राम सम मिश्रण या ट्राइकोडरमा विरडी 4 ग्राम या ट्रायकोडर्मा हारजिएनम 4 ग्राम प्रति किलो बीज की दर से उपचारित कर बुवाई करें एवं नीम खली 150 कि.ग्रा. प्रति हैक्टर की दर से खेत में मिलायें। या
- कार्बेन्डिजिम (0.1 प्रतिशत) से बीजोपचार एवं भूमि का सिंचन करें।
- प्रतिरोधी किस्मों जैसे को-3, साधना, गुजरात धनियाँ 1 एवं 2 का बुवाई के लिये चयन करें।

तना व्रण (स्टेमगॉल)

यह रोग प्रोटामाइसेस मेक्रोस्पोरस कवक के द्वारा फैलता है। रोग के कारण फसल को अत्यधिक क्षति होती है। पौधों के तनों पर सूजन आती है। तनों, फूल वाली टहनियां एवं अन्य भागों पर गांठों का निर्माण हो जाता है। रोग नियंत्रण के लिये-

- आर.सी.आर. 41 किस्म रोग प्रतिरोधी किस्म है।
- बुवाई के पूर्व बीजों को थायरम + कार्बेन्डिजिम के 3 ग्राम मिश्रण या ट्राइकोडर्मा विरडी 4 ग्राम या ट्रायकोडर्मा हार्जीनिया 4 ग्राम प्रति किलो बीज की दर से उपचारित कर बुवाई करें।
- स्ट्रेप्टोम्सिन (0.04 प्रतिशत) का 500 से 600 लीटर पानी में घोल बनाकर 21 दिन के अंतराल पर छिड़काव करें।

चूर्णिल आसिता

यह रोग इरीसिफी पॉलीगोनाई कवक के द्वारा फैलता है। रोग की प्रारंभिक अवस्था में पत्तियों एवं शाखाओं पर सफेद चूर्ण की परत जम जाती है।

अधिक प्रभावित पत्तियां पीली पड़कर सूख जाती है। देर से बोई गई फसल एवं उच्च तापक्रम पर रोग का प्रकोप अधिक होता है। रोग नियंत्रण के लिये-

- घुलनशील गंधक (0.3 प्रतिशत) या कार्बेन्डिजिम (0.05 प्रतिशत) का 500 से 600 लीटर पानी में घोल बनाकर 10 से 15 दिन के अंतराल पर छिड़काव करें। प्रति लीटर पानी की दर से घोल बनाकर छिड़काव करें।
- गंधक पाउडर 15 से 20 किलो का प्रति हैक्टर की दर से भुरकाव करें।

चैंपा माहू

धनियाँ की फसल में तीन प्रकार के चैपा का प्रकोप होता है ये सभी फसल के कोमल अंगों से रस चूसते हैं परिणामस्वरूप पीली पड़ जाती है, दाने सिकुड़ से जाते हैं और उपज भी प्रभावित होती है। कीट नियंत्रण के लिये-

- डायोमिथेएट (0.04 प्रतिशत) मेलाथियान (0.05 प्रतिशत) का 500 से 600 लीटर पानी में घोल छिड़काव करें। आवश्यकता होने पर 10 से 15 दिन बाद पुन: छिड़काव करें।

पाले से बचाव

धनियाँ की फसल पाले से अधिक प्रभावित होती है। पाला पड़ने की संभावना होने पर हल्की सिंचाई करें । फसल पर फूल आने शुरू होने के बाद गंधक के अम्ल का 0.1 प्रतिशत घोल का छिड़काव करें एवं छिड़काव को 10 से 15 दिन के बाद पुन: दोहराने से फसल को पाले से काफी हद तक बचाया जा सकता है। रात्रि के खेत और धुआं करके भी फसल को पाले से बचाया जा सकता है।

कटाई एवं गहाई

फसल 10 से 100 दिन में पककर तैयार हो जाती है। जब फूल आना बंद हो जाये और बीजों के गुच्छों का रंग भूरा हो जाये तब फसल कटाई के लिये तैयार मानी जाती है। कटाई के बाद फसल को खलिहान में छाया में सुखाना चाहिए। तत्पश्चात् दानों को कूट कर पौधे से अलग कर लेना चाहिये।

उपज

सिंचित क्षेत्रों में औसत उपज 12 से 18 क्विंटल एवं असिंचित क्षेत्रों 6 से 8 क्विंटल प्रति हैक्टर प्राप्त होती है।

भंडारण

दानों को सुखाने के पश्चात् बोरियों में या कोठियों में भरकर नमी रहित स्थानों में भंडारित करना चाहिए।

अध्याय | **14**

मीठी नीम (करीपत्ता) की खेती

पौधे का परिचय (Introduction)

श्रेणी (Category)	:	सगंधीय
समूह (Group)	:	कृषि योग्य
वनस्पति का प्रकार	:	झाड़ी
वैज्ञानिक नाम	:	मुरैया कोइनिगी (एल) स्प्रेनजेल
परिवार	:	रूटेसी
सामान्य नाम	:	मीठी नीम
वाणिज्यिक अंग	:	पत्ता
जगत (रेगन्म)	:	Plantae
(अश्रेणिकृत डिवीजन)	:	Angiosperms
(अश्रेणिकृत)	:	Eudicots
(अश्रेणिकृत)	:	Rosids
गण (ऑर्डर)	:	Sapindales
कुल (फैमिली)	:	Rutaceae
वंश (जीनस)	:	Murraya
जाति	:	M- koenigii

भारतीय नाम

असमिया	–	नरसिंहस , बिशरहरी
हिन्दी	–	कथनीम , मीठा नीम , बारेन्गा
बंगला	–	काधीलिम्बदो
कन्नड़	–	करीबेवु
मलयालम	–	करीवेप्पिला
मराठी	–	करीनिम्ब, पूसपाला , गन्दला, झिरांगा
उड़िया	–	बरसन , बसन्गो , भुरौंगा
पंजाबी	–	करी पत्ता
संस्कृत	–	कृष्ण निम्ब
तमिल	–	करी वेम्पु , करुवेप्पिलै
तेलुगु	–	कारेपाकु, बरसंगा , करीफुली
गुजराती	–	गोरनिम्ब, करी या करी पत्ता , गन्धेला।

विदेशी नाम

German	:	Curryclatter
English	:	Curry leaves
Chinese	:	Ga lei yihp
Dutch	:	Kerriecladeren
Spanish	:	Hoja
French	:	Feuilles de cari

पौधे की जानकारी (Information)

आकृति विज्ञान, बाह्य स्वरूप (Morphology)

स्वरूप– यह एक फैलने वाली झाड़ी है, तना गहरे हरे से लेकर भूरे रंग का होता है, जिसमें असंख्य बिन्दु बने होते हैं । यह एक सगन्ध पतझड़ी है। पेड़ छोटा होता है । जिसकी ऊंचाई 4–6 मीटर होती है, 15–40 से.मी. व्यास वाला पौधा है।

पत्तिया– पत्तियाँ 30 से.मी. लंबी होती है, और प्रत्येक पर 24 पत्रक होते हैं । पत्रक भाले के आकार के लगभग 4.9 मी. लंबे, लगभग 1.8 से.मी. चौड़े और लगभग 0.5 से.मी. लंबाई के डंठल के साथ होते हैं ।

फूल– फूल उभयलिंगी, सफेद कीप के आकार और मीठी सुगंध वाले होते हैं । एक पूर्ण खिले हुये फूल का औसत व्यास लगभग 1.12 से.मी. होता है। फूल अप्रैल माह के मध्य से शुरू होते हैं और मई माह के मध्य में समाप्त होते हैं ।

फल– फल आयताकार लगभग 1.4 से 1.6 से.मी. लंबे, 1 से 1.2 से.मी. व्यास के और 880 मिलीग्राम वजन के होते हैं । पूर्ण रूप से पके हुये फल बहुत चमकीली सतह के साथ काले रंग के होते हैं । फलों की संख्या प्रति समूह 32 से 80 होती है। बीज 11 मिमी लंबे और 8 मिमी व्यास के होते हैं ।

बीज– प्रत्येक फल में एक बीज होता है जो 11 मिमी लंबा और 8 मिमी व्यास का होता है।

परिपक्व ऊँचाई– यह पौधा लगभग 2.5 मीटर ऊँचाई तक पहुँचता है।

महत्त्व–औषधीय उपयोग और पोषण मूल्य

अक्सर हम भोजन में से कढ़ी पत्ता निकाल कर अलग कर देते हैं । इससे हमें उसकी खुशबू तो मिलती है पर उसके गुणों का लाभ नहीं मिल पाता। कढ़ी पत्ते को धो कर छाया में सुखा कर उसका पाउडर इस्तेमाल करने से बच्चे और बड़े भी इसे आसानी से खा लेते हैं, इस पाउडर को हम छाछ और निम्बू पानी में भी मिला सकते हैं । इसे हम मसालों में, भेल में भी डाल सकते हैं । इसकी छाल भी औषधि है। हमें अपने घरों में इसका पौधा लगाना चाहिए।

- कढ़ी पत्ता पाचन के लिए अच्छा होता है, यह डायरिया, डिसेंट्री, पाइल्स, मन्दाग्नि में लाभकारी होता है। यह मृदु रेचक होता है।
- यह बालों के लिए बहुत उत्तम टॉनिक है, कढ़ी पत्ता बालों को सफेद होने से और झड़ने से रोकता है।
- इसके पत्तों का पेस्ट बालों में लगाने से जुओं से छुटकारा मिलता है।
- कढ़ी पत्ता पेन्क्रीआज के बीटा सेल्स को एक्टिवेट कर मधुमेह को नियंत्रित करता है।
- हरे पत्ते होने से आयरन, जिंक, कॉपर, केल्शियम, विटामिन ए और बी, अमीनो एसिड, फोलिक एसिड आदि तो इसमें होता ही है।
- इसमें एंटी ऑक्सीडेंट होते है जो बुढापे को दूर रखते हैं और कैंसर कोशिकाओं को बढ़ने नहीं देते हैं ।
- जले और कटे स्थान पर इसके पत्ते पीस कर लगाने से लाभ होता है।
- जहरीले कीड़े काटने पर इसके फलों के रस को निम्बू के रस के साथ मिलाकर लगाने से लाभ होता है।
- यह किडनी के लिए लाभकारी होता है।
- यह आँखों की बीमारियों में लाभकारी होता है इसमें मौजूद एंटी ओक्सीडेंट केटरेक्ट को शुरू होने से रोकते है, यह नेत्र ज्योति को बढाता है।
- यह कोलेस्ट्रोल कम करता है।
- यह इन्फेक्शन से लड़ने में मदद करता है।
- वजन कम करने के लिए रोजाना कुछ मीठी नीम की पत्तियाँ चबायें ।

प्रतिदिन भोजन में कढ़ी पत्ते को दाल, सब्जी में डालकर या चटनी बनाकर प्रयोग किया जा सकता है, जिस प्रकार दक्षिण भारत में किया जाता है।

वाणिज्यिक उपभोग का भाग–पत्ता

उद्गम स्थान

यह पौधा मूल रूप से भारत से जुड़ा है। यह भारत के प्रायद्वीपीय क्षेत्र के सदाबहार और पर्णपाती जंगलों में पाया जाता है।

जलवायु

उष्णकटिबंधीय तथा उप–उष्णकटिबंधीय प्रदेशों में पाया जाने वाला रुतासेई (Rutaceae) परिवार का एक पौधा है। यह उष्णकटिबंधीय और उपोष्ण कटिबंधीय जलवायु में सबसे अच्छा बढता है। पूर्ण सूर्य की रोशनी के साथ इसे गर्म तापमान की आवश्यकता होती है। इसे 1000–1200 मी. की ऊँचाई पर भी उगाया जा सकता है।

भूमि (मिट्टी) का प्रकार

मीठी नीम की खेती लगभग सभी प्रकार की भूमि में की जा सकती है फिर भी उपजाऊ बलुई दोमट भूमि उत्तम रहती है, अच्छी पैदावार के लिए छिद्रयुक्त मिट्टी, अच्छी जल निकासी के साथ होना चाहिए। मिट्टी में पानी सोखने की अच्छी क्षमता होनी चाहिए।

भूमि की तैयारी

खेत को अनेक बार जोतकर और हेरो चलाकर अच्छी तरह तैयार करना चाहिए।

फसल पद्धति विवरण

इसे बीजों द्वारा आसानी से उगाया जा सकता है। इस प्रकार उत्पादन बहुतायत से होता है। रोपाई के पहले बीजों को गूदे से अलग कर अच्छी तरह साफ करना चाहिए। बीजों को उनके आकार की गहराई तक लगाना चाहिए।

पौधे का रोपण

मीठी नीम के पौधे को रोपने का सबसे सही समय जुलाई से अगस्त तक का होता है। जिस स्थान पर सिंचाई की व्यवस्था अच्छे से की गई हो, उस जगह पर फरवरी और मार्च में भी इसके पौधों को रोपा जा सकता है। पौधे को रोपने से पहले भूमि की जुताई की जाती है और फिर उसे चिकना बना लिया जाता है। फिर 2.5 × 2.5 मीटर की दूरी पर 60 × 60 सेमी. के गड्ढों को खोद कर उसमे 1 किलो सड़ी हुई गोबर की खाद, ऑर्गेनिक (Organic) खाद और ऊपरी मिट्टी को एक साथ मिलाकर इस मिश्रण से गड्ढे को अच्छी तरह से भर दें और फिर खेत की सिंचाई कर दें। अब पौधा रोपने के लिए गड्ढा तैयार (ready) है। जरूरत के मुताबिक गड्ढ़े को खोदकर उसके केन्द्र (center)में पौधे को रोप कर चारों तरफ (side) से मिट्टी को दबाकर हलकी सिंचाई कर दें। हर पौधे के बीच की दूरी (distance) लगभग 20 फुट होना चाहिए।

खाद

इसे अधिक उर्वरक की आवश्यकता नहीं होती है। फसल वृद्धि के दौरान साप्ताहिक रूप में उर्वरक देना चाहिए। जून-जुलाई में गोबर की सड़ी खाद, फास्फोरस तथा पोटाश की पूरी मात्रा तथा यूरिया की आधी मात्रा तने से एक मीटर दूरी पर पौधों के क्षत्रक के नीचे गोलाई में 15 सें.मी. गहरी नाली/खाई में देकर मिट्टी से ढ़क दें। यूरिया की बची आधी मात्रा को अक्टूबर में पेड़ों के क्षत्रक के नीचे देकर मिट्टी में मिला दें। यदि बरसात न हो रही हो तो खाद के बाद पानी देना आवश्यक होता है जिससे नमी बनी रहे।

पौधे की आयु (वर्ष)	गोबर की सड़ी खाद (कि.ग्रा.)	यूरिया (ग्रा.)	सुपर फास्फेट (ग्रा.)	पोटेशियम सल्फेट (ग्रा.)
1-2	5	60	75	25
3-5 वर्ष से ऊपर	10	100	150	50

पौध प्रचार विधि

बीज बुआई– बीज बोने से पेड़ आसानी से उग आता है। हालांकि इसमें थोड़ा सा समय लगता है।

तने की बुआई– बीज बोने के बजाए आप किसी दूसरे पेड़ से तने को काट कर मिट्टी में गाड़ सकते हैं। तना ज्यादा कठोर नहीं होना चाहिये, इसे मुलायम होना चाहिये। तने को मिट्टी के कुछ सेंटीमीटर भीतर ही गाड़े और ऊपर कुछ पत्तियां होनी चाहिये। व्यावसायिक खेती के लिए मीठी नीम के पौधे वानस्पतिक विधि से तैयार किये जाते हैं।

किस्में (Varieties)

इसकी कोई किस्म जारी नहीं की गई है। आकर्षक रंग के दानों वाली किस्मों का विकास किया जा रहा है। आनुवांशिक एवं जैव-प्रौद्योगिकी विधि द्वारा फसलों की गुणवत्ता में बढ़ोतरी की जा रही है।

पौधे की छंटाई

अगर आप चाहते हैं कि पौधा जल्दी बढ़े तो उसकी समय समय पर छंटाई करती रहें। छंटाई करने से नई और ताजी पत्तियों को उगने की जगह मिलेगी।

जल की मांग

प्रति सप्ताह 50-60 लीटर प्रति पौधे।

सिंचाई प्रबंधन

गर्मियों के दिनों में नियमित रूप से सिंचाई करना चाहिए। सर्दियों में हल्की सिंचाई करना चाहिए व उर्वरक नहीं देना चाहिए। पानी देने से पहले देख लें कि जमीन पूरी तरह से सूख चुकी हो। इसके अलावा अगर जमीन गीली है तो उतनी पानी की आवश्यकता नहीं है।

घासपात नियंत्रण प्रबंधन

सिंचाई के बाद निंदाई करना चाहिए। पौधों के पास की मिट्टी को भुरभुरी करना चाहिए। साल में 1-2 बार निंदाई की आवश्यकता होती है।

रोग प्रबंधन

इसमें रोग बहुत कम लगते हैं ।

कीट नियंत्रण

वैसे तो कढ़ी पत्ते पर कीट कोई बड़ी चिंता का विषय नहीं है। बाजार में मिलने वाला रासायनिक कीटनाशकों के बजाए आप नमक वाला पानी भी पौधों पर छिड़क सकते हैं। इसे हफ्ते में एक या दो बार करें।

कटाई (Harvesting)

तुड़ाई, फसल कटाई का समय पत्तियों को किसी भी समय तोड़ा जा सकता है। पत्तियों को हाथ से तोड़ना चाहिए।

फसल काटने के बाद और मूल्य परिवर्धन (Post Harvesting & Value Addition)

सुखाना

पत्तियों को अच्छी तरह से साफ कर, संपूर्ण पत्तियों को संग्रहित करके छायादार जगह में सुखाया जाता है। वायुरोधी थैले आदर्श माने जाते हैं । फसल काटने के बाद और मूल्य परिवर्धन (Post Harvesting & Value Addition) हेतु एकत्रित पत्तियों को अलग- अलग सुखाया जाता है।

पैकिंग (Packing)

सुखी हुई पत्तियों को पालीथीन या नायलॉन के थैलों में पैक किया जाता है। वायुरोधी थैले इसके लिए आदर्श होते हैं ।

भंडारण (Storage)

सामग्री को सूखे स्थानों में संग्रहीत किया जाना चाहिए। गोदाम भंडारण के लिए आदर्श होते हैं । शीत भंडारण के लिए अच्छे नहीं होते हैं । परिवहन उपरांत पत्तियों को शुष्क स्थान में भंडारित करना चाहिए ।

परिवहन

परिवहन के दौरान चढ़ाते एवं उतारते समय पैकिंग अच्छी होने से फसल खराब नहीं होती हैं।

अन्य-मूल्य परिवर्धन (Other Value Additions)- पाउडर।

अध्याय 15

तेजपत्ता– एक लाभकारी खेती

वैज्ञानिक वर्गीकरण

वैज्ञानिक नाम	:	सिनामोममतमाला
जगत (रेगन्म)	:	Plantae
विभाग (डिवीजन)	:	मैग्नोलियोफाइटा
वर्ग (क्लास)	:	मैग्नोलियोप्सीडा
गण (ऑर्डर)	:	लौरालिस
कुल (फैमिली)	:	लौरालेसी
वंश (जीनस)	:	सिन्नामोमम
जाति	:	C- zeylanicum

तेज पत्ता का पेड़

अन्य नाम : तेजपत्ता, तमालका, इंडियन केसिया

तेज पत्ता के आम नाम :

उपनाम : सिनामोमम वर्म पर्सेल, सिनामोमियम कैसिया ब्लूम।

वर्णात्मक नाम :

संस्कृत	:	तवक, तामलपर्ता
अंग्रेजी	:	तेजपत्ता , सीलोन तेजपत्ता
हिंदी, बंगाली, मराठी, गुजराती	:	दल्चीनी, दालचीनी
पंजाबी	:	दलचिनी, द्रचीनी
आयुर्वेदिक	:	टीवाक/टकक, द्वारिसिता दारिचिनी
सिद्ध	:	एलांगप्पाट्टई
कन्नड़	:	दल्छिनी चाक
मलयालम	:	करववत्ता, इलार्नगैथी
उड़िया	:	डेलचिनि, गुदा झाक
तमिल	:	लावंगपाट्टई, कुरुवपट्टई, इलौंगाम
तेलगु	:	लावंगपट्टा, दलचिनी चेका, लवानगमु
उर्दू	:	डर्चिनी
फ्रांसीसी	:	कैम्मेल
स्पैनिश	:	कैनेला

तेजपात/तेजपत्ता के गुण और उपयोग

तेजपत्ता मधुमेह, अल्जाइमर्स, बांझपन, गर्भस्त्राव, स्तनवर्धक, खांसी जुकाम, जोड़ों का दर्द, रक्तपित्त, रक्तस्त्राव, दाँतों की सफाई, सर्दी जैसे अनेक रोगों में उपयोगी है। ये हमेशा हरा रहने वाले पेड़ तमाल वृक्ष के पत्ते हैं इसको तमालपत्र, तेज पात या तेजपत्ता कहते हैं। तेजपात मसाले के रूप में बहुतायत में काम लेते हैं। यह सिक्किम, हिमालय, मणिपुर और अरुणाचल प्रदेश में पैदा होते हैं। तेजपात पेड़ से पत्ते तोड़कर धूप में सुखाकर पंसारी की दुकानों पर बेचे जाते हैं। तेजपत्ता में दर्दनाशक, एंटी ऑक्सीडेंट गुण हैं। तेजपत्ता मधुर, कुछ तीक्षण, उष्ण, चिकना, तैलीय होता हैं। वात, कफ नाशक और पाचक होता हैं। आयुर्वेद में अनेक गंभीर रोगों में इसके उपयोग किये जाते हैं। आइये जाने.

1. मधुमेह में तेजपत्ते के प्रयोग

1. तेजपात को पीसकर बहुत बारीक चूर्ण बना लें । इसकी एक चम्मच नित्य तीन बार पानी से फंकी लेने से मधुमेह के रोगी को शीघ्र लाभ होता हैं। रक्तशर्करा शीघ्र घट जाती हैं।

2. रात को एक चम्मच तेजपात का पाउडर एक कांच के गिलास में डालकर तीन चौथाई गिलास पानी से भर कर चम्मच से अच्छी तरह हिलाएं और ढ़क कर रख दें । सवेरे उस गिलास के पानी पर जैली जैसी परत जमी हुयी दिखेगी। इस परत को हटा कर फेंक दीजिये, और पानी को मलमल के कपड़े से छानकर पियें। इसके बाद आधा घंटा कुछ भी ना खाएं पियें। रात को पीसी हल्दी आधा चम्मच सोते समय एक कप पानी में घोलकर पियें। इसके बाद ठंडा पानी या दूध ना पियें। यह प्रयोग लम्बे समय तक करते रहे। मधुमेह नियंत्रण में रहेगा।

2. स्मरण शक्तिवर्धक 'अल्जाइमर्स' में उपयोगी

तेजपात मस्तक पोषक हैं। तेजपत्ता एसिटिलकोलाइनैस्टेरै नामक खतरनाक द्रव्य को बनने से रोकता हैं जो मस्तिष्क के सन्देश वाहक हॉर्मोन वेजमवबंसबपद को तोड़ने का काम करता हैं। तेजपत्ता को नित्य खाए जाने वाले भोजन में शामिल करें । इससे स्मरणशक्ति बढ़ेगी और 'अल्जाइमर्स' बीमारी पर नियंत्रण होगा।

3. बांझपन, गर्भस्त्राव की चिकित्सा

कभी कभी किसी स्त्री को गर्भधान ही नहीं होता और बांझपन की समस्या का सामना करना पड़ता हैं। किसी को गर्भ ठहरने के बाद गर्भस्त्राव हो जाता हैं। तेजपात दोनों ही समस्याओं को दूर करता हैं। तेजपात का पाउडर चौथाई चम्मच तीन बार पानी से नित्य फंकी ले। कुछ महीने तेजपात की फंकी लेने से गर्भाशय की शिथिलता दूर होकर गर्भधारण हो जाता हैं। जिन स्त्रियों को गर्भस्त्राव होता हो, वे गर्भवती होने के बाद इसी प्रकार तेजपात पाउडर की फंकी कुछ महीने लें । इस प्रकार तेजपात से गर्भ सम्बन्धी दोष दूर होकर गर्भधारण में सहायता मिलती हैं।

4. स्तनवर्धक

तेजपात पाउडर की फंकी लेने से जिन स्त्रियों के स्तन बहुत छोटे पतले होते हैं, उनके स्तनों का आकार बढ़कर मोटा हो जाता हैं। तेजपात का तेल किसी अन्य तेल में मिलाकर मालिश भी करें ।

5. तेजपत्ता चाय

तेजपत्ता चाय शहद के 2 चम्मच (taclespons) और तेजपत्ता पाउडर के 3 चम्मच और हरी चाय की 16 औंस के मिश्रण से तैयार किया जाता है। यह (तेजपत्ता चाय की खपत के 2 घंटे के भीतर 10% से कम है रक्त में कोलेस्ट्रॉल का स्तर) कोलेस्ट्रॉल को कम करने के लिए एक बेहतरीन दवा है।

तेजपत्ते केअन्य फायदे

1. अगर आपको पाचन से जुड़ी समस्याएं हैं तो आप तेजपत्ते का इस्तेमाल कर सकते हैं। पेट से जुड़ी कई समस्याओं में ये कारगर उपाय है। चाय में तेजपत्ते का इस्तेमाल करके कब्ज, एसिडिटी और मरोड़ जैसी समस्याओं से राहत पा सकते हैं।

2. तेजपत्ते का इस्तेमाल टाइप–2 डायबिटीज में करना फायदेमंद होता है।ये ब्लड शुगर के लेवल को सामान्य बनाए रखता है और दिल की क्रियाशीलता पर भी सकारात्मक प्रभाव डालता है। ऐसे में जो लोग मधुमेह से पीड़ित हैं उनके लिए इसका सेवन करना बहुत ही फायदेमंद है।
3. रात को सोने से पहले तेजपत्ते का इस्तेमाल करना अच्छी नींद के लिए बहुत फायदेमंद है। तेजपत्ते के तेल की कुछ बूंदों को पानी में मिलाकर पीने से अच्छी नींद आती है।
4. किडनी स्टोन और किडनी से जुड़ी ज्यादातर समस्याओं के लिए तेजपत्ते का इस्तेमाल बहुत फायदेमंद होता है। तेजपत्ते को उबालकर उस पानी को ठंडा करके पीने से किडनी स्टोन और किडनी से जुड़ी दूसरी समस्याओं में फायदा मिलता है।
5. दर्द में राहत के लिए भी तेजपत्ता एक कारगर उपाय है। तेजपत्ते के तेल से प्रभावित जगह पर मसाज करना बहुत फायदेमंद होता है। इसके अलावा अगर तेज सिर दर्द हो रहा हो तो भी इसके तेल से मसाज करना अच्छा रहता है।

तुरन्त घर में जलाएं एक तेज पत्ता और पाएं ये फायदे

जी हाँ यह वही पत्ता है जिसके बारे में आपने अपनी मां से कई बार सुन रखा होगा। यह पत्ता खाना बनाते समय काम आता है और कई सब्जियों में डाला जाता है। यह सब्जियों का स्वाद दुगुना कर देता है। लेकिन केवल इसी काम नहीं आता तेज पत्ता। अगर आप एक तेज पत्ता लेकर उसे अपने कमरे में जलाएंगे, तो आपको इसके अन्य फायदों के बारे में पता चलेगा। अपने कमरे या घर को खुशबूदार बनाए रखने के लिए लोग तरह–तरह के रूम फ्रेशनर लेकर आते हैं। महंगे इत्र भी छिड़काते हैं, लेकिन इन सभी का काम तेज पत्ता भी कर सकता है। तेज पत्ता आसपास के वातावरण में मौजूद दूषित कणों को काटता है। अगर आप बेहद परेशान हैं और किसी चिंता में हैं, तो एक तेज पत्ता जलाएं, कुछ ही देर में यह आपके दिमाग की सारी टेंशन भगा देगा। तेज पत्ते को जलाने से व्यक्ति की थकान दूर होती है, दिमाग शांत रहता है, दिमाग की नसों को आराम मिलता है, इतना ही नहीं इसका धुआं जब सांस के माध्यम से हमारे अंदर जाता है तो हमारे प्रतिरक्षी तंत्र (इम्यून सिस्टम) को मजबूत बनाता है।

पादप परिचय

यह एक सीधा बहुवर्षीय पेड़ होता है इसके पेड़ 100 वर्षों तक उपज देते हैं तथा लागत कम लगा कर अच्छा लाभ मिलता है। तेजपत्ता के पेड़ पूर्ण विकास पर 6–15 मीटर की ऊंचाई तक पहुंच है। यह मध्यम लंबा पेड़ है।

मुख्य रासायनिक संगठन एवं उपयोग

तेजपात मसाले के रूप में अति प्रचलित है। तेजपत्ता के रूप में इसकी छाल तथा सूखी पत्तियां गरम मसाले में प्रयोग होती है। अपच, गले के रोग तथा वमन में इसका प्रयोग शामक है। कफ निस्सारक औषधियों का यह मुख्य अवयव है।

तेजपत्ता के पेड़ पूर्ण विकास पर 6–15 मीटर की ऊंचाई तक पहुंच है कि मध्यम लंबा पेड़ हैं। तेजपत्ता अति प्राचीन काल से कारोबार किया गया है कि सबसे पुराना ज्ञात मसालों में से एक है। तेजपत्ता स्वाभाविक रूप से पश्चिमी घाट के जंगलों में देखा है और व्यावसायिक रूप से केरल, कर्नाटक और तमिलनाडु में खेती की जाती है।

पोषण से जुड़ी जानकारी (रासायनिक संगठन)

तेजपत्ता मात्रा प्रति 100 g

पोषण	**मात्रा प्रति 100 g**	**पोषण**	**मात्रा प्रति 100 g**
ऊर्जा	कैलोरी 313 kcal	प्रोटीन	8 g
कुल वसा	8 g	विटामिन ए	6,185 IU
संतृप्त वसा	2.3 g	विटामिन सी	46.5 mg
बहुअसंतृप्त वसा	2.3 g	कैल्सियम	834 mg
मोनोअसंतृप्त वसा	1.6 g	आयरन	43 mg
कोलेस्टेरॉल	0 mg	विटामिन डी	0 IU
सोडियम	23 mg	विटामिन बी	61.7 mg
पोटेशियम	529 mg	विटामिन बी12	0 g
कुल कार्बोहाईड्रेट	75 g	मैग्नेशियम	120 mg
आहारीय रेशा	26 g		

प्राप्ति स्थान

हिमाचल प्रदेश, उत्तराखण्ड, जम्मू कश्मीर, सिक्किम तथा अरुणाचल प्रदेश

जलवायु आवश्यकताएँ

एक साहसी पादप होने के नाते, तेजपत्ता जलवायु परिस्थितियों की एक विस्तृत शृंखला के लिए अनुकूल है। इसके बारे में 1,000 m की ऊंचाई पर अच्छी तरह से बढ़ता है और 200–250 cm की वार्षिक वर्षा इसकी खेती के लिए आदर्श है। तेजपत्ता की व्यावसायिक रूप से एक वर्षा आधारित फसल के रूप में खेती की जाती है।

जलवायु

हिमालय शीतोष्ण एवं हिमाद्रि क्षेत्र में 1000 मीटर तक एवं नम एवं छायादार मैदानी क्षेत्र

प्रजातियां : व्यावसायिक किस्में

कोंकण तेज, Yercaud 1, Navashree और Nithyashree तेजपत्ता का व्यावसायिक रूप से खेती की प्रजातियों में से कुछ हैं। Navashree एक उच्च उत्थान क्षमता के साथ बेहतर चयन (6–7 शूट्स/वर्ष), उच्च उपज (पहले 4 साल में औसत उपज 56 किग्रा/ हेक्टेयर), और उच्च छाल पुनरूद्भवन (40.6%) है। इसमें एक बहुत अच्छा cinnamaldehyde पदार्थ 73%,

छाल Oleoresin 8%, और पत्ती तेल 2.8% और छाल तेल 2.7% के साथ उत्कृष्ट गुणवत्ता कैरेक्टर हैं। Navashree की भारत में सभी तेजपत्ता से बढ़ते क्षेत्रों के लिए सिफारिश की गई है।

मिट्टी आवश्यकताएँ

तेजपत्ता कम उपजाऊ रेतीले दोमट मिट्टी से लेकर पोषक तत्त्वों से भरपूर बलुई मिट्टी तक की एक विस्तृत शृंखला के लिए अनुकूल है।

प्रसारण

कलमों और हवा परतों के माध्यम से बीज प्रसार और वनस्पति प्रचार आम तौर पर तेजपत्ता में सहायक रहे हैं।

पौध की स्थापना

किसान पश्चिमी घाट में, तेजपत्ता जनवरी में फूलों के आने और जून से अगस्त के दौरान फलों को पकाना बाद फल पेड़ से एकत्र कर रहे हैं और तेजपत्ता बीज बहुत कम व्यवहार्यता के रूप में तो बीज ज्यादा देरी के बिना हटा दिया है और साफ किया और बोया जाता है। 3:1 के अनुपात बीज रेत बेड या एक 3 में रेत, मिट्टी और अच्छी तरह से पाउडर सूखे गोबर के मिश्रण युक्त पॉलिथीन की थैलियों में बोया जाता है। पानी नियमित रूप से दिया जाता है और बीज 10-20 दिनों के भीतर उगना होता है। वे 6 महीने पुरानी हो जाते हैं जब तक अंकुरों कृत्रिम छायांकन की आवश्यकता होती है।

तेजपत्ता पेड़ की खेती

तेजपत्ता के अंकुर के लिए आदर्श समय दक्षिण-पश्चिम मानसून की शुरुआत में करते हैं। 50cm × 50cm × 50cm आकार के गड्ढ़े 3m × 3m की दूरी पर खोद रहे हैं और बोने से पहले खाद और ऊपर मिट्टी से भरते हैं । आम तौर पर एक एक वर्ष के अंकुर लगाए जाते हैं । 4-5 के अंकुर गड्ढ़े प्रति लगाए जाते हैं और वे स्थापित हो जब तक पर्याप्त छाया अंकुरों के लिए प्रदान की जाती है।

आर्गनिक खाद एवं उर्वरक

आर्गनिक खाद

गड्ढ़ों में 200 ग्राम माइक्रो भू पावर एवं 10 किलो गोबर की खाद रोपण के पूर्व मिला देना चाहिये।

उर्वरक

20 ग्राम एन, 18g P_2O_5 और 25 ग्राम के K_2O की एक उर्वरक खुराक/अंकुर प्रथम वर्ष के लिए सिफारिश की है। यह खुराक 200g एन, 18g P_2O_5 और 10 वर्ष और उससे अधिक की आयु के पेड़ों के लिए 200 ग्राम K_2O को धीरे-धीरे बढ़ाया जाता है । उर्वरकों को मई-जून और सितम्बर-अक्टूबर में 2 बराबर विभाजित खुराकों में ही वितरित किया जाना है।

सिंचाई

तेजपत्ता एक वर्षा आधारित फसल है। लेकिन 200-250cm की वार्षिक वर्षा आदर्श है। प्रारंभिक 2-3 वर्षो में, पानी में एक सप्ताह में दो बार गर्मियों के महीनों के दौरान दिया जाता है। पानी की मात्रा पौधों की मिट्टी की नमी का स्तर और विकास पर निर्भर करती है।

प्राकृतिक खेत की तैयारी एवं बुवाई

फसल का रोपण पौध तैयार करके किया जाता है। बीज को छोटी क्यारियों में रेत एवं गोबर की खाद भरकर बिखेर दिया जाता है। हल्की सिंचाई के पश्चात पुवाल से ढ़क देना चाहिये। बिजाई मार्च-अप्रैल माह में करनी चाहिये। दो माह के पश्चात् पौध 10-15 से.मी की हो जाये तो खेत में 50 से.मी. व्यास के 60 से.मी. गहरे गड्ढ़े 2 × 6 (कतारों में) के बना लेने चाहिये। गड्ढ़े में गोबर की खाद तथा 200 ग्राम माइक्रो भू पावर भरकर मानसून में पौधों का रोपण किया जाता है।

खरपतवार नियंत्रण

फसल को खरपतवार मुक्त रखने के लिये 3-4 बार गड्ढ़े के आस-पास हाथ से निराई-गुड़ाई करनी चाहिये।

रोग नियंत्रण

साधारणतया यह फसल रोग मुक्त है।

कीट नियंत्रण

साधारणतया यह फसल कीट मुक्त है।

फसल कटाई

एक बार लगाने के बाद यह 100 वर्षों तक रहता है 6 वर्ष बाद पत्तियों को एकत्रित कर छाया में सुखा लिया जाता है। 125-150 क्विंटल सूखी पत्तियाँ प्रति वर्ष प्राप्त होती है।

कटाई उपरान्त प्रक्रिया

पत्तियों को छाया में सुखाया जाता है एवं तेल निकालने के लिये आसवन यन्त्र का प्रयोग किया जाता है। पत्तियों में 0.6 प्रतिशत तक सुगंधित तेल प्राप्त होता है।

उत्पाद का वैकल्पिक उपयोग

1200-1300 रु. प्रति कि.ग्रा. तेल एवं 15-20 रु. प्रति कि.ग्रा. सूखी पत्तियां।

अध्याय **16**

सेलरी फसल कैसें उगाएं

सेलरी की उत्पत्ति स्थान स्वीडन से लेकर मिस्त्र ईजिप्त अलजीरिया और एथियोपिया तथा एशिया में इण्डिया और चीन तक व्याप्त है। मैदानी क्षैत्रो में वार्षिक है। यह द्विवार्षिक पौधा है। सेलरी का वानस्पतिक नाम एपियम ग्रेवियोलन्स है यह एपिएसी कुल से संबन्धित है। पत्तियों बीजों से तरल व वाष्पशील तेल वाली सेलरी पुष्पछत्रदर, ऐरोमाटिक, शाकीय पौधा है। सेलरी का पौधा सामान्य: 30–60 से.मी. ऊँचा स्पष्ट गाँठों वाले तनों में उर्ध्व, लम्बे–चौडे पर्णवृन्तों पर सुवासित पत्तोंवाला है। इसके छोटे, अण्डाभ 1–1.5 मि.मी. लम्बे, 1.2 मि. मी. व्यास के दृढ़ फल में छोटा भूरा बीज होता है।

उपयोग

इसके सूखे परिपक्व फल का प्रयोग मसाले के रूप में किया जाता है। पत्तियों तथा डंठलों का प्रयोग सलाद के रूप में और सूप में किया जाता है। मांस–प्रसंस्करण, पेय पदार्थों, मिठाइयों, आइसक्रीमों तथा सेंकी गई चीजों को सुवासित करने में भी व्यापक तौर पर इसका इस्तेमाल किया जाता है। विभिन्न देशों में प्राकृत दवा के रूप में इसकी गणना की जाती है। सेलरी का प्रयोग विभिन्न प्रकार के औषधियों के निर्माण में भी किया जाता है। इसके दानों को बलवर्धक

एवं उत्तेजक के रूप में दमा एवं यकृत के रोगों में प्रयोग किया जाता है। घरेलू औषधि के रूप में इसके बीजों का प्रयोग नाडी मंडल की बीमारियों को ठीक करने में प्रयुक्त होता है वाष्पशील तेल का उपयोग प्रसाधन सामग्री में किया जाता है सेलरी के पत्तों को टमाटर या गाजर या दोनों को मिलाकर स्वास्थ्यवर्धक पेय में भी किया जाता है। इसको विभिन्न नामों से जाना जाता है जैसे कि हिन्दी में शालरी, अजमुद, रनधुनी, बंगला में बन्धुरी, चानुर गुजराती में बोडिअजमोदा , मराठी-अजमोदा , पंजाबी केरनौली, संस्कृत-अजमोद एवं तमिल-अजमोदा।

जलवायु

यह ठण्डी जलवायु का पौधा है जो शरद ऋतु में उगाया जाता है। आर्द्रता वाली जलवायु को भी पसन्द करता है। तापमान 30° से. ग्रेड पर भी अच्छी वृद्धि करता है। फसल को ठंडी एवं नमीयुक्त जलवायु की आवश्यकता होती है। जब मौसम थोड़ा ठंडा हो एवं पूरे वृद्धि काल में समान रूप से वितरित मध्यम वर्षा हो तो इसकी वृद्धि अच्छी होती है। कम तापक्रम पौधों के पुष्पक्रम निकलने के लिए उपयुक्त होता है। शुष्क एव अपेक्षाकृत गर्म मौसम फसल परिपक्वता कटाई एवं उसकी बाद की अवस्थाओं में लाभदायक होता है।

भूमि एवं खेती की तैयारी

सेलरी को सभी प्रकार की मिट्टी में सफलतापूर्वक उगाया जा सकता है। परन्तु पर्याप्त कार्बनिक पदार्थ वाली बलुई दोमट मिट्टी इसकी खेती के लिए सबसे उपयुक्त रहती है। मिट्टी का पी.एच. मान 6.5-7.0 के बीच का उपयुक्त रहता है। इसके साथ खेत से जल निकास की समुचित प्रबंध होना अतिआवश्यक है। खेत की तैयारी के लिए एक गहरी जुताई के साथ दो-तीन उथली जुताई करने के बाद पाटा लगाना तैयार कर लेना चाहिए। खेत को बुआई से पूर्व छोटी छोटी क्यारियों में विभाजित कर लेना चाहिए जिससे जल समान रूप से लग सकें। अगर खेत में दीमक की समस्या हो तो किसान क्यूनालफॉस 1.5 प्रतिशत या मिथाइल पैराथीओन 2.0 प्रतिशत में से किसी एक कीटनाशी दवा के 25 किलोग्राम प्रति हेक्टेयर की दर से खेत में सामान रूप से मिला दें।

उन्नत किस्में

1. **गोल्डेन सेल्फ ब्लानचिंग-** इसके डंठल मोटे व लम्बे होते है। पत्तियां चौड़ी होती है। पत्तियों के डंठल सुगन्ध वाले होते हैं ।
2. **यूटाह-** यह भी उपरोक्त किस्म से मिलती-जुलती है। जो कुछ ठन्डे स्थानों में लम्बे समय तक उगाई जाती है।
3. **स्टैंडर्ड-बियरर-** इस किस्म के पौधो के डंठल लम्बे, पत्तियां कुछ चौड़ी व गहरे हरे रंग की होती है। पौधे का तना या डंठल वृद्धि करने से अधिक मोटा नहीं होता है।
4. **जाइंट पास्कल-** यह किस्म भी गहरे हरे रंग के पौधों वाली होती है । पत्तियां छोटी होती हैं।
5. **एन.आर.पी.एस.एस.-ए.से-1-** यह किस्म राष्ट्रीय बीजीय मसाला अनुसंधान केन्द्र, अजमेर द्वारा विकसित की गई है। जो अर्ध-शुष्क क्षेत्रों के लिए अनुमोदित है। इस किस्म

से 8–12 क्विंटल प्रति हेक्टेयर की उपज प्राप्त की जा सकती है। बीजों में 2.4 प्रतिशत तक वाष्पशील तेल पाया जाता है।

बीजदर एवं बीजोपचार

इसका बीज हल्का एवं छोटा होता है लेकिन औसतन बीज 300–400 ग्राम प्रति हेक्टर पर्याप्त होता है। बीज को बुआई से पूर्व कैप्टान या थाइरम या बाविस्टिन में से किसी एक फफूंदनाशी द्वारा 2.5 ग्राम प्रति किलोग्राम बीज की दर से उपचारित कर बुआई करनी चाहिए।

बीज बोने का समय

बीज की बुवाई पौधशाला में अगेती करें जिससे तापमान उचित मिलने पर सभी बीज अंकुरित हो सकें उचित बुवाई का समय मध्य सितम्बर से मध्य अक्टुबर के अन्त का मौसम रहता है पौध तैयार होने पर रोपाई का समय अक्टुबर–नवम्बर उत्तम रहता है तथा पहाड़ी क्षेत्रों में बीज मध्य अप्रेल–मई तथा रोपाई का समय मई–जून उत्तम रहता है।

पौध तैयार करना

भूमि को भुरभुरी करने के लिए अच्छी प्रकार सड़ी हुई गोबर की खाद 10 किलोग्राम प्रति वर्ग मीटर की दर से नर्सरी की क्यारियों में मिला देना चाहिए। बुआई के 10–15 दिन पहले मृदा को 1.0 प्रतिशत फार्मलडिहाइड के घोल से तर कर लेना चाहिए सर्व प्रथम बीज को सम्भवत: 24 घंटे भिगोकर बोयें जिससे सभी बीज अंकुरित हो जायें पौधशाला में जब यह बीज बोयें तो 1 मी. चौड़ी तथा 3 मी. लम्बी कुछ उठी हुई क्यारी तैयार करके बीज में थोड़ी मिट्टी या खाद गोबर को मिलाकर पंक्तियों में लगातार बीज बोयें इन पंक्तियों की आपस की दूरी 5–6 सेमी. तथा बीज 1–2 मि.मी. पर डालकर बोयें तथा बोने के पश्चात् बारीक पत्ती की खाद से पंक्तियों को ढकें तथा पानी द्वारा हल्की सिंचाई करें। जब पौध 30–40 दिन बाद 8–10 सेमी ऊँची हो जाये तो रोपाई करें।

बुआई का समय

बीज जमाव के दो माह बाद पौध रोपाई के योग्य हो जाती है। रोपाई सामान्यत: नवंबर–दिसंबर महीने में करनी चाहिए। अच्छी तरह तैयार भूमि में पौधों को 30 सेमी. कतार से कतार एवं 15 से.मी पौधों से पौधों की दूरी पर लगाना चाहिए।

खाद एवं उर्वरक प्रबंधन

अन्य फसलों की तरह सेलरी को भी खाद एवं उर्वरकों की आवश्यकता होती है 10–15 टन प्रति हेक्टर अच्छी सड़ी हुयी गोबर की खाद, 80 किलो ग्राम नत्रजन प्रति हेक्टर, फास्फोरस 60 किलो ग्राम प्रति हेक्टर एवं पोटाश 50 किलो ग्राम प्रति हेक्टर की दर से आवश्यकता होती है। नत्रजन की आधी मात्रा फॉस्फोरस व पोटाश की पूरी मात्रा अन्तिम जुताई के समय खेत में भली–भांति मिला देना चाहिए जिससे पौधे रोपने तक खाद व उर्वरक मिल सकें तथा शेष नत्रजन की मात्रा को दो बार में खड़ी फसल में छिड़क कर टोप–ड्रेसिंग के रूप में देना चाहिए जिससे पौधे स्वस्थ व अधिक वृद्धि करें।

सिंचाई प्रबंधन

पहली सिंचाई रोपाई के तुरन्त बाद करें पहली सिंचाई हल्की करें जिससे पौधे उखड़ने या गलने न पायें तथा अन्य सिंचाई शरद ऋतु की फसल होने से 12-15 दिन के अन्तराल पर करनी चाहिए।

खरपतवार प्रबंधन

सेलरी की फसल में समय से खरपतवार को निकालना अति आवश्यक होता है। अगर यह नहीं किया जाए तो पैदावार में कमी हो सकती है। इसके लिए सिंचाई के बाद घास व अन्य जंगली पौधे होने पर निकाई गुडाई द्वारा फसल से निकाल देना चाहिए। इस प्रकार से खरपतवार नियन्त्रण भी हो जाता है तथा मिट्टी वायु संचार के लिये उत्तम हो जाती है तथा पौधे अधिक वृद्धि करते हैं।

कटाई

सेलरी को हरे पत्तों के लिए उगाया गया है तो यह लगभग 110-115 दिन में तैयार हो जाती है यदि बीज के रूप में सेलरी की कटाई पौधों को पूर्ण विकसित हो जाने पर तथा 35-45 सेमी. ऊंचे होने पर जब सुगन्ध आने लगे तो कटाई करनी चाहिए मुख्यत: मार्च-अप्रेल में तैयारी हो जाती है।

उपज

अगर सैलरी के पत्ते एवं डंठल के रूप में काम लेते हैं तो 30-35 टन प्रति हेक्टर तक उपज मिल जाती है अगर इसके बीज के रूप में लेते है तो 10-12 क्विंटल प्रति हैक्टर प्राप्त होता है।

कीट प्रबंधन

सेलरी की फसल में कीट कम लगते हैं लेकिन कभी-कभी एफिड, केटर-पिलर लगते हैं जिसके नियन्त्रण हेतु रोगोर थायोडान का 1 प्रतिशत घोल का स्प्रे करें।

रोग प्रबंधन

इस फसल पर मुख्य रूप से पाउडरी मिल्ड्यू का प्रभाव होता है। यह अप्रैल में वर्षा होने का कारण होता है। इसके नियन्त्रण हेतु फफूंदीनाशक दवा बावस्टीन या डाइथेन एम-45 1.5-2.0 ग्राम लिटर का स्प्रे करना चाहिए। झुलसा रोग कवक से होता है। रोग के सर्वप्रथम लक्षण पौधे की पत्तियों पर भूरे रंग के धब्बों के रूप में दिखाई देते हैं धीरे-धीरे ये काले रंग में बदल जाते हैं पत्तियों से वृंत, तने एवं बीज पर इसका प्रकोप बढता है। संक्रमण के बाद यदि आर्द्रता लगातार बनी रहे तो रोग उग्र हो जाता हैं। इस रोग के लगने की प्रारम्भिक अवस्था में फसल पर मेंकोजेब 0.2 प्रतिशत के घोल का छिड़काव करें। आवश्यकतानुसार 10 से 15 दिन बाद दोहरायें।

अध्याय | 17

मिर्ची की खेती

मसाला फसलों में मिर्च का प्रमुख स्थान है। इसका उपयोग मसाला, अचार, चटनी, सॉस उद्योगों के अलावा रोजाना खाने में किया जाता है। एशिया की प्रमुख फसलों में से एक है। और इसकी लगभग पाँच घरेलू प्रजाति है इसका वनस्पति नाम कैपसीकम एननम और इसकी फैमली सोलेनेसी कुल की है। एवं इसमें मुख्य रूप से विटामिन ए, बी और सी पाया जाता है। प्रदेश में लगभग 50,000 हेक्टेयर क्षेत्र में मिर्च की खेती की जाती है। मिर्च की अधिक उत्पादन के लिए कृषक मिर्च उत्पादन की उन्नत तकनीक अपनाकर अपना उत्पादन बढ़ा सकते है।

जलवायु

मिर्च की खेती के लिए नर्म एवं आर्द्र जलवायु सर्वोत्तम होती है। 20–30° सेल्सियस तापमान मिर्च की खेती के लिए उपयुक्त माना गया है। ग्रीष्मकाल में अधिक तापमान होने पर इसके फूल एवं फल गिरने लगते हैं । 750–1000 मिली लीटर वार्षिक वर्षा वाले क्षेत्र इसकी खेती के लिए उपयुक्त माने गये हैं ।

भूमि का चुनाव

क्षारीय तथा भारी मृदा को छोड़कर किसी भी प्रकार की मृदा में मिर्च का उत्पादन किया जा सकता है। किन्तु उचित जल निकास वाली दोमट मृदा इसके लिए उपयुक्त रहती है। हल्की मृदा में भारी मृदा की अपेक्षा उच्च गुणवत्ता वाले फल प्राप्त होते हैं ।

उन्नत किस्में

जवाहर मिर्च 218– यह किस्म जवाहर लाल नेहरू कृषि विश्वविद्यालय द्वारा विकसित की गई है। इस किस्म के फल लाल चमकदार एवं अत्यंत तीखे एवं ऊपर की ओर खड़े स्थिति में लगते है। पौधा कम ऊँचाई वाला फैलाव लिए हुए, ओजस्वी 8–12 प्राथमिक शाखाओं वाला होता है। यह किस्म चुर्रा–मुर्रा एवं फल विगलन रोग के प्रति सहनशील है। इस किस्म से औसतन 85–95 क्विंटल हरी मिर्च एवं 18–22 क्विंटल लाल सूखी मिर्च प्राप्त हो जाती है।

पूसा सदाबहार– इस किस्म के फल खड़े, 8 से.मी. लम्बे एवं 6–14 के गुच्छों में लगते है। फल पकने पर लाल एवं चमकदार होते हैं । फल पकने पर लाल एवं चमकदार होते हैं । इस किस्म से औसतन 75–100 क्विंटल हरी मिर्च एवं 15–20 क्विंटल लाल सूखी मिर्च प्राप्त की जा सकती है।

एन.पी.46– इस किस्म का विकास भारतीय कृषि अनुसंधान संस्थान द्वारा किया गया है। इस किस्म में फल 8–9 से.मी. लम्बे, पतले और हल्के रंग के होते हैं । यह किस्म थ्रिप्स कीट के प्रति सहनशील है। इस किस्म की औसत उपज 70–80 क्विंटल प्रति हैक्टैयर है।

पूसा ज्वाला– इस किस्म का विकास भी भारतीय कृषि अनुसंधान संस्थान द्वारा किया गया है। यह किस्म हरी मिर्च के लिए अति उपयुक्त है। औसतन 75–100 क्विंटल हरी मिर्च एवं 15–20 क्विंटल लाल मिर्च प्रति हेक्टेयर प्राप्त हो जाती है।

उपरोक्त ओ.पी. किस्मों के अतिरिक्त निजी बीज कम्पनियों द्वारा अनेक संकर किस्में विकसित की गई है।

खाद एवं उर्वरक

गोबर की खाद या कम्पोस्ट 250–300 क्विंटल प्रति हेक्टेयर खेत की तैयारी के समय भूमि में मिला देना चाहिए। नत्रजन 120 किलो, स्फुर 60 किलो एवं पोटाश 50 किलो प्रति हेक्टेयर देनी चाहिए। नत्रजन की आधी मात्रा, स्फुर एवं पोटाश की पूरी मात्रा को रोपाई के पहले देना चाहिये और नत्रजन की शेष आधी मात्रा को दो बराबर भागों में बांटकर रोपाई के 15 और 45 दिन बाद खड़ी फसल में पंक्तियों के मध्य में डालकर भूमि में भली भाँति मिला देनी चाहिए।

पौध तैयार करना

भूमि से 10–15 से.मी. ऊँची 2 × 1 मीटर आकार की क्यारियां तैयार कर बीज बोयें बुवाई के पूर्व क्यॉरियों को कापर आक्सी क्लोराइड 3 ग्राम प्रति लीटर पानी में घोल बनाकर उपचारित कर लेवें।

रोपाई का समय

मिर्च की बुआई का समय जलवायु, भूमि की किस्म और उसके उगाने के उद्देश्य पर निर्भर करता है। वर्षाऋतु की फसल की रोपाई जून–जुलाई, शरद ऋतु की फसल की रोपाई सितम्बर–अक्टूबर एवं ग्रीष्म ऋतु की फसल की रोपाई फरवरी–मार्च माह में की जाती है। एक हेक्टेयर में

ओ.पी. किस्मों के लिए 1.25–1.50 किलोग्राम एवं संकर किस्मों के लिए 200–225 ग्राम बीज की आवश्यकता होती है।

रोपाई की विधि

जब पौध 35–45 दिन या 10–12 सेमी ऊँचाई की हो जाये तब तैयार किए गये खेतों में उचित आकार की क्यारियां बनाकर रोपाई करना चाहिए। ओ.पी. किस्मों को 60–45 से.मी. (कतार से कतार एवं पौधे से पौधे) एवं संकर किस्मों को 90–60 से.मी. की दूरी पर रोपण करना चाहिए।

सिंचाई

प्रथम सिंचाई रोपाई के तुरन्त बाद कर देनी चाहिए। शरदकालीन फसल में 10–15 दिन के अन्तर पर एवं ग्रीष्मकालीन फसल में 5–7 दिन के अन्तर से सिंचाई करनी चाहिए।

निंदाई–गुड़ाई

निंदाई–गुड़ाई समय–समय पर करना चाहिए। प्रत्येक सिंचाई के बाद पौधों के चारों ओर हल्की गुड़ाई कर देनी चाहिए। पौध रोपण के 30 दिन बाद पौधों पर मिट्टी चढ़ा देनी चाहिए।

कीट एवं उनका नियंत्रण

थ्रिप्स

इस कीट के शिशु एवं वयस्क पत्तियों, कोमल शाखाओं एवं पुष्पों से रस चूसते हैं । परिणामस्वरूप शाखाएं विकृत हो जाती है एवं पत्तियां ऊपर की ओर मुड़ जाती है। पौधे की वृद्धि रूक जाती है एवं पत्तियाँ गिरने लगती हैं । बादल छाये रहने की स्थिति में इस कीट का प्रकोप बढ़ जाता है।

माहो (एफिड)

ये कीट पत्तियों एवं अन्य कोमल भागों का रस चूसकर पत्तियों एवं कोमल भागों पर मधु रस स्त्राव करते हैं । जिससे सूटी मोल्ड विकसित हो जाती है। परिणामस्वरूप फल काले पड़ जाते हैं । यह कीट मोजेक रोग का प्रसार करता है।

नियंत्रण– रस चूसने वाले कीटों की रोकथाम के लिए कीट के प्रकोप की प्रारम्भिक अवस्था में नीम तेल 5 ग्राम प्रति लीटर पानी में घोल कर छिड़काव करें। प्रकोप अधिक होने पर डायमेथोऐट 30 ई.सी. की 2 मिली. मात्रा या मिथाईल डिमेटान 25 ई.सी. की 2 मिली. मात्रा को प्रति लीटर पानी में घोलकर छिड़काव करें। कीट के अत्यधिक प्रकोप की अवस्था में एसीफेट 1 ग्राम प्रति लीटर पानी या इमीडाक्लोप्रिड 18.5 एस.एल.की 5 मिली. मात्रा 15 लीटर पानी में घोलकर छिड़काव करें।

सफेद मक्खी

इस कीट की मादा पत्तियों की निचली सतह पर अण्डे देती है। शिशु एवं वयस्क पत्तियों के

निचली सतह से रस चूसते हैं । यह कीट पर्ण कुंचन (लीफ कर्ल) रोग को एक पौधे से दूसरे पौधे में फैलाते है।

नियंत्रण– कीट के प्रकोप की प्रारम्भिक अवस्था में नीम तेल 5 मिली प्रति लीटर पानी में घोल कर छिड़काव करें। अधिक प्रकोप की अवस्था में ट्रायजोफास 2 मिली. प्रति लीटर पानी में घोलकर छिड़काव करें। सिन्थेटिक पायरेथ्राइड्स कीटनाशियों का अधिक मात्रा में उपयोग करने से इस कीट का प्रकोप बढ़ जाता है।

माइट

यह छोटे–छोटे कीट होते हैं । जो आसानी से दिखाई नहीं देते हैं । कीट के शिशु पर छिड़काव करें।

डायबैंक

यह बीज जनित रोग है। और इसका फैलाव हवा के द्वारा तेजी से होता है। इस रोग में पौधों की शाखाओं का ऊपरी भाग सूखने लगता है। प्रभावित शाखाओं पर अनेक काले बिन्दुओं के रूप में कवक की बढ़वार दिखाई देती है। फल के ऊपर भी छोटे–छोटे काले धब्बे दिखाई देते हैं । ये धब्बे बढ़कर लम्बे हो जाते हैं । बाद में मटमैले भूरे रंग के दिखाई देते हैं ।

नियंत्रण– बीज को ट्रायकोडर्मा 4 ग्राम प्रति किलो बीज की दर उपचारित करके बोना चाहिए। प्रकोप की दशा में कापर आक्सीक्लोराइड की 3 ग्राम मात्रा को प्रति लीटर पानी में घोलकर छिड़काव करें।

चुर्डा–मुर्डा (लीफ कर्ल)

इस रोग के कारण पत्तियां नीचे की तरफ मुड़ जाती है। रोगी पौधे की पत्तियां छोटी, शिराएं मोटी हो जाती है। पौधे की बढ़वार रूक जाती है। पौधा झाड़ी नुमा दिखाई देता है। फल लगते नहीं हैं, लगते भी हैं तो कुरूप हो जाते हैं । इस रोग का प्रसार सफेद मक्खी द्वारा किया जाता है।

नियंत्रण– सफेद मक्खी का नियंत्रण करें।

चूर्णिल आसिता (पाउडरी मिल्ड्यू)

इस रोग में पत्तियों पर सफेद रचनाओं के कारण सफेद चूर्ण के समान धब्बे दिखाई देते हैं । जिसके कारण उपज में बहुत कमी होती है।

नियंत्रण– इस रोग के नियंत्रण के लिए डायनोकेप की 1 मिली मात्रा या घुलनशील गंधक की 2.5 ग्राम मात्रा को प्रति लीटर पानी में घोलकर छिड़काव करें।

उकटा रोग

इस रोग में पत्तियां नीचे की ओर झुक जाती है और पीली पड़कर सूख जाती है। अन्त में पूरा पौधा मर जाता है।

नियंत्रण– सूखा निरोधक जाति लगाएं। कापर आक्सी क्लोराइड 3 ग्राम प्रति लीटर पानी में घोलकर मृदा उपचार करें। टाइकोडर्मा विरडी 4 ग्राम प्रति किलो बीज या बाविस्टीन 2 ग्राम प्रति किलो बीज की दर से बीजोपचार करें।

जीवाणु पत्ती धब्बा

इस रोग से पत्ती, तना एवं फल प्रभावित होते हैं । नई पत्तियों पर हल्के पीले हरे एवं पुरानी पत्तियां पर गहरे जल सोक्त धब्बे विकसित हो जाते हैं । अधिक धब्बे बनने पर पत्तियां पीली होकर गिर जाती हैं ।

नियंत्रण– यह एक बीज एवं मृदा जनित रोग है। इसके लिए बीजोपचार एवं फसल चक्र अपनाना अति आवश्यक है। पौध रोपण के पूर्व बोरडेक्स मिक्सर 1 प्रतिशत या कापर आक्सीक्लोराइड 3 ग्राम प्रति लीटर पानी में घोलकर मृदा उपचार करें। ट्रायकोडर्मा 4 ग्राम एवं मेटालेक्सिल 6 ग्राम प्रति किलो बीज की दर से बीजोपचार करें। रोग के प्रकोप की अवस्था में प्लान्टोमाइसिन 1 ग्राम प्रति 10 लीटर पानी में घोलकर छिड़काव करें।

उपज

सामान्यत: एक हेक्टेयर से 75–100 क्विंटल हरी मिर्च एवं 20–25 क्विंटल सूखी लाल मिर्च प्राप्त हो जाती है।

अध्याय | 18

लौंग की खेती

वानस्पतिक नाम : सिन्जीयम एरोमेटिकम

लौंग फसल की शस्य क्रियाऐं

यह एक सदाबहार पेड़ है, जो कि अनुकूल मौसम में फलता-फूलता है। इस फसल को उगाने के लिए 10-30° तापमान की जरूरत होती है।

वंशवृद्धि

इस फसल को बीज एवं कृत के द्वारा प्रसारित किया जाता है। बीज प्रसारण के लिए हाल में ही कटे हुए फसल का उपयोग करना चाहिए जो कि पूर्णत: सूखा हुआ नहीं हो। यद्यपि पूर्णत: सूखा हुआ बीज अपना जीवन क्षमता खो देता है और बीज अंकुरित नहीं होता।

बीज को तुरंत बाद रोप देना चाहिए इसको मिट्टी से ढ़कने की जरूरत नहीं है। इसको मिट्टी के ऊपर ही स्थापित कर देना है।

लौंग उगाने के लिए जरूरी वस्तुऐं

स्वस्थ एवं अच्छी वृद्धि के लिए इसको उष्णकटिबंधीय मौसम की जरूरत होती है।

इस फसल को काली मिर्च की तरह ही हल्का छायेदार रोशनी की जरूरत होती है। यह फसल 10°C से कम के तापमान को सहन नहीं कर सकता है लेकिन कभी-कभार एवं अत्यधिक ठंड को सहन कर सकता है।

मिट्टी

लौंग के फसल के लिए चिकनी बलुई मिट्टी एवं अच्छी उर्वरता शक्ति वाली मिट्टी की जरूरत होती है। लौंग के फसल वाले खेत में अच्छी जल निकासी की सुविधा होनी चाहिए एवं इस तरह के मिट्टी में कार्बनिक पदार्थ का होना जरूरी है।

सिंचाई

लौंग का पेड़ जलीय कटिबंध में वृद्धि करता है। इस पौधे को लगातार सिंचाई की जरूरत होती है। विशेष रूप से जब पौधा तरूण अवस्था में 3-4 वर्ष का हो तो इस पौधे को जल-जमाव से बचाना चाहिए।

उर्वरक एवं खाद

इस फसल में 50 किलो कम्पोस्ट तथा 2-4 किलो प्रति वर्ष मछली का चूरा एवं हड्डी का चूरा डालना चाहिए। प्राय: कार्बनिक खाद वर्षा ऋतु के आरंभ में डालना चाहिए। इस पौधे में 40 ग्राम यूरिया 110 ग्राम सुपर फॉस्फेट और 80 ग्राम म्यूरेट ऑफ पोटाश प्रति पेड़ के हिसाब से डालना चाहिए।

म्यूरेट ऑफ पोटाश के जगह पोटेशियम सल्फेट का उपयोग किया जा सकता है। इन सारे उर्वरकों की मात्रा को पौधे के परिपक्वता के अनुसार बढ़ाया जा सकता है जब पौधे 15 साल से पुराने हो जाय तो खुराक इस प्रकार से, यूरिया 600 ग्राम, 1560 ग्राम सुपर फास्फेट और म्यूरेट ऑफ पोटाश 1250 ग्राम प्रति वर्ष की दर से बढ़ाया जा सकता है। उर्वरक के खुराक को विभिन्न छोटे-छोटे खुराक में बाँट कर, हल्का गढ़ा कर के पेड़ के चारों ओर ग्रीष्म ऋतु के अन्त में डालना चाहिए।

कीट एवं व्याधियाँ

लौंग के पौधे में तीन-चार मुख्य बीमारियाँ लगती है जैसे कि अंकुर बिल्ट, पत्ती सरन, पत्ती धब्बा और कली का मुरझाना आदि शामिल है। कीट व्याधियों से जनित बीमारियों में तना छेदक, सरहना और मिलीबग का आक्रमण प्राय: होता है।

कटाई

लौंग जो हम लोग मसाले के रूप में इस्तेमाल में लाते हैं वह वास्तव में एक बन्द सूखा हुआ कली होता है। एक लौंग का पौधा छ: वर्ष के बाद फूल देने लगता है अगर अनुकूल परिस्थितियों में उगाया जाता है। यद्यपि यह पौधा पूर्ण फलन की अवस्था को प्राप्त करने में 15-20 वर्ष लेता है। खुला हुआ फूल का बाजार मूल्य, मसाला के रूप में कम होता है। इसलिए कलियों को गीला कर मोटा तथा गुलाबी होते ही तोड़ लेना चाहिए। कटाई के समय पर लौंग की लम्बाई 2 से.मी. से कम होता है। लौंग की फसल की कटाई बहुत ध्यानपूर्वक एवं शाखाओं को बिना क्षति पहुँचाए अवश्य करनी चाहिए। लौंग के काटे हुए या एकत्रित कलियों को धूप में या गर्म हवा वाले कक्षाओं में तब तक सुखाया जाता है जब तक कि कली अपना दो तिहाई वजन खोकर, काला या भूरा या हल्का भूरा रंग की न हो जाए।

गुण एवं लाभ

(1) लौंग का वर्णन अपने रोगाणुरोधक तथा किण्वन रोधक गुणों के कारण प्राचीन चायनीज औषधियों और पारम्परिक आयुर्वेदिक औषधियों के लिए किया जाता है।

(2) लौंग का उपयोग निसंक्रामक के रूप में मुख गुहा तथा दाँत में किया जाता है। इसका प्रभाव सूक्ष्म जीवाणुओं, जैसे बैक्टेरिया, विषाणु एवं कवक पर होता है। इसमें पीड़ाहर तथा बेहोश करने वाली गुण होती है।

(3) इसके अलावा पाचन संबंधित विकार जैसे डायरिया, उदर दर्द, सूजन, बदहजमी आदि के ईलाज के लिए उपयोग में लाया जाता है। क्योंकि यह एक रोगाणुरोधक है। इसलिए इसका उपयोग गले के खराश को दूर करने में किया जाता है।

(4) लौंग के तेल का उपयोग इसके खुशबू के कारण इन चीजों के तैयार करने में किया जाता है। जैसे टूथपेस्ट, साबून, डिटरजेन्ट, क्रीम, परफ्यूम तथा मुँह साफ करने का पानी बनाने में किया जाता है।

(5) लौंग के सुगंधित तथा संरक्षित गुणों के कारण इसका उपयोग मदिरा, हल्का पेय, मसाला मांस के साथ, स्वादिष्ट व्यंजनों तथा विभिन्न प्रकार के चटनी को बनाने में किया जाता है।

(6) ईंडोनेशिया में इसका उपयोग सिगरेट के निर्माण में किया जाता है, तम्बाकु, लौंग तथा पुदीना के मिश्रण से तैयार होता है।

लौंग की पैदावार

नर्सरी के लिए 1 मी. चौड़ा तथा 15–20 से.मी. ऊँचाई वाला बेड बनाया जाता है। यह मिट्टी और बालू का मिश्रण होता है। जोकि 5–8 से.मी. मोटा होता है। बीजों को नदी वाले बालू में बोया जा सकता है। लौंग के बीज 2 से.मी. कि दूरी पर बोया जाता है। बीज बेड को सीधी धूप से बचाया जाता है। अगर बीज का मात्रा कम उपलब्ध हो तब इसे सीधे प्लास्टिक के थैलों में जिस में मिट्टी एवं गोबर खाद का मिश्रण होता है। इसी में बोया जाता है। इसको छायादार एवं ठण्डे स्थान पर रखा जाता है। बीज अंकुरण 10–20 दिनों के अन्दर होकर 40 दिनों तक पूरा हो जाता है। बीज अंकुरित पौधों को प्लास्टिक के थैलों (30 × 50 cm में बोया जाता है। इन थैलों में मिट्टी बालू तथा गोबर खाद 3:3:1 का अनुपात में होता है। पौधों को फिर से बड़े प्लास्टिक के थैलों में स्थानान्तरित किया जाता है। 18–24 महिने पुराने पौधों को खेत में स्थानान्तरित के लिए तैयार माना जाता है। नर्सरी को छाया में रखा जाता है तथा प्रतिदिन सिंचाई करके पौधों को एक समान रखा जाता है। पौधों को झिनगुर से बचाने के लिए 5 प्रतिशत बेवस्टीन पाउडर को नर्सरी में डाला जाता है।

रोपाई

75 × 75 × 75 से.मी. के गड्ढ़े 6–7 मीटर की दूरी पर खोदे जाते हैं । अगर मध्य फसल के रूप मे रोपे जाने पर दूरी को प्रमुख फसल के अनुसार अवस्थित करके इन गड्ढ़े को आंशिक रूप से कम्पोस्ट हरी पत्ती तथा गोबर खाद से ढ़का जाता है। इन पौधों को जून–जुलाई में वर्षा

ऋतु आने के समय खेत में स्थानान्तरित किया जाता है। निचली जमीन के लिए मानसून के अन्त में सितम्बर-अक्टूबर में लगाया जाता है। लौंग के पौधे आंशिक रूप से छाया को पसन्द करते है। यह ऊँचाई वाले जगह पर अच्छी वृद्धि करता है। जहाँ पर अच्छी वर्षा की संभावना हो भारतीय परिस्थितियों में यह फसल मिश्रण फसलों के रूप में पुराने नारियल, काजू या कॉफी के बागानों में अच्छा विकास करती है। केला के बगानों में मध्य फसल के रूप में बहुत अच्छा होता है। लौंग के पौधो को नारियल, केला कटहल और आम के साथ रोपाई किया जाता है।

खाद और उसके बाद की देखभाल

50 किलो ग्राम खाद या कम्पोस्ट और हड्डी खाद या मछली खाद प्रति पेड़ प्रति वर्ष के हिसाब से दिया जाता है। कार्बनिक खाद वर्षा ऋतु के आने के समय में पेड़ के चारों ओर गड्ढा खोद कर दिया जाता है। अकार्बनिक खादों का प्रयोग इस प्रकार से उपयोग में लाया जाता है। एन:पी:के 300:250:750 ग्राम प्रति वर्ष 15 वर्ष के पौधों में दिया जाता है। उर्वरकों को दो समान मात्रा में मई-जून तथा सितम्बर-अक्टूबर में हल्का गाढ़ा करके लिया जाता है। उस समय पौधे की लम्बाई 1-1.5 मीटर होती है। पौधे वाले क्षेत्रों को खरपतवार मुक्त तथा पतवारित होना चाहिए।

फसलो परान्त प्रबंधन

लौंग के पौधे रोपाई के चार वर्षों के बाद फल देना शुरू कर देता है। अगर अच्छी मिट्टी तथा प्रबंधन हो लेकिन पूरी तरह से फल लगने में 15 वर्षों का समय लगता है। पौधों के फूल लगने का समय सितम्बर-अक्टूबर मैदानी भागों में तथा सितम्बर-जनवरी में ऊँचे स्थान पर होता है। बन्द कली को तुड़ाई तब करते है जब गुलाबी होना शुरू हो जाता है। लगभग 11,000-15,000 सूखे हुए लौंग का वजन 1 किलो ग्राम होता है।

अध्याय 19

ईलाइची की खेती

वानस्पतिक नाम : ऐलेटेरिया कॉडिमोमम

कुल : जिनजीवेरेसि

प्राय: ईलाइची दो प्रकार की होती है–

(1) हरी ईलाइची इसकी उत्पति इंडिया तथा श्रीलंका में होती है।

(2) काला ईलाइची इसकी उत्पत्ति नेपाल तथा भारत के हिमालय वाले राज्य में होती है।

लक्षण वर्णन

ईलाइची एक बहुवर्षीय पौधा है इसके पौधे की पत्तियाँ कड़ी सीधी एवं सुगंधित होती है, जो कि पौधे के तने के ऊपरी भाग का निर्माण करती है। पौधे का तना दो से चार मीटर की लम्बाई का होता है और यह पौधे के चारों ओर पत्तियों का मंडप बनाता है। छोटे–छोटे ईलाइची के फूल सुन्दर होते हैं और प्राय: सफेद रंग के होते हैं । जिस पर पीली या लाल धारियाँ होती है। ईलाइची के फल को आवरण कहते हैं, इस फल के अन्दर पौधे के बीज होते हैं, जोकि वास्तव में मसाला के रूप में उपयोग में लाया जाता है।

वंशवृद्धि

(1) **बीज से–** ईलाइची के पौधे को बीज के द्वारा गुणित किया जा सकता है। बीज ताजा एवं अनुपचारित होना चाहिए।

(2) प्रकंद से– प्रंकद विभाजन द्वारा ईलाइची का परिर्वधन सबसे आसानी से किया जा सकता है। इसके लिए प्रकंद को तेज चाकू से काट कर ध्यानपूर्वक पेड़ से अलग कर लिया जाता है। फिर प्रकंद को समान परिस्थितियों में पूर्ण रूप दिया जाता है। इसमें ध्यान देने की बात यह कि यह तकनीक ईलाइची मोजेक विषाणु को जननी पौधे से बच्चे पौधे में स्थानांतरित करता है अगर जननी पौधा में विषाणु का संक्रमण पहले से है।

वृद्धि परिस्थितियाँ

ईलाइची की पैदावार करना मुश्किल काम है, क्योंकि इसको विशिष्ट वृद्धि परिस्थितियों की जरूरत होती है, जैसे उष्णकटिबंधीय, गर्म और नम मौसम में वृद्धि होती है। यह पौधा नम या बहुत नम उपोष्णकटिबंधीय जगंलों में फलता–फूलता है।

ईलाइची के वृद्धि करने के लिए आवश्यकताएं–

(1) अवस्था– ईलाइची के पौधे बड़े–बड़े विशाल पौधे के मंडप के नीचे परछाई वाले रोशनी में वृद्धि करता है। इसकी लम्बाई 2–4 मीटर होती है।

(2) मिट्टी– ईलाइची के पौधे के लिए बलुआ, दोमट तथा कार्बनिक पदार्थ से धनी मृदा कि आवश्यकता होती है। इसके मृदा P^H 6–6.8 होता है ये पौधे अम्लीय मिट्टी जिसका P^H 5.5–6.0 तक हो सहन कर सकता है। ईलाइची के फसल का पैदावार करने के लिए मिट्टी में अच्छी जल निकासी की सुविधा होनी चाहिए। इसके मिट्टी में लगातार नमी होनी चाहिए। लेकिन ज्यादा नमी या जल जमाव नहीं होना चाहिए। इसी कारण से ये पौधा चिकनी मिट्टी में नहीं होता है, क्योंकि पौधे को मार देता है।

(3) सिंचाई– ईलाइची वर्षावन में अच्छी तरह वृद्धि करता है यह क्षेत्र अधिकतम प्रतिवर्ष 200 दिन की बारिश को प्राप्त करता है। पौधे के फलन के समय या ग्रीष्म ऋतु में सिंचाई बढ़ा देनी चाहिए।

(4) उर्वरक– ईलाइची में फॉस्फोरस की अधिकता वाले कार्बनिक खाद को महीने में दो बार डालनी चाहिए। इस पौधे में 5 किलो ग्राम वर्मीकम्पोस्ट खाद तथा नीम के उपयोग करने की सलाह दी जाती है।

(5) कटाई तथा भण्डारण– ईलाइची के पौधे रोपाई के तीन साल के बाद फल देने लगते हैं, फल की तुड़ाई हाथ से ध्यानपूर्वक करनी चाहिए। फल के एकत्रण का उचित समय तब है जब फल हरा, सूखा और आसानी से टूटने वाला हो जाए। ईलाइची का भंडारण वायु रोधक, ठंडा, सुखी जगह एवं सूर्य की सीधी रोशनी से दूर एक बोरे में लम्बे समय के लिए किया जाता है।

कीट एवं व्याधियाँ

प्राय: ईलाइची के पौधे पर कीटों का आक्रमण नहीं होता है। लेकिन कुछ बीमारियों के नाम निम्नलिखित है जो कि पौधे को नुकसान पहुँचाते हैं।

(1) ईलाइची मोजाइक विषाणु– यह ईलाइची के पौधे की सबसे खतरनाक बीमारी है यह एक विषाणु जनित रोग है, जो कि ऐफिड के द्वारा स्थानांतरित होते हैं । जिसके बचाव के लिए पौधे को स्वस्थ तथा एफिड संक्रमण से दूर रखना चाहिए।

(2) प्रकंद सड़न– इसके प्रमुख लक्षणों में पत्तों का हरित लवक, क्षरण निचली पत्तियों को पीला पड़ जाना, समय पूर्व फल का गिरना और कंद क्षरण आदि शामिल है इसका कारण अधिक पौध संख्या है, जो कि हवा निकासी को रोकता है या जल जमाव वाले मृदा का होना है। कुछ अन्य बीमारियाँ जो कि ईलाइची के पौधे पर आक्रमण करता है उनमें ईलाइची थ्रिप्स, आवरण सड़न और निमेटोड्स शामिल है।

(3) शस्य समस्याऐं– अगर पत्ते का किनारा भूरा होने लगे तो इसका कारण यह कि नमी का कम होना या हवा में नमी के मात्रा कम होना होता है। इसका निवारण पत्तों पर पानी का छिड़काव करके किया जा सकता है। अत्यधिक सिंचाई करने पर जड़ का सड़ना तथा पौधे विल्ट का शिकार होना शुरू हो जाता है। भूरा चित्ती का पत्तों पर उत्पन्न होने का कारण बहुत ज्यादा धूप में पौधे को रखना है। पत्तों का पीला पड़ने का कारण बहुत कम उर्वरक या लौह तत्त्वों की कमी का होना है।

(4) उपयोग– सही ईलाइची या हरा ईलाइची ऐलेटेरिया वंश से संबंधित है। यहाँ पर एक और वंश (ऐमोमम कोस्टेटम) के पौधे पाये जाते हैं जो कि नेपाल ईलाइची या काली ईलाइची के नाम से जाना जाता है। इन दोनों ईलाइची का उपयोग भिन्न है हरी ईलाइची उच्च गुणों वाली होने के कारण कई पकवानों में उपयोग में लायी जाती है। जबकि काली ईलाइची लम्बा तथा मोटा होने के कारण मीठे पकवानों में उपयोग में नहीं लाई जाती है। ईलाइची के पत्तों को रगड़ने पर सुगंध देता है, इसी कारण चाय बनाने में इसका उपयोग किया जाता है।

तापमान और मिट्टी

ईलाइची उगाने के लिए पश्चिमीघाट के सदाबहार जंगल प्राकृतिक आवास है। यह उन क्षेत्रों में वृद्धि करता है जहाँ पर वार्षिक वर्षा 1500–4000 मिली मी. और तापमान 10–35 °C तथा 600–1500 मी. समुद्र से ऊँचाई हो। ईलाइची सामान्यत: जगंली चिकनी मिट्टी जोकि प्राय: अम्लीय (pH 5–6.5) में उपजती है ज्यादातर ईलाइची उपजाने वाले क्षेत्र ज्यादा बारिश वाले क्षेत्रों में होता है और इसी कारण से पोषक तत्त्व का निम्नीकरण ज्यादा होता है। इस तरह की मिट्टी इसीलिए अम्लीय होती है क्योंकि क्षारों का निम्नीकरण होता है। सामान्यत: ईलायची के पौधे जंगली मिट्टी में उगाये जाते है जिसमें कार्बनिक पदार्थ की मात्रा कार्बनिक चक्रण के कारण ज्यादा होती है इसी लिए यह मिट्टी नाइट्रोजन की धनी होती है कार्बनिक पदार्थों का अपघटन की दर ईलाइची के खेतो में धीरे होती है क्योंकि वार्षिक औसत तापमान कम होता है। ज्यादातर ईलायची उगाने वाले मिट्टी में उपलब्ध पोटाशियम तथा फॉस्फोरस की मात्रा कम से मध्यम होती है। इस प्रकार की मिट्टी लाल मिट्टी होती है जोकि एक के बाद एक नमी और सूखे परिस्थितियों के आने से बनती है। मिट्टी की गहराई तथा जल निकासी अच्छी होनी चाहिए। इस मिट्टी में चिकनी मिट्टी का हिस्सा केयोलिनिटिक होता है जिसके कारण इसमें पोटेशियम का स्थिरीकरण

नहीं होता है। इस प्रकार के मिट्टी में आयरन तथा अलुमिनियम ऑक्साइड बड़े मात्रा में पायी जाती है जोकि घुलनशील फास्फेट को अघुलनशील में स्थानांतरित कर देती है। यद्यपि ज्यादा कार्बनिक पदार्थ की मात्रा फास्फेट को घुलनशील बनाने में मदद करता है और जमीन पर मोटा खरपतवार का परत घुलनशील फॉस्फेट के तुरंत स्थिरीकरण को रोकता है।

प्रजातियाँ

ईलाइची की छ: प्रजातियाँ विकसित की जा चुकी हैं । उनमें है मुडिगेयर–1, पीमी –1, सीसीएस–1 और एस के पी–14 (कर्नाटका के लिए उपयुक्त), ICRI-1 और ICRI-2 केरला और तमिलनाडु क्षेत्र के लिए विकसित हुई है। इनका उत्पादन 260–409 किलो ग्राम प्रति हेक्टेयर होता है।

रोपाई

ईलाइची का रोपाई 10–18 महिने पुराने पौधे का उपयोग करके किया जाता है। खेत की तैयारी ज्यादातर टहनियों को काट कर तथा खेत के ऊपर छातादार पेड़ बनाकर की जाती है अगर जमीन ढ़लान वाली है तो यह सलाह दी जाता है कि ऊपर से नीचे की ओर रोपाई की जाए। 45 × 45 × 30 सेमी. के गड्ढ़े मई में और इसको ऊपरी मिट्टी तथा कम्पोस्ट या पूरी तरह सड़े हुए गोबर खाद के मिश्रण से ढ़क देते हैं। ढ़लाई वाले जमीन पर किनारे से मेड़ बनाकर रोपाई कर देते हैं । रोपाई की दूरी 2 × 1 मीटर रखी जाती है। कर्नाटका में मालावाड़ प्रजाति में दूरी (पेड़ से पेड़) तथा पंक्ति 2 × 2 मीटर रखते हैं । केरला में प्रजाति की दूरी 2 × 3 मीटर रखते हैं पंक्तियों को ढ़लान के आर–पार रखना चाहिए क्योंकि यह मिट्टी क्षरण तथा नमी को रोकता है। मुर्क्षित गढ़ा ढ़लान के आर–पार बनाया जा सकता है गढ़े में एकत्रित मिट्टी को मानसून के बाद के समय अंतराल में मिट्टी चढ़ाने के काम में लाया जा सकता है। रोपाई जून से शुरू होने वाले वर्षा ऋतु के दौरान किया जाता है। निचले क्षेत्रों में रोपाई का समय भारी बारिश के कम होने पर होता है हल्की बारिश तथा बादलों से भरा हुआ दिन रोपाई के लिए आदर्श होता है। पौधे की महीन जड़ कई भागों में काट कर अलग–अलग लगाया जाता है । जड़ों में छोटा तना भी होता है अच्छा बना हुआ रोपन पौधे में ज्यादा तना होता है जोकि पहले फलन के लिए जिम्मेवार होता है जड़ कन्द का भाग जमीन की ओर तथा पते वाले तनों की जमीन के अनुदिशा में लगाया जाता है । नया तना जड़कन्द से निकलकर एक गुच्छा का निर्माण करता है । पौधे की महीन जड़ को गहरी रोपाई से बचाया जाता है क्योंकि गहरी रोपाई से पौधे की मृत्यु दर बढ़ जाता है। सबसे अच्छा रोपन अगस्त महीने में पाया जाता है। भारी बारिश या जाड़े में रोपन से बचना चाहिए क्योंकि इस समय पर पौधे की वृद्धि कम होती है। पौधे को ढ़क देना चाहिए।

खाद एवं उर्वरक

ईलायची के पौधे कार्बनिक तथा अकार्बनिक दोनों तरह के उर्वरक में अच्छी वृद्धि करते हैं साधारणत: 75:75:150 किलो ग्राम NPK प्रति हेक्टेयर का डोज दिया जाता है। यूरिया नाईट्रोजन खाद का अमोनियम सल्फेट से अच्छा स्रोत है। चूना का प्रयोग मिट्टी की अम्लीयता को ठीक करता है तथा नाइट्रोजनीकरण की दर को बढ़ा कर पौधे की वृद्धि करता है कर्नाटका में

NPK प्रति हेक्टेयर डोज 120:120:240 किलो ग्राम ज्यादा होनी चाहिए रोपाई वाले खेत के लिए उपयुक्त है जबकि 30:60:30 NPK प्रति हेक्टेयर केरला में अनुशंसित है। कार्बनिक खादों में कम्पोस्ट या गोबर खाद 5 किलोग्राम प्रति 45 के हिसाब से डाल सकते हैं नीम का केक एक किलो प्रतिपेड़ के हिसाब से डाल सकते हैं ।

उर्वरकों को तोड़कर या विभक्त कर डालने के लिए मई तथा सितम्बर का महिना अनुकूल होता है वर्षा सिंचित परिस्थितियों में उर्वरकों को दो भागों में विभक्त कर डाले जाते हैं पहला उपयोग पौधे की महीन जड़ तथा कैप्सूल का विकास में मदद करता है जबकि दूसरा पत्तों के तथा दूसरे जड़ों को निकलने में मदद करता है । सिंचाई वाले रोपन में उर्वरकों का उपयोग चार भागों में विभक्त करके तीन महीने के अंतराल पर डालना फायदेमंद रहता है उर्वरकों को भारी बारिश के समय नहीं डालना चाहिए क्योंकि यह प्राय: नाइट्रोजन और फॉस्फेट के निम्नीकरण चला जाता है उर्वरकों के उपयोग से पहले बालिया पौधे के आधार के चारों ओर कुंडलित होती है उर्वरकों को पेड़ के चारों ओर वृताकार गोल बनाकर डाला जाना चाहिए। उर्वरक देने के तुरंत बाद ही उसे ढ़क देना चाहिए। बालियाँ तब उसमें से निकलकर फैलती है जिससे अच्छा परागण तथा अच्छा कैप्सूल का विकास होता है।

सिंचाई

जनवरी से 15 मई तथा ईलाइची के बाग की सिंचाई अतिआवश्यक है । बाग को 10–15 दिन के अतंराल पर वर्षा ऋतु शुरू होने तक सिंचाई की जा सकती है लगातार सिंचाई प्रति सिंचाई बाली के निकलने में, फूल निकलने तक तथा फल लगने में मदद करता है। नमी की मात्रा 45 से 50 प्रतिशत तक बरकरार रखनी चाहिए। सिंचाई की विभिन्न विधियों में पौधे के ऊपर से पानी डालना ईलाइची बागवानी के लिए सबसे उपयुक्त है, बूंद सिंचाई विधि भी प्रसिद्ध है जहाँ पानी की कमी है पानी के बहाव को बूंद नोजलस इस प्रकार नियंत्रित किया जाता है कि 2–3 लीटर जल की निकासी प्रति घंटा हो सके 10–15 लीटर पानी प्रति पेड़ प्रतिदिन ईलाइची के लिए पर्याप्त है।

कटाई और कटाई उपरान्त प्रबंधन

ईलाइची के पौधे में रोपाई से 2–3 साल बाद फलन आ जाते हैं फल 30–40 दिन के अतंराल पर परिपक्व हो जाते हैं, 5–6 तुड़ाई जरूरी होता है फल तोड़ने का समय अक्टुबर से नवम्बर होता है। केरल और तमिलनाडु में रोपाई अगस्त से सितम्बर से शुरू होकर फरवरी से मार्च तक चलता है जबकि कर्नाटक मे यह जुलाई अगस्त से शुरू होकर दिसम्बर–जनवरी तक चलता है कैप्सूल की तुड़ाई पूरा पकने से कुछ समय पहले किया जाता है ज्यादा पका हुआ फल सुखाने वाले सतह पर फूट जाता है जबकि कम पका हुआ फल सूखने पर सिकुड जाता है। सूखे हुए कैप्सूल की औसत उपज 500 किलो ग्राम प्रति हैक्टेयर होती है। कैप्सूल को विद्युत चलित सुखाई मशीन या धूप में सुखाया जाता है। ताजा तुड़ाई किये गये हुऐ ईलाइची को 2% धोवन सोडा में 10 मिनट के लिए डुबाया जाता है ताकि सूखाने के दौरान इसका हरा रंग बरकरार रहे। पाइप से सुखाने वाले मशीन का तापमान 45–60 °C चौदह से अठारह घंटा होना चाहिए जबकि

विद्युत जनित सुखाने वाले मशीन में तापमान 50–60 °C पूरे रात के लिए होता है। कैप्सूल को पतले और बार–बार हिलाते रहना चाहिए ताकि एक समान सुखाई सुनिश्चित कियाा जा सके। सूखे हुए कैप्सूल को हाथ से रगड़कर मिलाया जाता है दूसरे मिश्रण को हटाने के लिए हवा का बहाव का प्रयोग किया जाता है। ये फल उसके साइज और रंग के अनुसार छांट कर काले प्लास्टिक डाला हुआ बोरे में रखा जाता है ताकि इसका हरा रंग बरकरार रह सके। इन बोरों को लकड़ी में रखा जाता है तथा जब जरूरत हो बाजार में भेजा जाता है।

अध्याय 20

काली मिर्च की खेती (पाइपर निग्राम एल)

परिचय

मसालों में राजा काली मिर्च (पाइपर निग्राम एल) पारिवारिक पीपरसेए के अन्तर्गत आता है। यह बारहमासी पौधा है इसका आकार चढ़ाई वाले लता की तरह होता है। पाइपर नीग्रम जो स्वदेशी पादप है । दक्षिण भारत के पश्चिमी घाट के उष्णकटिबंधीय जंगलों में यह महत्त्वपूर्ण मसाला में से एक है। मसालों का उत्पादन और भारत से निर्यात किया गया भारत में कुल 54 प्रतिशत हिस्सा है।

दुनिया में काली मिर्च के क्षेत्रफल पर इसका उत्पादन केवल 26.6 प्रतिशत है। यह एक सदाबहार प्रजाति है और 10 मीटर या उससे अधिक की ऊंचाई तक बढ़ती है। लता की तरह शाखाएं क्षैतिज ढ़ंग से मोड़ लिए होती है और लंबाई प्राप्त नहीं होती है, लेकिन पूरी तरह से विकसित अंगूर झाड़ी की उपस्थिति को प्रस्तुत करने वाले मानक को पूरी तरह से कवर करते हैं।

पत्ते मोटे तौर पर भालाकार होते हैं, लेकिन पत्ते के आकार में व्यापक विविधताएं होती है और वैकल्पिक रूप से विन्यस्त होते है। पुष्पक्रम ऊपरी पत्तियों के विपरीत नोड्स पर लटकते हुए गुच्छेदार फूल की तरह होते हैं जो अलग-अलग किस्मों में दुग्ध या एक रूप से हेर्मोफ्रोडिक रूप से होते है। यह फल एक एकल वरीयता वाले बेरी है।

जिसमें बीज पतला, नरम एवं बीज कोश होता है। फूल के बाद परिपक्व होने में लगभग छह महीने लगते हैं ।

जलवायु और मिट्टी की आवश्यकता

काली मिर्च उष्णकटिबंध पौधे है, जिसके लिए पर्याप्त वर्षा और आर्द्रता की आवश्यकता होती है। पश्चिमी घाट और पूर्वीघाटी के पनडुब्बी इलाकों की गर्म और आर्द्र जलवायु अपने विकास के लिए आदर्श है। यह 20° उत्तर और दक्षिण अक्षांश के बीज और समुद्र स्तर से 1500 मीटर तक ऊपर सफलतापूर्वक बढ़ता है। तापमान 10° C और –10° C के बीच होता है। 25–200 सेमी. की एक अच्छी तरह से वितरित वार्षिक वर्षा का क्षेत्र काली मिर्च के लिए आदर्श माना जाता है।

मिट्टी की एक विस्तृत शृंखला जैसे मिट्टी के लोम, लाल लोम, सैंडी लोम में होती है। जिसमें 4.5, से 6.0 पीएच हो, हालांकि इसकी प्राकृतिक आवास में यह कार्बनिक पदार्थों में समृद्ध मिट्टी पर सबसे अच्छा पनपता है।

प्रजाति

भारत में 75 से अधिक काली मिर्च की प्रजाति की खेती की जा रही है। केरला के उत्पादकों के बीच काली मिर्च की सभी स्थापित कृषक में करीमुंडा सबसे लोकप्रिय है। अन्य महत्त्वपूर्ण किस्मों में कोट्टाणन, नारयक्ककोड़ी, अम्पीरीयन, नीलमुंडी, कुशीरावली, बालनकोट्टा, कल्ववली, मलिगीसर और उदगारे है।

बीजकन्द

काली मिर्च मुख्य रूप से भूप्रसारी रनर्स की शूटिंग से उगाए गए कलमों द्वारा प्रसारित है। पार्श्व की शाखाओं से कटाई शायद ही कभी इस्तेमाल की जाती है, क्योंकि फलने की नव–

प्ररोहों की संख्या में कमी के अलावा, उनके द्वारा उठाए गए दाने आमतौर पर थोड़े समय रहते थे और प्रकृति में जंगली होते थे। हालांकि, जड़ें पार्श्व की शाखाओं काली मिर्च को बढ़ाने में उपयोगी होती है।

ऊपरी उपज और स्वस्थ दाखलताओं में नव-प्ररोह पनपता है। लकड़ी के खंभे पर रखी जाती है, जो कि लतेदार पौधे होने के आधार पर तय की जाती है, जिसमें मिट्टी को जड़ों के संपर्क में आने से नव-प्ररोह निकलते है। फरवरी-मार्च में शूट किया जाता है और पत्तियों को ट्रिम करने के बाद, 2 से 3 नोड्स की कटाई प्रत्येक नर्सरी बेड या पॉलीथीन बैग में उपजाऊ मिट्टी से भरे जाते है। शूट के 1/3 के बीच की कलियाँ वांछनीय होती है क्योंकि वे उच्च उपज देने वाले होते है। जिसे पर्याप्त छाया प्रदान किया जाता है और बार-बार सिंचित किया जाता है जिससे कलम जड़ों को अलग करके और मई-जून में रोपण के लिए तैयार पौधे को रोपाई करेंगे।

स्थान का चयन

काली मिट्टी के लिए अच्छी तरह से सूखा स्तर भूमि और पहाड़ी ढ़लान वाले क्षेत्र काली मिर्च के लिए उपर्युक्त है। जब एक स्लौपी भूमि पर उगाए जाते हैं, तो दक्षिण का सामना करने वाली ढलानों से बचा जाना चाहिए और उत्तर और उत्तर-पूर्वी ढ़लानों के निचले आधे को रोपण के लिए प्राथमिकता दी जाती है। ताकि गर्मी के दौरान सूरज से आने वाली धूप से बचा जा सकें।

क्रॉपिंग विधि

काली मिर्च मोनोक्रॉप और मिश्रण फसल के रूप में उगाया जाता है। मृदा की बड़े पैमाने पर खेती जंगली जमीन को साफ करके पहाड़ी ढ़लानों पर मोनोक्रॉप के रूप में की जाती है और रोपण के स्तर पर चढ़ाई करती है। एक मिश्रित फसल के रूप में, यह नारियल, आम, जैक आदि के साथ उगाया जाता है, जहाँ यह पेड़ काली मिर्च के अंगूरों के लिए मानक मानती है।

रोपण

आमतौर पर दक्षिण-पश्चिमी मानसून की शुरूआत के साथ पेप्टर कलम लगाए जाते हैं। उत्तर पूर्व मानसून के दौरान रोपण भी किया जाता है जहाँ यह नियमित और अच्छी तरह से वितरित होता है। जब काली मिर्च को शुद्ध फसल के रूप में उगाया जाता है तो 0.5 मी. क्यूब के गड्ढ़े 2.5×2.5 मीटर की दूरी पर खोदे जाते हैं और 2 मीटर की लंबाई के एरिथ्रिन स्टेम कटाई या इसके दो वर्षीय पौधों को जल्दी मानसून वर्षा होने पर लगाया जाता है। नियमित वर्षा की शुरूआत के साथ, 2 या 3 जड़ें कलमों को लगभग 30 सेमी दूर की मानक के आधार पर लगाया जाता है। लेकिन नारियल और सुपारी के मामले में जो तने के करीब एक घने आंतरिक जड़ें होती है, पेपर ट्रंक से काली मिर्च का काटना 100 से 120 सेमी. तक लगाया जाता है। जो लगभग 8 से 9 मीटर ऊंची है। प्रारंभ में अंगूरों को एक छड़ी या पोल पर चढ़ने की अनुमति दी जा सकती है जो लगभग 2 मीटर लंबा है जो स्लेटिंग स्थिति में तने से जुड़ा हुआ है। एक वर्ष के बाद जब पौधे की बारिश को पर्याप्त मात्रा में प्राप्त किया जाता है तो इसे अस्थायी हिस्से से अलग किया जा सकता है और निचले पत्तों को बंद किया जा सकता है। 15 सेंटीमीटर गहरी और चौड़ी आकार

की एक संकीर्ण खाई को बेल के आधार से पेड़ के तने के आधार पर तैयार किया जाना चाहिए। इस छिद्र में बेल को इस तरह से रखा जा सकता है कि बढ़ते सुझावों को तने से जोड़ा जाता है जबकि बेल के दूसरे हिस्से को मिट्‌टी से ढ़क दिया जाता है। खाई के ऊपर एक छोटी सी रिज बनाई जाती है जिसे मिर्च तोड़ते समय हथेली में कोई परेशानी न हो सके।

कृषिगत प्रक्रियाएँ

जैसे–जैसे कलम बढ़ता है, शूटिंग उतनी बार आवश्यक होती है, उतनी ही मानकों से बनी होती है। गर्मियों के महीनों में बड़े–बड़े पौधों को कृत्रिम छाया के साथ गर्म धूप में संरक्षित किया जाना चाहिए। मानकों की शाखाओं को लुप्त करके छाया का नियमन न केवल आवश्यक है कि वे इष्टतम प्रकाश प्रदान करने के लिए बल्कि सीधे मानकों को विकसित करने के लिए सक्षम हो पूर्वोत्तर मानसून के अंत में सूखा या कॉयर धूल या कार्बनिक पदार्थ को मिलाकर हरी पत्ती के साथ पर्याप्त गिल्ट दिया जाना चाहिए।

दूसरे वर्ष के दौरान, व्यावहारिक रूप से एक ही कृषि प्रक्रियाओं को दोहराया जाता है। हालांकि, चौथे वर्ष के बाद मानकों को लुप्त करना सावधानीपूर्वक किया जाना चाहिए, न केवल मानकों की ऊंचाई को विनियमित करने के लिए बल्कि मिर्च के सर्वोत्तम फल गुच्छकों को भी छाया करने के लिए। फूलों और फ्राइंग के दौरान अत्यधिक छाया करनी चाहिए। जरूरी ऊंचाई पर पहुंचने के बाद बेल के शीर्ष पर छंटनी कार्य यानी 6 मीटर सामान्य रूप से किया जाता है, जब इसे चुनने की सुविधा के लिए रजत ओक, नारियल, सुपारी जैसे आधार वृक्षों पर पूर्ण किया जाता है। चौथे वर्ष से, आमतौर पर दो खदानों को मई–जून के दौरान और अक्टूबर–नवंबर में दक्षिण–पश्चिम मानसून के अंत में दूसरा दिया जाता है। कैसलोगोनियम म्यूकेनोइड्स जैसी मिट्‌टी की फसलों को बढ़ाना, मिमोसा इन्विस की भी वेस्ट कोस्ट स्थितियों के तहत सिफारिश की जाती है।

खनिज और उर्वरक

अच्छे उपज प्राप्त करने के लिए खनिज और उर्वरक की अति आवश्यकता है, अप्रैल–मई में लगभग 10 किलोग्राम अच्छी तरह से सड़ी हुई जंगली खाद या खाद दिया जाता है। अप्रैल–मई और अगस्त–सितंबर में दो विभाजित खुराक में प्रति वर्ष तीन वर्ष और उससे ऊपर के पौधों के लिए 100 किलो नाइट्रोजन, 40 किलो फॉस्फोरस, 40 किलो पोटाश देनी चाहिए। रोपण के पहले वर्ष के दौरान, उपरोक्त खुराक के 1/3 और दूसरे वर्ष में उपरोक्त खुराक के 2/3 मात्रा में दिया जा सकता है। 500 ग्राम की दर से चूने का भी उपयोग किया जा सकता है। जिससे पौधे का अच्छे से भरण–पोषण होगा ।

कटाई और उपचार करना

काली मिर्च आमतौर पर तीसरे या 4 वर्ष से उपजना शुरू हो जाते हैं। मई–जून में फूल फूलने के चरण से 6 से 8 महीने लगते हैं। पहाड़ों में नवंबर से फरवरी तक फसल का कटाई कार्य किया जाता है । जब स्पाइक बारी उज्जवल या लाल पर एक या दो बेरीज, पर पूरे कील तोड़े जाते हैं ।

दाने को हाथों के बीच रगड़कर या पैरों के नीचे उन्हें कुचलने के बाद काली मिर्च के दाने को 7 से 10 दिनों तक धूप में सूखाया जाता है। जब तक कि बाहरी त्वचा काला और सिकुड़न नहीं हो जाती और वाणिज्यिक काली मिर्च की विशेषता झुर्रीदार दिखती है। एक समान रंग की अच्छी गुणवत्ता वाली काली मिर्च बनाने के लिए, अलग एक छिद्रित बांस की टोकरी या पोत में एकत्र किए जाते हैं और उबाल के साथ टोकरी को एक मिनट के लिए उबलते पानी में डूबा दिया जाता है। तब टोकरी को निकाला जाता है और सूखा दिया जाता है। उपचार के बाद दाने को स्वच्छ बांस की चटाई या सीमेंट के फर्श पर धूप में सूखाया जाता है।

उसके बाद सफेद मिर्च बेरीज को सूखने से पहले बाहरी त्वचा और नीचे के गूदा को हटा कर तैयार किया जाता है। पूरी तरह से परिपक्व बेरीज के साथ स्पाइक्स पोलिथीन वाले बैग में भर दिया जाता है और लगभग 7 दिनों के लिए बहते पानी में घूमाते है। दाने बाह्य छिलके को पानी की एक बाल्टी में हाथ से रगड़कर और ताजे पानी के साथ बीज की सफाई कर हटा दिया जाता है। साफ बीज 3 से 4 दिनों तक सूखा दिया जाता है। उसके बाद सफेद कपड़े से रगड़कर उन्हें निखारने और चमकाने लगते हैं। सफेद मिर्च की प्राप्ति करीब 25 प्रतिशत परिपक्व बेरीज है, जबकि काली मिर्च के बारे में 33 प्रतिशत है।

पैदावार

रोपाई के बाद काली मिर्च के 7वें और 8वें वर्ष में पूर्ण बीयरिंग चरण प्राप्त होता और यह 20 से 25 साल बाद उसमें गिरावट शुरू हो जाती है और इसके बाद प्रतिस्थापन करना आवश्यक होता है। 7 से 8 साल के पौधे को एक हेक्टेयर बागान में 800 से 1000 किलो काली मिर्च प्राप्त होती है। जो किसानों की अच्छी आमदनी का स्रोत होती है।

अध्याय **21**

दालचीनी की खेती

दालचीनी का वनस्पति का नाम सिनामोमियम मेरम है और यह एक सदाबहार पेड़ है, जिसमें यह एक आंतरिक मसाले के रूप में उपयोग किया जाता है। दालचीनी के पेड़ मध्यम ऊँचे पेड़ होते है जो पूरे विकास में 6–15 मीटर की ऊँचाई तक पहुँचते हैं । दालचीनी सबसे प्राचीन मसालों में से एक है जो लम्बे समय से व्यापार किया जाता है। दालचीनी प्राकृतिक रूप से पश्चिमी घाट के जंगलों में देखी जाती है और केरल, कर्नाटक और तमिलनाडु में वाणिज्यिक रूप से खेती की जाती है।

जलवायु की आवश्यकताएँ

यह एक कड़ा पौधा होने के नाते, दालचीनी को जलवायु परिस्थितियों की एक विस्तृत श्रृंखला के लिए अनुकूलित किया जाता है। यह लगभग 1,000 मीटर की ऊंचाई पर बढ़ता है और 200–250 सेमी की वार्षिक वर्षा इसकी खेती के लिए आदर्श है। दालचीनी को बारिश की फसल के रूप में वाणिज्यिक रूप से खेती की जाती है।

मिट्टी की आवश्यकताएँ

दालचीनी को मिट्टी की एक विस्तृत शृंखला के लिए अनुकूलित किया जाता है जो कि पौष्टिक समृद्ध चिकनी मिट्टी से लेकर रेतीले मिट्टी तक कम होती है। दालचीनी एक कड़ा पौधा है। यह विभिन्न प्रकार के मिट्टी तथा मौसमिक परिस्थितियों को सहन कर सकता है। यह भारत के पश्चिमी तटों पर लेटराईट तथा बलुई मिट्टी जिससे कम पोषक तत्त्व मौजूद होता है उसमें भी वृद्धि कर लेता है। यह सामान्यत: बिना सिंचाई वाले फसल के रूप में पैदा किया जाता है।

दालचीनी की किस्में

कुछ प्रजातियाँ व्यवसायिक पैदावार के लिए विकसित किए गए है। वे इस प्रकार के है। कोंकण तेज, थरफोड 1 तथा नवश्री उच्च उत्थान क्षमता (6-7/वर्ष) उच्च उपज 56 किलोग्राम/ हेक्टेयर, और उच्च छाल प्राप्ति (40-68) के साथ बेहतर चयन है। इसमें छाल तेल के साथ उत्कृष्ट गुणवत्ता वाले पात्रों का भी बहुत अच्छा सिनामाल्डिहाइड सामग्री 638, छाल ओलेरोसिन 8 प्रतिशत और पत्ती का तेल 2.8 प्रतिशत होता है। भारत में सभी दालचीनी वाले क्षेत्रों के लिए नवश्री की सिफारिश की जाती है। इसके फूलों का रंग बैंगनी जो कि दिन प्रति दिन हरा हो जाता है। नवाश्री प्रजाति को दोनों मैदानी तथा ऊँचाई वाले क्षेत्रों में लगाया जा सकता है।

कोंकण तेज को कर्नाटक तथा यरकोड-1 को तमिलनाडु में वाणिज्यिक उत्पादन के लिए अनुशंसित किया जाता है।

आमतौर पर दालचीनी में कटावों और हवा की परतों के माध्यम से बीज प्रसार और वनस्पति फैलाव होता है।

रोपाई की स्थापना

पश्चिमी घाटों में जनवरी में दालचीनी के फूल और जून-अगस्त के दौरान फलों के पकने के समय होते है। फलों को पेड़ से एकत्र किया जाता है और फिर बीज को हटा दिया जाता है और बोया जाता है क्योंकि दालचीनी के बीज में बहुत कम व्यवहार्यता होती है। रेत के बेड या पॉलिथीन बैग में बीज बोया जाता है। जिसमें 3:3:1 अनुपात में रेत, मिट्टी और अच्छी तरह से पीसा हुआ सूखला होता है। पानी नियमित रूप से दिया जाता है और बीज 10-20 दिनों के भीतर अंकुरित होते है। पौधों को कृत्रिम छायांकन की आवश्यकता होती है, जब तक कि वे 6 महीने के हो जाते है।

दालचीनी पेड़ की खेती

दालचीनी रोपाई के लिए आदर्श समय दक्षिण-पश्चिम मानसून की शुरूआत में होता है। 50 सेमी. × 50 सेमी. × 50 सेमी. आकार के गड्ढ़े 3 मीटर × 3 मीटर की दूरी पर गड्ढ़े खोदें और रोपण के पहले खाद और ऊपरी मिट्टी से भर दें। आमतौर पर एक वर्षीय पौध लगाए जाते है। 4-5 पौधों को प्रति गड्ढ़ा लगाया जाता है और जब तक वे स्थापित नहीं होते तब तक पौधों को पर्याप्त छाया प्रदान किया जाता है और एक वर्ष (जून-जुलाई और अक्टूबर-नवंबर) में दो

खरपतवार और एक झाड़ी के आसपास की मिट्टी की खुदाई (अगस्त-सितंबर के दौरान) की जाती है। जो काफी लाभप्रद सबित होता है पौधे के तेज विकास के लिए जरूरी है।

उर्वरक

साल में दो बार खरपतवार नियंत्रक जून-जुलाई और अक्टूबर-नवम्बर तथा एक बार पौधे के चारों ओर मिट्टी की खुदाई अगस्त-सितम्बर के दौरान की जाती है। उर्वरक की मात्रा 20 ग्राम नाईट्रोजन, 18 ग्राम फॉस्फोरस तथा 25 ग्राम पोटाश प्रति बिचड़ा, पहले वर्ष के लिए अनशंशित होती है। पौधे में उर्वरक की मात्रा और धीरे-धीरे बढ़ायी जाती है और यह मात्रा, 200 ग्राम नाईट्रोजन 180 ग्राम फॉस्फोरस और 200 ग्राम पोटाश 10 वर्ष के पौधे के लिए दी जाती है। उर्वरकों को दो भागों में बांटकर मई-जून तथा सितम्बर-अक्टूबर के महीने में दिया जाता है। दालचीनी के पत्ते तेल आसवन के बाद पटवार के रूप में बागवानी में उपयोग में लाये जाते है।

सिंचाई

दालचीनी के लिए एक बारिश की आवश्यकता होती है। लेकिन 200-250 मीमी की वर्षा आदर्श है। प्रारंभिक 2-3 वर्षों में गर्मियों के महीनों में सप्ताह में दो बार पानी दिया जाता है। पानी की मात्रा की मिट्टी की नमी के स्तर और पौधों की वृद्धि पर निर्भर करती है।

गुल्मवन

गुल्मवन दालचीनी पेड़ों की ऊंचाई को एक वाणिज्यिक वृक्षारोपण में एक वांछित ऊंचाई में कटौती करने का एक अभ्यास है ताकि वृक्षरोपण को अधिक प्रभावी ढंग से प्रबंधित किया जा सके। दो साल के पौधे जून-जुलाई के दौरान स्टंप से लगभग 15 सेंटीमीटर की ऊंचाई तक काट लेते है। बाद में, मुख्य स्टेम साइड शुट्स का एक गुच्छा पैदा करता है और इसके बाद पौधे करीब 2 मीटर ऊँचाई के एक झाड़ी के आकार और लगभग 4 वर्षों की अवधि में फसल छीलने के लिए उपर्युक्त कन का एक गुच्छा मानते है। चौथी या पांचवीं साल से बीजिंग की शुटिंग के विकास की सीमा के आधार पर बीजिंग के पौधों के मामले में नियमित छीलन का काम शुरू किया जा सकता है। आम तौर पर सहपालन वैकल्पिक वर्षों में किया जाता है।

फसल कटाई

कटाई के लिए आदर्श समय सितंबर से नवंबर तक है। अंगुली की मोटाई और एक समान भूरे रंग का साइड शुट होता है छाल निष्कर्षण के लिए आदर्श होते है। छीलने के समय की उपयुक्तता तय करने के लिए एक तेज चाकू से स्टेम पर टेस्ट कट किया जा सकता है। अगर छाल आसानी से अलग हो जाता है तो काटना तुरंत शुरू किया जा सकता है। जब पौधे लगभग 2 वर्ष का हो जितना संभव हो सके कटाई की जा सकती है। कटाई के समय पौधे का आकार 1.0–1.25 मीटर लंबाई और 1.25 सेमी मोटाई की होनी चाहिए। कटाई की शुटिंग एक साथ बंडल की जाती है और आगे बढ़ने वाली प्रक्रियाओं के लिए पैक हाउस को पहुँचा दी जाती है।

फसल प्रबंधन के बाद आंतरिक छाल का छिलका

शूट हाउस में स्क्रैपिंग और अंदरूनी छाल को छीलने से पैक हाउस पर किया जाता है। छीलने का विशेष ऑपरेशन है, जिसमें कुछ कौशल और काफी अनुभव की आवश्यकता होती है। यह एक विशेष रूप से बना हुआ चाकू का उपयोग करके किया जाता है, जिसमें छाल की तेजस्वीता को सुविधाजनक बनाने के लिए एक तरफ प्रक्षेपण के साथ एक छोटा और गोल अंत होता है। किसी न किसी बाह्य छाल को पहले खत्म कर दिया जाता है। फिर पीतल की छड़ी के साथ, आसान छीलने की सुविधा के लिए समाप्त किये गए भाग को पॉलिश किया जाता है। एक अनुदैर्ध्य भट्ठा एक छोड़ से दूसरे छोड़ तक किया जाता है फिर छाल और लकड़ी के बीच चाकू का काम करते हुए, छाल को जल्दी से फेंक दिया जाता है। पेल्स इकट्ठे होते है और छाया में रातों रात रखे जाते है।

पीलों का सूखना

पीलों पहले दिन से छाया में सूखने के लिए रख दिये जाते हैं और फिर सूरज की रोशनी में 4 दिनों तक सुखाने के दौरान छाल के ठेके और क्विल का आकार ग्रहण करता है और छोटे छोटे मोड़ने के बाद बड़े लोगो में सम्मिलित करने के लिए मिश्रित क्विाई के रूप में डाला जाता है।

दालचीनी पाउडर की तैयारी

दालचीनी रोल के विभिन्न ग्रेड जमीन दालचीनी के लिए उपयोग किया जाता है। ग्राउंड दालचीनी या दालचीनी पाउडर सूखे दालचीनी रोल को एक अच्छा पाउडर में पीस कर तैयार किया जाता है। दालचीनी पाउडर को पाउडरिंग के लिए इस्तेमाल किये जाने वाले दालचीनी रोल के ग्रेड के आधार पर वर्गीकृत किया जाता है।

दालचीनी पाउडर के स्वास्थ्य लाभ

कोलेस्ट्रोल को कम करने के लिए नाश्ते के लिए शहद और दालचीनी पाउडर का पेस्ट इस्तेमाल किया जा सकता है। कीट के काटने के लिए दालचीनी और शहद का मिश्रण इस्तेमाल किया जा सकता है। जहाँ कीट के घावों पर शहद–दालचीनी पाउडर का पेस्ट लगाया जाता है। गर्म पानी में शहद–दालचीनी मिश्रण अगर लंबे समय तक नियमित रूप से लिया जाता है। तो

गठिया का इलाज कर सकता है। जैतून के तेल में हनी–दालचीनी पेस्ट बालों के झड़ने को कम कर देता है। अगर 15 से 30 मिनट तक स्नान करने से पहले सिर पर लगा रखते है। गर्म पानी में शहद और दालचीनी पाउडर का मिश्रण यदि खाली पेट में लिया जाता है तो मूत्राशय के संक्रमण कम हो जाते है। दर्द को रोकने के लिए दालचीनी शहद का पेस्ट तीन बार लगाया जा सकता है। दालचीनी पाउडर और शहद के मिश्रण से स्वास्थ्य लाभ होता है। आम सर्दी की प्रतिरक्षा और पेट की समस्याओं में कमी आती है। दालचीनी और शहद का पेस्ट वजन कम करने और लंबी उम्र बढ़ाने के लिए एवं खराब सांस का इजाल करने के लिए अच्छा है।

दालचीनी चाय

कोलेस्ट्रॉल को कम करने के लिए यह सबसे अच्छी दवा है।

वजन घटाने के लिए दालचीनी पाउडर और शहद (हनी) का उपयोग

दालचीनी पाउडर और शहद के दो हिस्सों मधु–मक्खियों की छोटी प्रजातियों से प्राप्त शहद का एक हिस्सा लें। सबसे पहले, दालचीनी पाउडर में उबाला हुआ पानी का एक छोटा कप मिलाये और एक मिश्रण तैयार करे। इस मिश्रण को ठंडा करने के लिए 30 मिनट के लिए रखें और फिर इसमें शहद डालें और अच्छी तरह से मिलाए। इस मिश्रण को आधा भाग बिस्तर पर जाने से पहले खाया जाना चाहिए और बाकी को पेट में खाली सुबह में खपत करना चाहिए। इस मिश्रण का उपयोग वजन घटाने के लिए एक या दो महीनों के लिए करें। दालचीनी स्वभाविक रूप से अधिक वजन कम कर देता है।

अध्याय | 22

लोंग पीपली, कबाब चीनी एवं कोकम का परिचय एवं महत्त्व

लोंग पीपली (Long pepper)

वानस्पतिक नाम : पाइपरेसिया

कुल : पाइपर लोंगुम (*Piper longum*)

परिचय

लोंग पीपली एक पाइपरेसी परिवार का पुष्पीय पादप है जो अनेकों औषधीय गुणोंयुक्त जड़ीबूटी है। लोंग पीपली एक कोमल तने वाली लता जो 1 से 2 मीटर जमीन पर फैलती है जिसके चिकने पत्ते 2–3 इंच और 1–3 इंच चौड़े हृदयाकार के होते हैं। पुष्पदंड 1–3 इंच और फल लगभग 1 इंच लम्बा शहतूताकार होता है। कच्चा फल का रंग हल्का पीला बाद में परिपक्व होने पर गहरा हरा तथा अन्तरिम काले रंग में बदलाव होकर पूर्ण परिपक्व हो जाता है।

लोंग पीपली के अन्य भाषा में नाम

अंग्रेजी	–	लोंग पाइपर
बंगाली	–	पीपुल, पिपिल
गुजराती	–	पीपल, पीपारा
हिन्दी	–	पीपल, पीपली, पिपल

वैज्ञानिक वर्गीकरण

जगत	–	पादप
गण	–	पाइपरेल्स
परिवार	–	पाइपरेसी
वंश	–	पाइपर
जाति	–	पीण्लोगम
वानस्पति नाम	–	पाइपर लोगम

पोषक मूल्य व उपयोगिता

लोंग पीपली के फल एल्फलायड पाइपरायन युक्त जिसकी वजह से फल तीखा होता है। इसमें सुगन्धित तेल पाइपराइन तथा पिपलर्टिन नामक क्षार पाये जाते हैं। लोंग पीपली की जड़ों में पाइयरिन, पिपलर्टिन, पाइपर लोगुनिनिन तथा ग्लाइकोसाइड आदि रासायनिक पदार्थ पाये जाते हैं।

लोंग पीपली विभिन्न असाध्य रोगों को दूर करने में उपयोगी औषधि है। लोंग पीपली के फल के साथ–साथ जड़ का भी उपयोग औषधि के रूप में किया जाता है। जिसका विवरण विभिन्न ग्रन्थों में भी उल्लेख है। पीपली निम्न रोगों में औषधि का कार्य करती है जो निम्नानुसार है–

1. जड़ों का काढ़ा भयानक बुखार एवं मलेरिया, वायरल बुखार ठीक करता है।
2. थायराइड रोगी पीपली का सेवन कर सकते हैं।
3. सिरदर्द, अनिद्रा में रामबाण औषधि है।
4. जुखाम, कफ, आस्थमा जैसी बीमारी में कारगर साबित है।
5. बच्चों के दाँत निकलने में सहायक, दस्त में लाभप्रद।
6. मोटापा, हृदयरोग, लीवर समस्या तथा अफरा रोगों मे भी काफी लाभप्रद औषधि है।
7. रक्त समस्या, चर्मरोग, पेट कृमि, लीवर टॉनिक, पेट मरोड़, अनीमिया, रतौंधी, दुर्गन्ध युक्त अलसर, आदि रोगों में उपयोगी।

प्रजातियाँ

गोल त्रिपाली, असली, विश्वम्, सुवाली, पीपल नसुरी, सी.आई.एम.पी. आदि प्रमुख प्रजातियाँ हैं।

जलवायु

लोंग पीपली का पौधा हेतु उच्च आर्द्रतायुक्त अधिक वर्षा की आवश्कता होती है। तथा 20-25 प्रतिशत छायायुक्त गर्म नम जलवायु आदर्श माना जाता है।

लोंग पीपली की खेती समुद्रतल से 100 से 1000 मीटर तक ऊँचाई वाले क्षेत्रों में इसकी खेती की जा सकी है। भारत के अतिरिक्त मलेशिया, श्रीलंका, इण्डोनेशिया, फिलीपीन्स देशों में इसकी खेती की जा सकती है।

भारत में हिमालय क्षेत्र में, असम, बंगाल, वेस्टर्न घाट, निकोबार द्वीप समूह, केरल, आन्ध्र प्रदेश, तमिलनाडु आदि प्रदेशों में पीपली की खेती की जा सकती है।

भूमि

लोंग पीपली की खेती हेतु उच्च जल धारण क्षमता युक्त मृदा जिसमें उच्च जीवांशकार्बन पदार्थ उपस्थित हों तथा जल विकास व्यवस्था वाली मृदा उपयुक्त होती है।

खाद एवं उर्वरक

लोंग पीपली की खेती के लिए मुख्य रूप से उच्च कार्बन पदार्थ युक्त मृदा आदर्श मानी जाती है अत: जीवांश पदार्थ पूर्ति हेतु एफ.वाई.एम.-20 टन प्रति हैक्टेयर खेत की तैयारी के समय फसल लगने से 25-30 दिन पूर्व खेत में डालना चाहिए तथा रासायनिक उर्वरकों में नाईट्रोजन, फास्फोरस, पोटाश उर्वरकों का उपयोग जो डी.ए.पी., यूरिया और म्यूरेट आफ पोटाश से पूर्ति कर सकते हैं।

नाइट्रोजन - 50 कि.ग्रा./है.

फास्फोरस - 20 कि.ग्रा./है.

पोटाश - 70 कि.ग्रा./है.

रासायनिक उर्वरक के रूप में

डी.ए.पी. - 43 कि.ग्रा./है.

एम.आ.पी. - 116 कि.ग्रा./है.

यूरिया - 92 कि.ग्रा./है.

डी.ए.पी. और एम.ओ.पी. की सम्पूर्ण मात्रा तथा यूरिया की 33 प्रतिशत भाग फसल रोपाई के समय तथा शेष यूरिया की मात्रा 30 और 60 दिन पर बराबर मात्रा में खड़ी फसल (टॉप ड्रेसिंग) पर देना है।

पौधरोपण की तैयारी

लोंग पीपली के एक हैक्टेयर खेत हेतु लगभग 27-28 हजार कटिंग पौधों की आवश्यकता होती है। यह पौधे सकर, कटिंग, लेयरिंग से तैयार किया जा सकता है। इसके लिए एक वर्ष पुरानी शाखा से कटिंग जिसमें 3-5 नोड हो सर्वोत्तम होती है।

पौध रोपण से पूर्व भूमि 2–3 बार जुताई कर समतल कर देना चाहिए साथ ही 32.5 मीटर चौड़ी बेड पर पौधे से पौधे की दूरी 60 × 60 से.मी. रखनी चाहिए। प्रत्येक गड्ढे में सड़ी गोबर खाद डालकर साथ ही साथ प्रत्येक गड्ढे में दो पौधे लगाना लाभप्रद होता है। रोपण कार्य जून जुलाई में करना चाहिए।

सिंचाई

सिंचाई साप्ताहिक आवश्यकतानुसार करनी चाहिए साथ ही जल निकासी की पर्याप्त व्यवस्था होनी चाहिए, जल की अधिक उपयोग क्षमता बढ़ाने हेतु भूसा, फसल अवरोध से भूमि की मल्च कर सकते हैं। उससे जल एवं खरपतवार नियन्त्रण भी किया जा सकता है।

रोग एवं कीट प्रबन्धन

मिलीबग (Mealycug)– मिलीबग कीट भारत के सभी क्षेत्रों में तथा लगभग 62 प्रकार के पेड़-पौधों पर जीवन यापन करता है। इसके निम्फ तथा वयस्क दोनों ही अधिक हानि पहुँचाते है। यह अमरूद, आम, पपीता, जामुन, कटहल, नींबू आदि पौधों को अपना आहार बनाता है। यह कीट पौधे के कोमल भाग से रस चूसकर पौधे को कमजोर बना देते हैं।

कीट प्रबंध

1. खरपतवार मुक्त खेत होना चाहिए।
2. ग्रीष्मकालीन गहरी जुताई ताकि अण्डे खत्म हो सकें।
3. रासायनिक दवाओं से निम्न किसी एक का छिड़काव करना चाहिए।

क्र.	रासायनिक दवाओं के नाम	मात्रा/है.
1.	क्लोरीपाइरीफास 50EC + साइपरमेथ्रिन 5EC	1.25 ली.
2.	थायोमीथाक्साम 25G	125 ग्राम
3.	इमिडाक्लोप्रिड 17.8SC	125 ग्राम
4.	नीमतेल	2–2.5 ली.
5.	डाइमेन्थोएट 30% EC	500 मिली.

श्यामव्रण (Anthraenose)

यह रोग कोलेटोट्राइकम नामक फफूंदी के कारण होता है। इस रोग के फफूंद मिट्टी, बीज, फसल अवशेषों पर उत्तरजीवी बने रहते हैं। रोग का फैलाव पानी, कीटों द्वारा होता है। इस रोग के लक्षण में सम्पूर्ण पत्तियों पर धब्बे फैल जाते हैं। यह पत्रदण्ड, तने, फल आदि पर छोटे-छोटे गोल अण्डाकार या लम्बाकार धब्बे पड़ जाते हैं जो बाद में मिलकर फल सड़ने लगता है।

फाइटोफ्थोरा (Phytophthora)

यह रोग फाइटोफथेरा नाम फफूंदी के द्वारा लगता है। यह जड़ तथा पत्ती, फल आदि को प्रभावित करता है। पत्ती पर सबसे पहले छोटे गहरे धब्बे बाद में ये भूरे रंग में बदल जाते हैं तथा

फल व तने पर भी काले गहरे भूरे धब्बे बनकर सूख जाते हैं। मृदा में अधिक नमी और गर्म वातावरण के कारण इस रोग के फफूंद बहुत तेजी से वृद्धि कर फसल को नुकसान पहुँचाते हैं।

रोग प्रबंधन

1. पौध रोपण उपचारित करके लगानी चाहिए।
2. फसल चक्र अपनायें। उचित जल निकासी व्यवस्था करनी चाहिए।
3. लक्षण दिखते ही निम्न रासायनिक दवा से किसी एक का छिड़काव करना चाहिए।

क्र.	रासायनिक दवा नाम	मात्रा/ली.
1.	कॉपर ऑक्सीक्लोराइड 50%	3 ग्राम/ली.
2.	सल्फर 80WP	2-3 ग्राम/ली.
3.	मेन्कोजेब 75%	2-3 ग्राम/ली.
4.	हैक्साकोनोजोल 5SP	1 मिली/ली.
5.	प्रोपीकोनाजोल 25EC	1 मिली/ली.

कटाई/उपज

लोंग पीपली की फसल रोपाई के 8 माह बाद पीपली का फल पूर्ण विकसित होने पर फल की तुड़ाई की जा सकती है। जड़ 18 माह की फसल की कटाई की जा सकती है। फल प्रथम वर्ष में लगभग 5-6 क्वि. प्रति हैक्टेयर तथा तीसरी वर्ष लगभग 15-17 क्वि. तक फल प्राप्त किया जा सकता है तीन वर्ष के बाद पुन: फसल को स्थापित करना चाहिए अन्यथा फसल उत्पादन दिनों-दिन कम हो जाता है।

कबाब चीनी (Piper cuceca)

कबाब चीनी का परिचय

कबाब चीनी को शीतल चीनी के नाम से भी जाना जाता है । यह काली मिर्च की भाँति छोटी होती है, इसे खाने से मुख में शीतलता प्राप्ती होती है अत: इसे शीतल चीनी भी कहा जाता है इसका प्राचीनतम नाम कबाब चीनी है । यह सुगन्धयुक्त अपरिपक्व परन्तु पूर्ण विकसित फलों को सुखाकर उपयोग होती है। कबाबचीनी एक बहुवर्षीय आरोही लता है जिसका तना चिकना, लचीला तथा गाँठदार युक्त होता है। पत्तियाँ अखण्डित वृत्तहीन, आयताकार होती हैं। इसका पुष्प उभयलिंगी नहीं होता है अर्थात नर और मादा पुष्प अलग-अलग होते हैं। फल स्पाइक के रूप में, गोलाकार, व्यास में लगभग चार मिलीमीटर एवं एक बीज वाले होते हैं। बीज सूखने पर भूरे रंग के होते हैं।

कबाब चीनी के अन्य भाषा में नाम

संस्कृत- कंकोल, हिन्दी- शीतलचीनी, मराठी- कंकोल, गुजराती- तडमिरे, फारसी- कवाव चीनी, अंग्रेजी- क्यूवेब, लेटिन- पाइपर क्यूवेवा, पाइपर क्यूवेव, क्यूवेव, टेलपाइपर भी कहते है।

वैज्ञानिक वर्गीकरण

जगत - पादप

गण - पाइपरेल्स

परिवार - पाइपरेसी

वंश - पाइपर

जाति - पीण्लोगम

वानस्पति नाम - पाइपर क्यूवेव

जलवायु

भारत में दक्षिण भारत में इसकी खेती की जाती है साथ-ही साथ विदेश में जावा, श्रीलंका, सुमात्रा देशों में इसका उत्पादन होता है।

औषधीय उपयोग

मुख रोगों में, प्रमेह रोगों में, मुख दुर्गन्ध दूर करने में, मूत्र कृच्छ में, नेत्र विकार में, इन्फ्लुएजा रोग में लाभप्रद, बुखार का इलाज में उपयोगी, खांसी में राहत आदि रोग में उपयोगी।

कोकम (Kokum / *Garcinia Indica*)

परिचय

कोकम सदाबहार छोटा वृक्ष है जो पतली शाखाओं वाला 10-15 मीटर तक ऊँचाई तथा फल गोलाकार जो 5-7 बीज युक्त गहरे हरे तथा परिपक्व होने पर लाल रंग में परिवर्तित हो जाते हैं। औषधीय एव अन्य रूप में उपयोग किया जाता है। कोकम के फल मैलिक एसिड, टैटरिक

और हाइड्राक्सी साइट्रिक एसिड पाया जाता है। इसमें एन्थ्रासायनिन, एसबूवियोसाइड, साइनाइडिन भी मौजूद होता है।

वैज्ञानिक वर्गीकरण

जगत	–	पादप
गण	–	माल्पीघियालस (*Malpighides*)
परिवार	–	क्लूसिएसी
जीनस	–	गार्सीनिया
प्रजाति	–	जी. इण्डिका
वानस्पति नाम	–	गार्सीनिया इण्डिका

कोकम के अन्य भाषा में नाम

हिन्दी में कोकम, कोमल, कोकुम, आँवला वेटा आदि। अंग्रेजी में कोकम बटर टी, रेड मैंगो आदि, तमिल में मुरगल, पुली आदि, मराठी में रतम्बा, भिरन्ड, कटाम्वी आदि, बंगाली में महादा, संस्कृत में आंबलासाख, आंवलापूरा, वीजआंवला, फलआंवला आदि।

जलवायु

कोकम सदाबहारी वृक्ष, गरम एवं अपेक्षाकृत नम उष्णकटिबंधीय जलवायु में पाये जाते हैं। जो 250–500 सेमी. वर्षा वाले क्षेत्र दक्षिण भारत के रत्नगिरि, कोंकण, कुर्ग, पश्चिमी घाट, जंगलो में पाये जाते हैं। साथ ही कोकम असम, कान्तिया पहाड़, गुजरात, पश्चिम बंगाल, अण्डमान निकोबार के जंगलों में भी पाये जाते हैं। इसके लिए 20–30°C तापमान आदर्श तापमान माना जाता है एवं 60–80 प्रतिशत आर्द्रता उपयुक्त है।

उपयोग

कोकम वृक्ष के फल का पका छिलका एवं रस खाने में उपयोग करते है । सूखा और नमकीन छिलका सब्जी व व्यंजनों में मसाला मिश्रण के रूप में, कूलिंग सीरप, कोकम बटर वसा के रूप में, पाक, दवा और औद्योगिक उपयोग होता है।

कोकम के औषधीय गुण

फल के औषधीय गुण– गैस निवारक, दस्त को रोकने वाला, कब्ज दूर करता है। ह्रदय रोग में लाभप्रद, पेट के कीड़ानाशक, पेट दर्द निवारक, डायरिया, अपच दूर करता है।

कोकम तेल के औषधीय गुण– क्षयरोग में लाभप्रद, फेफड़ों के रोग में लाभप्रद, पेचिश, अतिसार रोग में लाभप्रद, घाव को जल्द भरता है, शरीर को शक्तिशाली बनाता है, त्वचा सुरक्षा में लाभप्रद है।

अध्याय 23

अजवाइन की खेती

परिचय

अजवाइन एक शाखीय पौधा है। यह एक मसाला वर्ग की फसल है जो गाजर या (Umceliferi) कुल से संबंध रखती है। इसका वानस्पतिक नाम टकिस्पर्मम एम्मी तथा अंग्रेजी में Bishop's weed के नाम से जाना जाता है। मसाला वर्गीकरण के अंतर्गत इसे बीजीय मसालों में रखा गया हैं। तमाम बीजीय मसालों में अजवाइन की अपनी खास जगह व अलग पहचान है। इसका मसालों के अलावा औषधीय रूप में भी प्रचुर मात्रा में किया जाता है। पेट संबंधी अनेक विकारों में इसका उपयोग औषधि के रूप में करते हैं । अजवाइन के बीजों से एक विशेष प्रकार की सुगंध आती है, जो उसमें उपस्थित तेल के कारण आती है। इसके बीज में 2–4 प्रतिशत तक थाईमोल युक्त तेल पाया जाता है। जिसे बहुत सी आयुर्वेदिक औषधियों, पेट के वायु विकार, पेचिश, बदहजमी, हैजा, कफ, ऐंठन, सर्दी–जुकाम, गले की खराबी, आवाज फटना, कान दर्द, चर्म रोग, दमा आदि रोगों की औषधि बनाने व कई उद्योगों द्वारा दंत मंजन, टूथपेस्ट, शल्य क्रिया में प्रतिरक्षक के तौर पर व इसके अलावा बिस्कुट व फल सब्जी संरक्षण के काम में लिया जाता है। भारत में उत्पादित होने वाले कुल मसालों में अजवाइन का योगदान 65 से 70 प्रतिशत है।

अजवाइन खनिज तत्त्वों का अच्छा स्रोत है व इसका पोषण मान इस प्रकार है–

क्र.	विवरण	पोषण मान	क्र.	विवरण	पोषण मान
1	नमी	8.9%	2	प्रोटीन	15.4%
3	वसा	18.1%	4	रेशा	11.9%
5	कार्बोहाइड्रेट	38.6%	6	खनिज पदार्थ	7.1%
7	कैल्शियम	1.42%	8	फॉस्फोरस	0.30%
9	आयरन	14.6 mg /100 g	10	ऊर्जा	379 cal.

उत्पत्ति

अजवाइन की उत्पत्ति इजिप्ट से मानी जाती है।

जलवायु

अजवाइन की बुवाई के समय मौसम शुष्क होना चाहिए, अत्यधिक गर्म व ठण्डा मौसम इसकी खेती के लिए उपयुक्त नहीं होता है। यह पाले को कुछ हद तक सहन कर सकती है। अजवाइन मुख्यत: सर्दी के मौसम में उगाई जाने वाली फसल है। इसकी अच्छी बढ़वार व पैदावार के लिए ठण्डा व शुष्क मौसम अच्छा रहता है। बीज पकने के दौरान कुछ गर्म मौसम की आवश्यकता होती है। कुछ स्थानों पर वर्षा ऋतु में भी अजवाइन की खेती की जाती है। इसकी खेती के लिए 30 डिग्री सेण्टीग्रेट तापमान उपयुक्त रहता है।

उत्तरी अमेरिका, मिस्त्र, ईरान, ईराक, अफगानिस्तान तथा भारत इसका मुख्य उत्पादक क्षेत्र है। भारत में महाराष्ट्र, पश्चिम बंगाल, मध्यप्रदेश, उत्तर प्रदेश, राजस्थान, पंजाब, तमिलनाडु, बिहार, आंध्रप्रदेश में इसकी व्यावसायिक खेती की जाती है।

भारत में अजवाइन की सबसे अधिक खेती क्षेत्रफल के अनुसार राजस्थान राज्य में की जाती है। भारत के कुल अजवाइन उत्पादन का 90 प्रतिशत से अधिक उत्पादन राजस्थान द्वारा किया जाता है। अजवाइन एक कम लागत की फसल है। उन्नत तकनीक के साथ अजवाइन की खेती कर उत्पादन व गुणवत्ता दोनों बढायी जा सकती है।

मृदा

अजवाइन की खेती के लिए अच्छे जल निकास व पर्याप्त जीवांश वाली हल्की दोमट मिट्‌टी सर्वोत्तम मानी जाती है। सामान्यत: बलुई दोमट मिट्‌टी जिसका पी.एच. मान 6.5–8.2 तक हो जहां भूमि में नमी कम व सिचांई की उत्तम व्यवस्था हो ऐसी मृदाओं में अजवाइन की खेती आसानी से की जा सकती है।

उन्नत किस्में

हमारे किसान भाई अजावइन की खेती के लिए ज्यादातर देशी किस्मों का ही उपयोग करते हैं। जिनकी उत्पादन क्षमता कम होने के साथ–साथ इनमें रोग प्रतिरोधक क्षमता भी कम होती है।

अजवाइन की ज्यादा पैदावार देने वाली उन्नत किस्में निम्नानुसार है–

1. **ए.ए. 1 :** यह प्रजाति राष्ट्रीय बीजीय मसाला अनुसंधान केन्द्र, अजमेर द्वारा निकाली गई है।
2. **ए.ए. 2 :** यह प्रजाति राष्ट्रीय बीजीय मसाला अनुसंधान केन्द्र, अजमेर द्वारा निकाली गई है।
3. **गुजरात अजवाइन :** राष्ट्रीय औषधीय एवं सुगंधीय पौध अनुसंधान केन्द्र, आनंद, गुजरात।
4. **लाभ सलेक्शन 1 :** इसके पौधों की औसत ऊंचाई 80 से.मी. तक होती है, जो 135 से 145 दिन में पककर तैयार हो जाती है। जिसकी औसत उपज 8–9 क्विंटल/हैक्टर है।
5. **पंत रूचिका :** यह प्रजाति गोविन्द वल्लभ पंत कृषि एवं प्रौद्योगिकी विश्वविद्यालय, पंतनगर से निकाली गई है।
6. **लाभ सलेक्शन 2 :** इस प्रजाति के पौधे झाड़ीनुमा होते हैं जिनमें 40 से 50 शाखाओं निकलती है तथा यह बुवाई के 140 से 160 दिन में पककर तैयार हो जाती है। इसकी औसम उपज 10–11 क्विंटल/हैक्टयर है।
7. **आर.ए. 1–80 :** यह अजवाइन की देर से पकने वाली किस्म है, जो 170 से 180 दिन में पककर तैयार होने वाली किस्म है। इस प्रजाति के दाने बारिक परन्तु अधिक सुगंधित होते है। इसकी औसत उपज 10–11 क्विंटल/हेक्टेयर तक होती है। यह किस्म सफेद चूर्णिल आसिता रोग के प्रति अधिक ग्राही है ।

बुवाई का समय

अजवाइन मुख्यत: रबी मौसम की फसल है। इस मौसम में इसकी बुवाई मध्य अक्टूबर से अक्टूबर अंत तक आवश्यक रूप से कर देनी चाहिए। आजकल मध्यप्रदेश में खासकर के मालवा क्षेत्र के किसान इसकी बुवाई सोयाबीन की अगेती प्रजातियों की कटाई के बाद खेत खाली होने के तुरंत बाद मध्य सिंतबर से अक्टूबर के प्रथम सप्ताह में भी करने लगे हैं ।

बुवाई में शीघ्रता करने से फसल पकने के समय में पानी की कमी होने व तापमान बढ़ने का असर दाने पर नहीं पड़ता है। देर से बुवाई करने पर फसल पकते समय गर्मी अधिक पड़ने लगती है। जिससे दाना बारीक व हल्का रह जाता है। जिसका उत्पादन पर विपरीत प्रभाव पड़ता है।

बुवाई की विधि

1. **छिटकवां विधि :–** इस विधि से कम समय में अधिक क्षेत्र की बुवाई सुगमतापूर्वक एवं शीघ्रता से की जा सकती है। इस विधि से बुवाई करने के लिए अधिक बीज की आवश्यकता पड़ती है, साथ ही बीजों का वितरण एक समान रूप से नहीं हो पाता है। परिणाम स्वरूप अंत: शस्य क्रियाएं करने में कठिनाई होती है। छिड़काव विधि द्वारा बुवाई करने पर बीज की मात्रा से आठ–दस गुना मिट्‌टी जो बीज के आकार की हो इसमें मिलाकर बुवाई करने से बीज दर सही रखने में मदद मिलती है।
2. **कतार विधि :–** इस विधि से बुवाई करने से अजवाइन की बुवाई सीड ड्रिल द्वारा कतार में की जाती है। दोनों विधियों से की जाती है। कतारों में बुवाई करना ज्यादा उपयुक्त रहता है।

इसके लिए कतार से कतार की दूरी 30-40 से.मी. व पौध से पौध की दूरी 15 से 25 से.मी. रखना चाहिए। बुवाई की गहराई 1.5 से.मी. से अधिक नहीं होनी चाहिए अन्यथा अंकुरण प्रभावित होता है।

बीज दर

एक हेक्टर बुवाई के लिए 4.0 कि.ग्रा. बीज की आवश्यकता पड़ती है। इसका अंकुरण 10-15 दिनों में होता है।

खेत की तैयारी

प्रथम जुताई मिट्टी पलटने वाले हल से करने के बाद 2-3 जुताइयाँ देशी हल या हेरो से करनी चाहिए। इसके बाद पाटा लगाकर मिट्टी को भुरभुरा व खेत को समतल करके छोड़ दें। अच्छे अंकुरण के लिए खेत में पर्याप्त नमी होना चाहिए। इसके लिए पलेवा करके खेत में बतर आने पर बीजों की बुवाई करें।

खाद एवं उर्वरक

अजवाइन की भरपूर पैदावार लेने के लिए बुवाई के 15-20 दिन पूर्व अंतिम जुताई के समय 20-25 टन सड़ी गोबर की खाद को प्रति हेक्टर की दर से खेत में मिलाएं। उर्वरकों का उपयोग मृदा जांच अनुसार करें। उर्वरक के रूप में 20 कि.ग्रा. नाइट्रोजन, 30 कि.ग्रा. फॉस्फोरस व 30 कि.ग्रा. पोटाश प्रति हेक्टर की दर से उपयोग करें। फॉस्फोरस व पोटाश की संपूर्ण मात्रा व नाइट्रोजन की आधी मात्रा बुवाई के पूर्व या बुवाई के समय खेत में मिला देना चाहिए। नाइट्रोजन की शेष आधी मात्रा दो बराबर भागों में बांटकर बुवाई के 30 व 60 दिन बाद खड़ी फसल में छिड़ककर देवें।

सिंचाई

अजवाइन का उत्पादन सिंचित व असिंचित दोनों ही परिस्थितियों में किया जा सकता है। यह फसल काफी हद तक सूखा सहन कर सकती है। सामान्यत: अजवाइन के लिए 2-5 सिंचाई की आवश्यकता होती है। एक हल्की सिंचाई बुवाई के फौरन बाद कर देना चाहिए। यदि अंकुरण के समय वातावरण में गर्मी हो तो दूसरी सिंचाई भी 08 दिन के अंतराल पर कर देना चाहिए। जिससे गर्मी की वजह से पौधे खत्म न होने पायें। आगे मौसम व मिट्टी की किस्म के आधार पर 20-30 दिन के अंतराल पर सिंचाई की जा सकती है। हल्की व रेतीली मृदाओं में सिंचाई की अधिक आवश्यकता पड़ती है। ऐसी स्थिति में 10-12 दिन के अंतराल पर सिंचाई करें। भारी व काली मृदाओं वाली स्थिति में सिंचाई 20-30 दिन के अंतराल पर भी कर सकते हैं, क्योंकि इन मृदाओं की जलधारण क्षमता अधिक होती हैं।

बीजोपचार

रोगों से बचाव के लिए बुवाई से पूर्व अजवाइन के बीजों को थायरम बॉवस्टीन की 3.0 ग्राम के सम्मिश्रण से प्रति कि.ग्रा. बीजों को उपचारित कर बुवाई करें।

निराई–गुड़ाई एवं खरपतवार नियंत्रण

अजवाइन की फसल में 2–3 बार निराई गुड़ाई की आवश्यकता पड़ती है। बुवाई के बाद 30 से 35 दिन की फसल अवस्था पर प्रथम निराई गुड़ाई कर खरपतवारों को निकाल देना चाहिए तथा साथ ही आवश्यकता से अधिक पौधों को निकालकर पौध घनत्व को व्यवस्थित कर लेना चाहिए। समय से निराई गुड़ाई करने से फसल की जड़ों को पर्याप्त वायु संचार बना रहता है साथ ही खरपतवारों को निकाल देने से यह मुख्य फसल के साथ खाद, पानी, वायु, सूर्य प्रकाश आदि के लिए प्रतियोगिता नहीं कर पाते जिसका सीधा असर उपज पर पड़ता है।

रासायनिक विधि द्वारा खरपतवार नियंत्रण के लिए पेण्डीमिथीलीन की 1.0 कि.ग्रा. मात्रा को 500–600 लीटर पानी मे मिलाकर खेत मे नमी की अवस्था में प्रति हेक्टर छिड़काव करें।

प्रमुख कीट

मोयला : इसका मुख्य कीट है, जिसका प्रकोप पुष्पन अवस्था पर सबसे अधिक देखा गया है। यह पौधों के कोमल भागों पर बैठकर उनका रस चूसते रहते हैं। जिससे उपज पर प्रतिकूल प्रभाव पड़ता है इसकी रोकथाम के लिए 0.03 प्रतिशत डायमिथोएट 30 ई.सी. या मिथाइल डिमेटान 125 ई.सी. या मैलाथियान 0.1 प्रतिशत को 500–700 लीटर पानी में घोलकर प्रति हेक्टर शाम के समय छिड़काव करें। शाम के समय छिड़काव करने से मधुमक्खियों पर इसका प्रतिकूल प्रभाव कम पड़ता है। अजवाइन के परागण में मधुमक्खियों का मुख्य योगदान है। यदि इनके सक्रिय रहने के समय में छिड़काव किया जाता है तो मधुमक्खियां मर सकती है या इनकी संख्या में कमी आ जाती है। परागण पूर्ण रूप से नहीं हो पाता है इसका उत्पादन पर सीधा प्रभाव पड़ता है।

प्रमुख रोग

1. **चूर्णिल असिता (पाउडरी मिल्ड्यू) :** इस रोग में पौधों पर सफेद पाउडर जमा होने लगता है। जो बाद में पूरे पौधे पर फैल जाता है व पौधे पीले होकर कमजोर होने लगते हैं। रोग का प्रकोप अधिक होने पर पौधे हिलाने पर यह सफेद पाउडर उड़ने लगता है व पौधे जल्दी पक जाते है और उपज में कमी आ जाती है। इस रोग की रोकथाम के लिए 25 कि.ग्रा. सल्फर डस्ट प्रति हेक्टर अनुसार भुरकाव करें या घुलनशील गंधक 0.2 प्रतिशत या केराथेन 0.1 प्रतिशत या केलिक्सिन 0.05 प्रतिशत घोल का छिड़काव करना चाहिए। 15 दिन बाद दोबारा छिड़काव करना चाहिए।

2. **झुलसा (Blight) :** फसल में फूल आने के दौरान वातावरण में नमी ज्यादा होने पर इस रोग का प्रकोप तेजी से होता है। पत्तियों पर आरम्भिक अवस्था में हल्के भूरे रंग के धब्बे दिखाई देते है, जो धीरे–धीरे गहरे भूरे रंग के हो जाते हैं व अंत में पत्तियां झुलसी हुई दिखाई देने लगती हैं । इसके लिए मैन्कोजैब 0.2 प्रतिशत घोल का छिड़काव रोग की शुरूआती अवस्था में करें। छिड़काव को 15 दिन बाद पुनः दोहरायें।

कटाई

फसल की कटाई परिपक्वता के अनुसार फलियां व पत्तियां पीली पड़ने पर प्रातः समय कटाई करें। कटाई उपरांत एक से दो दिन सुखाकर गहाई ओसाई कर लें। अजवाइन की फसल 130–180 दिन में पककर तैयार हो जाती है।

उपज

असिंचित फसल में 6 से 8 क्विंटल व सिंचित फसल में 8 से 12 क्विंटल प्रति हेक्टर उपज प्राप्त की जा सकती है।

भण्डारण

अजवाइन के दानों का भण्डारण नमी रहित गोदामों में करना चाहिए। अच्छी तरह सुखाई एवं साफ की हुई अजवाइन को बोरो में भरकर नमी रहित भण्डार गृहों में रख देना चाहिए।

अध्याय **24**

चार बीज मसाला

चार बीज मसाला तरबूज, खरबूज, कद्दू तथा बादाम के बीजों को मिलाकर बनाये जाते है तरबूज के बीज कई पोषक तत्त्वों से भरपूर होते है इन बीजों के ऊपरी आवरण थोड़े कड़े होते है। अत: इन्हें अच्छे से चबाकर खाना चाहिये।

तरबूज के बीज में Arginine, Lysine, Tryptophan Glutamic नामक Aminoacids होते है लाईसिन एमिनो एसिड्स शरीर को कैल्सियम तत्त्व सोखने में मदद करते हैं । कैल्शियम कोलेजन और कनेक्टिव टिश्यू बनाने का कार्य करता है। ये बीज मैग्निशयम का बहुत अच्छा स्रोत है मैग्निशयम हृदयगति सुचारू रखने, ब्लड प्रेशर सामान्य रखने, प्रोटीन सिंथेसिस और उपापचय प्रक्रिया चलाने में आवश्यक है। मैग्निशयम हाइपरटेंशन, डाइबिटिज समस्याओं में लाभदायक है डाइबीटिज के मरीजों को 1 मुठ्ठी तरबूज के बीज 1 लीटर पानी में डालकर ढ़ककर 15 मिनिट तक उबालकर प्रत्येक दिन चाय की तरह पिलाने से लाभ होता है। तरबूज के बीज कमजोरी दूर करने तथा याददाशत बढाने के लिये भी अच्छा स्रोत है।

तरबूज के बीज मल्टी–विटामिन B का बहुत अच्छा स्रोत है। जो कि रोग प्रति रोधक क्षमता रक्त शोधन तथा पेट को स्वस्थ रखता है।

खरबूजे के बीज के फायदे

खरबूजे की बीज में भरपूर मात्रा में प्रोटीन (3.6%) विटामिन्स और मिनरल्स मौजूद होते है, खरबूजे के बीज वजन कम करने पाचन शक्ति बढाने तथा दिल कि सेहत के लिये बहुत अच्छा होता है। क्योकि इसमें ओमेगा 3 फेटी एसिट होता है।

इसमें मौजूदा मिनरल्स एसिडिटी को खत्म करते है खरबूजे के बीज टाइप 2 डाइबिटिज के लिये बहुत फायदेमन्द होते हैं खरबूजे के बीज को भुनकर हलवा बनाकर या मिठाई के साथ सलाद के ऊपर मसाले की तरह खाया जाता है।

कद्दू के बीज के फायदे

कद्दू के बीज का सेवन शरीर में इंसुलिन को नियमित करता है। मधुमेह की समस्या को कम करता है तथा इसमें ट्रिप्टोफेन एमिनो एसिड पाया जाता है जो तनाव को कम करने में मदद करता है। इसके अलावा कद्दू के बीज में विटामिन बी और ओमेगा 3 फैटी एसिड भी पाये जाते है कद्दू के बीज का सेवन पुराने गठिया के दर्द को कम करता है। कद्दू के बीज में मैग्निशयम की मात्रा भी प्रचुर होती है। कद्दू के बीज में एंटी पैरासिटिक गुण होते है जो आंतों में टेपवर्म पिनवर्म और अन्य खतरनाक परजीवी को खत्म करने में मदद करते हैं। क्योंकि कद्दू के बीज आंत के कीड़ों को शक्तिहीन कर देता है तथा उसे आंत से चिपकने नहीं देता एवं इस प्रकार पेट से मल के साथ कीड़े बाहर निकल जाते हैं । कद्दू के बीज में जस्ता तथा एन्टीआक्सीडेंट पाये जाते हैं कद्दू के बीच में सेलेनियम पाये जाते है जो फ्रीरेडिकल्स को रोकने में मदद करता है।

बादाम के बीज

बादाम के गुणों से तो हम सभी वाकिफ है। बादाम को दिमाग के लिये सर्वोत्तम आसार माना जाता है। बादाम में जिंक, विटामिन बी 6 होते है जो दिमाग को सर्तकता को बढाता है तथा याददास्त तेज रखता है। चूँकि बादाम में फाइबर अत्यधिक होता है अत: कब्ज को दूर करता है। बादाम के सेवन से कालन कैंसर की समस्या बहुत हद तक खतम हो जाती है। बादाम में फास्फोरस, कैल्शियम, मैग्नीशियम, मैग्नीज और पोटेशियम पाये जाते है। जो कि ह्रदय तथा हड्डी के लिये लाभदायक है। साथ ही बादाम कालेस्ट्रॉल को घटाने में भी मदद करता है।

अत: इन गुणों से भरपूर बीजों को फेंके नहीं, अकेले या इन बीजों को एक साथ मिलाकर इनमें बादाम के बीज को पीसकर मिलाएं तथा स्वादिष्ट तथा सेहत से भरपूर मसाला तैयार कर खाने के जायके को बढ़ाया जा सकता है।

अध्याय | 25

अनारदाना मसाला

अनारदाना मसाला

जिस प्रकार अनार एक स्वादिष्ट तथा गुणों से भरपुर फल है ठीक उसी प्रकार अनार का बीज भी गुणो से भरपूर है। एवं इससे स्वादिष्ट अनारदाना मसाला बनाया जा सकता है।

अनारदाना प्रोटीन, कार्बोहाइड्रेट, विटामिन 'ए', 'सी' और 'ई' से भरपूर मात्रा में पाये जाते है। साथ ही इनमें मैग्निशयम, पोटेशियम, फॉस्फोरस कैल्शियम तथा लोहे तत्त्व प्रचुर मात्रा में पाये जाते है। साथ ही अनारदाना में एंटिऑक्सीडेंट तथा एंटीवायरल गुण भी पाये जाते हैं जो कि अनेक संक्रमणों से शरीर को बचाते हैं ।

अनारदाना का उपयोग

अनारदाना का उपयोग मसाले के रूप में सलाद के साथ-साथ या आलू चना या बेसन की सब्जी में डालकर किया जा सकता है। अनारदाना मसाला का स्वाद खट्टा चटपटा होता है। अत: इससे खाने का जायका बढ जाता है।

अनारदाना मसाला चटनी के रूप में सूप शरबत के साथ भी प्रयोग किया जा सकता है। इसके अलावा अनारदाना मसाला से खट्टी मिठ्ठी गोली बनायी जा सकती है जो कि बेहद स्वादिष्ट तथा पाचन के लिये बहुत अच्छी होती है।

अत: जब भी अनार का रस निकालें तो अनार के दाने को सूखाकर पीसकर एयरटाइट डब्बे में बंद कर दें । स्वादिष्ट मसाला तैयार करें तथा एवं विभिन्न प्रकार से प्रयोग में लाकर सेवन करें।

अध्याय **26**

जायकेदार जीरा की वैज्ञानिक खेती

जीरा

जीरा एक महत्त्वपूर्ण मसाला की बीजीय फसल है, जिसका वानस्पतिक नाम Cuminum Cyminum है। भारत में उत्पादन होने वाले कुल जीरा का 80 प्रतिशत राजस्थान एवं गुजरात में होता है। यह विभिन्न खाद्य तैयारी को स्वादिष्ट बनाने के लिए भारतीय रसोई में इस्तेमाल किया जाने वाला मुख्य मसाला है। जीरा का स्वाद एक वाष्पशील तेल की उपस्थिति से है। इनके विभिन्न किस्मों में वाष्पशील तेल की मात्रा 2.5 से 3.0 तक मौजूद है। जीरा का उपयोग विशेष रूप से पेट दर्द, मोटापा एवं Dyspesia जैसी स्थितियों के लिए विभिन्न आयुर्वेदिक दवाओं में इसका इस्तेमाल किया जाता है। जीरा में 17.7 प्रोटीन, 23.8 वसा, 35.5 कार्बोहाइड्रेट एवं 7.7 खनिज पाया जाता है।

जलवायु एवं मिट्टी

जीरा की खेती के लिए उप-उष्णकटीबंधीय जलवायु उपयुक्त होती है। मामूली ठंडी एवं शुष्क जलवायु सबसे अच्छी मानी जाती है। जीरे की फसल के लिए बलुई दोमट एवं दोमट भूमि उपयुक्त होती है। जीरे की अच्छी फसल लेने के लिए एक जुताई मिट्टी पलटने वाले हल से

करने के बाद एक क्रॉस जुताई हैरो से करके पाटा लगा देना चाहिए। इसके बाद एक जुताई कल्टीवेटर से करके पाटा लगा दें ताकि मिट्टी भुरभुरी हो जाये।

उन्नतशील किस्में

Rz-19 : यह किस्म 120–125 दिन में तैयार हो जाती है, जिसकी उपज क्षमता 9–11 क्विंटल प्रति हे. है।

Rz 209 : यह किस्म 120–125 दिन में तैयार हो जाती है, जिसकी उपज क्षमता 7–8 क्विंटल प्रति हे. है, तथा इसके दाने मोटे होते हैं। यह प्रजाति वील्ट तथा तुषार रोगों के लिए प्रतिरोधी क्षमता रखती है।

GC 1 : यह किस्म 105–110 दिन में तैयार हो जाती है, जिसकी उपज क्षमता 7–8 क्विंटल प्रति हेक्टेयर है, यह प्रजाति वील्ट रोग के प्रति सहिष्णु है।

बीजोपचार

बीज को उपचारित करने के लिए 3 ग्राम थिरम प्रतिकिलो बीज या 4 ग्राम ट्राइकोडर्मा प्रति किलो बीज की दर से अच्छी तरह बीजोपचार करना चाहिए।

बुआई

जीरा की बुवाई के लिए आदर्श समय नवंबर-दिसम्बर है। बीज की मात्रा 12–15 किलोग्राम बीज एक हेक्टेयर भूमि के लिए पर्याप्त है, जिसे कतार में 10 सें.मी. की गहराई पर बुवाई करनी चाहिए।

सिंचाई

जीरा में पहली सिंचाई बुवाई के तुरन्त बाद एवं दूसरी सिंचाई पहली सिंचाई के 8–10 दिन बाद करनी चाहिए। अगली सिंचाई मिट्टी की नमी को देखते हुए 15–25 दिन के अन्तराल पर दी जाती है। अन्तिम सिंचाई बीज गठन के समय देना चाहिए। सक्रिय बीज भरने के समय सिंचाई नहीं करनी चाहिए इससे फफूंदी, तुषार एवं Aphid के पैदा होने की सम्भावना बढ़ जाती है।

उर्वरक एवं खाद

एक हेक्टेयर क्षेत्रफल के लिए निम्नलिखित मात्रा में खाद एवं उर्वरकों की आवश्यकता होती है:

सड़ा हुआ कम्पोस्ट/गोबर की खाद	10–15 टन
फास्फोरस (स्फुर)	20 किलोग्राम
नाइट्रोजन	30 किलोग्राम

सड़ा हुआ गोबर की खाद या कम्पोस्ट रोपाई से 15 से 20 दिन पहले खेत में छींटकर जुताई करें। फॉस्फोरस को दो बराबर भागों में बाँटकर, पहला भाग रोपाई के समय तथा दूसरा भाग रोपाई से 30 दिन बाद प्रयोग करना चाहिए।

खरपतवार नियंत्रण

जीरा की फसल में पौधों का बढ़वार धीमी गति से होने के कारण खरपतवार का प्रकोप बढ़ जाता है। इससे बचने के लिए बुवाई के दो दिन बाद पेन्डिमेथलीन (स्टाम्प) की 3.3 लीटर मात्रा 500 लीटर पानी में घोल कर प्रति हेक्टेयर की दर से छिड़काव करें। बुवाई से 20-25 दिनों बाद निकाई-गुड़ाई करना लाभप्रद होगा।

फसल चक्र

एक ही खेत में लगातार तीन वर्षों तक जीरे की खेती नहीं करनी चाहिए, जिससे फसल को वील्ट की समस्या से बचाना आसान होगा। उचित फसल चक्र अपनाना आवश्यक है जैसे: बाजरा-जीरा-मूंग, गेहूँ-बाजरा-जीरा आदि।

पौध संरक्षण

1. **चैपा या एफीड :** इस कीट का प्रकोप पौधों में फूल आने की अवस्था में होता है। यह कीट पौधों के कोमल भागों का रस चूसकर फसल को नुकसान पहुंचाता है। इस कीट के नियंत्रण हेतु इमीडाक्लोरोप्रीड की 0.5 लीटर या ऐसीफेट की 750 ग्राम प्रति हेक्टेयर की दर से 500 लीटर पानी में घोल बनाकर छिड़काव करना चाहिए।
2. **दीमक :** दीमक जीरे के पौधों को जड़ों से काटकर फसल को नुकसान पहुंचाती है, इसकी रोकथाम के लिए खेत की तैयारी के समय अन्तिम जुताई उपरान्त क्लोरोपाइरिफॉस या क्वियूनॉलफॉस की 20-25 किलोग्राम प्रति हेक्टेयर की दर से भुरकाव कर देना चाहिए। खड़ी फसल में क्लोरोपाइरिफॅास की 2 लीटर मात्रा प्रति हे. की दर से सिंचाई के साथ देनी चाहिए।
3. **उकठा रोग :** इस रोग के कारण जीरा के पौधे मुरझा जाते हैं। इसका प्रकोप पौधों की आरम्भिक अवस्था में होता है। इसकी रोकथाम के लिए बीज को ट्राइकोडरमा की 4 ग्राम प्रति किलो या बेविस्टीन की 2 ग्राम प्रति किलो बीज की दर से उपचारित कर बोना चाहिए। खेत में इस रोग के लक्षण दिखाई देने पर ढाई किलोग्राम ट्राइकोडरमा की 100 किलो कम्पोस्ट के साथ मिलाकर छिड़काव के साथ हल्की सिंचाई करनी चाहिए।
4. **झुलसा रोग :** यह रोग फसल में फूल आने के पश्चात् लगता है, जिसके कारण पौधे का ऊपरी भाग झुक जाता है तथा पत्तियों व तनों पर भूरे धब्बे बन जाते हैं। इसके नियंत्रण के लिए मैन्कोजैब की 2 ग्राम मात्रा को प्रति लीटर पानी की दर से घोल बनाकर छिड़काव करना चाहिए।
5. **छाछ्या रोग :** इस रोग के कारण पौधे पर सफेद रंग का पाउडर दिखाई देता है तथा धीरे-धीरे पूरा पौधा सफेद पाउडर से ढ़क जाता है, जिससे बीज नहीं बनते हैं। इसके नियंत्रण हेतु गंधक का चूर्ण 25 किलोग्राम प्रति हेक्टेयर की दर से भुरकाव करना चाहिए या कैराथेन की एक लीटर दवा 500 लीटर पानी में घोलकर प्रति हेक्टेयर की दर से छिड़काव करें।

जीरे की फसल में कीट एवं बीमारी की सम्भावना अधिक होती है जिससे बचाव हेतु निम्नलिखित तीन छिड़काव करनी चाहिए-

- प्रथम छिड़काव बुवाई से 30-35 दिन बाद मैन्कोजैब 2 ग्राम प्रति लीटर पानी में घोल बनाकर करें;
- दूसरा छिड़काव बुवाई से 40-45 दिन बाद मैन्कोजैब 2 ग्राम, इमीडाक्लोरोपीड 0.5 मि.ली. तथा घुलनशील गंधक 2 मि.ली. प्रति हे. की दर से छिड़काव करें;
- तीसरा छिड़काव मैन्कोजैब 2 ग्राम, इमीडाक्लोरोपीड 1.0 मि.ली. व 2 ग्राम घुलनशील गंधक पानी में घोलकर बुवाई से 60-70 दिनों पर करें।

फसल कटाई

सामान्य रूप से जब बीज एवं पौधा भूरे रंग का हो जाये तथा फसल पूरी तरह पक जाये तो तत्काल कटाई कर लेनी चाहिए। पौधों को अच्छी प्रकार से सूखा कर थ्रेसर से मड़ाई कर दाना अलग कर लेना चाहिए साथ ही दानों को अच्छी प्रकार से सुखाकर जूट के बोरे में भंडारण करना चाहिए।

उपज

उपरोक्त विधि द्वारा जीरे की खेती करने से इसकी उपज 7-8 क्विंटल प्रति हेक्टेयर प्राप्त होती है।

अध्याय 27

मसाला फसलों के औषधीय उपयोग

भोजन को सुवास बनाने, रंगने या संरक्षित करने के उद्देश्य से उसमें मिलाए जाने वाले सूखे बीज, फल, जड़, छाल या सब्जियों को मसाला कहते हैं। कभी-कभी मसाले का प्रयोग दूसरे फ्लेवर को छुपाने के लिए भी किया जाता है।

मसाले, जड़ी-बूटियों से अलग हैं। पत्तेदार हरे पौधों के विभिन्न भागों को जड़ी-बूटी (हर्ब) कहते हैं। इनका भी उपयोग फ्लेवर देने या अलंकृत करने के लिए किया जाता है।

बहुत से मसालों में सूक्ष्मजीवाणुओं को नष्ट करने की क्षमता पाई जाती है।

भारत में प्रयुक्त होने वाले मसालों में से कुछ निम्न हैं-

काली मिर्च

लौंग

जावित्री

दालचीनी

चक्रफूल

अदरक

धनियाँ

सरसों

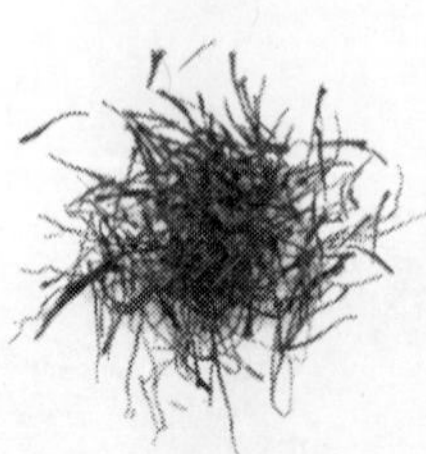

केसर

हल्दी

अजवायन

जीरा

इलायची **मेथी** **हींग** **सौंफ**

जड़ी-बूटी संबंधी सिद्धांत, वनस्पतियों और वनस्पति सारों के उपयोग पर आधारित पारम्परिक औषधीय या लोक दवा का अभ्यास को हर्बलिज्म कहते है। हर्बलिज्म को वानस्पतिक दवा, चिकित्सकीय वैद्यकी, जड़ी-बूटी औषध, वनस्पति शास्त्र और पादपोपचार के रूप में भी जाना जाता है।

उपयोग के तरीके

एक हर्बल उत्पाद की सटीक संरचना निष्कर्षण की विधि से प्रभावित है। एक पथ्य पेय ध्रुवीय घटकों से भरपूर होगा, क्योंकि पानी एक ध्रुवीय विलायक है। दूसरी ओर तेल गैर-ध्रुवीय विलायक है, इसीलिए यह गैर-ध्रुवीय यौगिकों को अवशोषित करेगा। शराब इन दोनों के बीच कहीं होता है। बहुत सारे तरीके हैं जिनसे जड़ी-बूटियों को प्रयुक्त किया जा सकता है, इनमें निम्न शामिल हैं-

टिंचर- यह जड़ी-बूटियों का मादक अर्क है जैसे एचिनासिया का अर्क। आमतौर पर इसे 100% विशुद्ध इथेनॉल (या 100% इथेनॉल के साथ पानी के मिश्रण से) के साथ जड़ी-बूटियों के सम्मिश्रण से प्राप्त किया जाता है। एक संपूरित टिंचर में इथेनॉल का प्रतिशत कम से कम 25% (कभी-कभी 90% तक) होता है। कभी-कभी टिंचर शब्द ऐसे विनिर्मित पदार्थ के लिए लागू होता है जिसमें इथेनॉल से परे अन्य किसी विलायक का प्रयोग किया गया हो।

हर्बल शराब और अमृत- ये जड़ी बूटी मादक पदार्थों के अर्क होते हैं, आमतौर पर इसमें इथेनॉल का प्रतिशत 12-38% होता है। हर्बल शराब, शराब में जड़ी-बूटियों का द्रवनिवेशन है, जबकि अमृत मदिरा में जड़ी-बूटियों का द्रवनिवेशन होता है। (उदाहरण के लिए वोदका, ग्रप्पा आदि।)

पथ्य पेय- जड़ी बूटी का गर्म पानी का अर्क, जैसे कैमोमाइल।

काढ़ा- छाल या जड़ों को बहुत देर तक उबाल कर निकाला हुआ अर्क है।

द्रवनिवेशन पौधों का शीलत अर्क साग, अजवाइन आदि में बड़ी मात्रा में पाये जानेवाले लसदार पदार्थ पौधों को महीन-महीन काटा जाता और शीलत जल मिलाया जाता है। इसके बाद इन्हें 7 से 12 घंटों तक (निर्भर करता है कि कौन-सी जड़ी-बूटी इस्तेमाल की गयी है) छोड़ दिया जाता है। द्रवनिवेशन के लिए ज्यादातर 10 घंटे लगते हैं।

सिरका– इसे भी टिंचर की ही तरह तैयार किया जाता है, केवल इसमें एसिटिक एसिड के घोल को विलायक के रूप में इस्तेमाल किया जाता है।

सगंध तेल– सगंध तेल का अर्क, आमतौर पर वाहक तेल में मिला कर इसे पतला कर लेते हैं (बहुत सारे सगंध तेल त्वचा को जला सकते हैं या उच्च खुराक का उपयोग सीधे किया जाता है। इसे पतला करने के लिए जैतून के तेल या अन्य खाद्य श्रेणी के तेल में जैसे कागजी बादाम तेल लिया जा सकता है, क्योंकि इनका उपयोग स्थानिक के रूप में सुरक्षित है।)

मरहम, तेल, बाम, क्रीम और लोशन– ज्यादातर स्थानिक लेप जड़ी–बूटियों का तेल निष्कर्षण हैं। खाद्य श्रेणी के तेल लेकर और उसमें जड़ी–बूटियों को सप्ताह से लेकर महीनों तक के लिए भिगोने से पादप रसायन का निष्कर्षण तेल में हो जाता है। इसके बाद इस तेल से मरहम, क्रीम, लोशन बनाया जा सकता है या केवल स्थानिक लेप के लिए सीधे इस्तेमाल किया जा सकता है। मालिश का कोई भी तेल, जीवाणुरोधी मरहम और जख्म के उपचार के यौगिक इस तरह से बनाये जाते हैं।

पुल्टिस और सेक– साबुत जड़ी–बूटी (या पौधे का उपयुक्त अंश) की पोटली बना कर या सेक, आमतौर पर मसल कर या सूखाकर या थोड़े–से पानी के साथ फिर से निथार कर उसका उपयोग किया जा सकता है और फिर पट्टी, कपड़े के ऊपर से या सीधे किया जा सकता है।

साबुत जड़ी–बूटी का सेवन– ऐसे या तो सूखे (जड़–बूटी के पाउडर) या ताजा रस निकाल कर (ताजी पत्तियों और पौधे के दूसरे अंश) किया जा सकता है।

सिरप– जड़ी–बूटी के अर्क में सिरप या शहद मिलाकर बनाया जाता है। 65 भाग चीनी के साथ 35 भाग पानी और जड़ी–बूटी मिलाया जाता है। इसके बाद इस पूरे को उबाला जाता है और तीन सप्ताह के लिए द्रवनिवेशित किया जाता है।

अर्क– तरल अर्क, शुष्क अर्क और फुहारण भी इसमें शामिल है तरल अर्क टिंचर के बजाए इथेनॉल का कम प्रतिशत के साथ तरल होता है। ये निर्वात, आसवित, टिंचर से (और आमतौर पर इसी तरह) बनाया जा सकता है। शुष्क अर्क पौधों की सामग्री का अर्क होता है, वाष्पीकरण करके जिसे सुखा दिया जाता है। इसके बाद उन्हें और भी परिष्कृत करके कैप्सूल या गोली बनाया जा सकता है। फुहारन शुष्क अर्क है जो हिमीकरण से सुखाकर बनाया जाता है।

अभिश्वसन सुगंधोपचार (Aromatherapy) का उपयोग साइनस संक्रमण या कफ से संघर्ष करने के लिए मनोदशा बदलने के उपचार के रूप में हो सकता है, या गहराई तक त्वचा को परिशुद्ध करने (यहां सीधे सांस द्वारा लेने के बजाए भाप लेना) से किया जा सकता है।

लेपन– ताजी जड़ी–बूटी के गारे का त्वचा पर लेप ।

हर्बल चाय– जड़ी बूटी को पिसना और पानी में उबालना ।

प्रमुख मसाला फसलों के औषधीय उपयोग

काली मिर्च के अद्भुत फायदे :

काली मिर्च के अंदर ऐसे गुण होते हैं जो शरीर में जमा वसा को उखाड़ने का काम करते हैं जिससे शरीर का मोटापा तेजी से कम होने लगता है। इसीलिए मोटे व्यक्ति को जो तरह तरह के उपाय करने के बाद भी अपना वजन कम नहीं कर पाते उन्हें सुबह सुबह काली मिर्च का सेवन जरूर करना चाहिए। ऐसा करने से तेजी से वजन कम होने लगता है।

- आधे सिर का वह दर्द जो की सूर्य उदय के साथ होता हो, इसमें काली मिर्ची के 10 दाने और 2 चम्मच मिश्री को कूटपिसकर सुबह सूर्योदय से पहले फांक लेने से लाभ होता है ।
- उम्र बढ़ने के साथ ही होने वाला गठिया रोग काली मिर्च का इस्तेमाल बहुत ही फायदेमंद होता हैं। इसे तिल के तेल में जलने तक गरम करें । उसके बाद इस तेल को ठंडा होने पर दर्द वाली जगह आदि पर लगाएं आपको बहुत ही आराम मिलेगा।
- काली मिर्च सेवन करके हम अपने जोड़ों के दर्द में राहत पा सकते हैं इसीलिए जिनको भी दर्द की समस्या उनको सुबह सुबह काली मिर्च का सेवन जरूर करना चाहिए।
- 30 ग्राम मक्खन या एक चम्मच घी में आटा काली मिर्ची और शक्कर मिलाकर रोजाना चाटने से स्मरण शक्ति बढ़ती हैं। मस्तिष्क में तरावट आती हैं और बुद्धि प्रखर होती है। कमजोरी दूर होती हैं।
- काली मिर्च में एंटी ऑक्सीडेंट गुण होते हैं जो कि कैंसर से शरीर को दूर रखते हैं। तो जिस भी व्यक्ति को कैंसर से बचाव करना है तो उसे काली मिर्च का सेवन जरूर करना चाहिए।
- जंक फूड के कारण बवासीर की समस्या आजकल ज्यादातर लोगों को रोगी बना रही हैं। इससे छुटकारा पाने के लिए जीरा, काली मिर्च और चीनी या मिश्री को पीस कर एक साथ मिला लें । सुबह-शाम दो से तीन बार इसे लेने से बवासीर में राहत मिलती हैं।
- पेट दर्द का कारण सिर्फ खराब खान-पान ही नहीं होता हैं, बल्कि कीड़े भी इसकी वजह हो सकते हैं। इससे भूख कम लगती हैं और वजन तेजी के साथ घटने लगता हैं। इन्हें दूर करने के लिए छाछ में काली मिर्च का पाउडर मिला कर पिएं। इसके अलावा काली मिर्च को किसमिस के साथ मिला कर खाने से भी पेट के कीड़े दूर होते हैं।
- त्वचा पर कहीं भी फुंसी उठने पर, काली मिर्च पानी के साथ पत्थर पर घिस कर अनामिका अंगुली से सिर्फ फुंसी पर लगाने से फुंसी बैठ जाती है।
- काली मिर्च को सुई से छेद कर दीये की लौ से जलाएं। जब धुआं उठे तो इस धुएं को नाक से अंदर खीच लें। इस प्रयोग से सिर दर्द ठीक हो जाता है। हिचकी चलना भी बंद हो जाती है।
- ब्लड प्रेशर लो रहता है, तो दिन में दो-तीन बार पांच दाने कालीमिर्च के साथ 21 दाने किशमिश का सेवन करें।
- काली मिर्च 20 ग्राम, जीरा 10 ग्राम और शक्कर या मिश्री 15 ग्राम कूट पीस कर मिला लें। इसे सुबह शाम पानी के साथ फाँक लें। बवासीर रोग में लाभ होता है।

- आधा चम्मच पिसी काली मिर्च थोड़े से घी के साथ मिला कर रोजाना सुबह-शाम नियमित खाने से नेत्र ज्योति बढ़ती है।
- काली मिर्च 20 ग्राम, सोंठ पीपल, जीरा व सेंधा नमक सब 10-10 ग्राम मात्रा में पीस कर मिला लें। भोजन के बाद आधा चम्मच चूर्ण थोड़े से जल के साथ फांकने से मंदाग्नि दूर हो जाती है।
- शहद में पिसी काली मिर्च मिलाकर दिन में तीन बार चाटने से खांसी बंद हो जाती है।
- काली मिर्ची में मौजूद पाईपरिन नामक तत्त्व कीटाणुनाशक होता हैं। यह मलेरिया और वायरस जैसे ज्वरों के विषाणुओं को नष्ट कर देता हैं। 60 ग्राम पीसी हुई काली मिर्ची 2 ग्लास पानी में इतना उबालें कि आधा ग्लास पानी रह जाये फिर इसे छानकर हर 4 घंटे से उसके 3 भाग करके पियें। इससे मलेरिया बुखार ठीक हो जाता हैं।
- सिर में डेंड्रफ और खुजली के वजह से बाल गिरते हो तो काली मिर्ची, प्याज, नमक सबको पीसकर बालों की जड़ों में लगाएं। बालों का झड़ना बंद हो जायेगा।
- अगर बाल सफेद हो गए हो तो 10 काली मिर्ची रोजाना सुबह भूखे पेट और शाम को चबाकर निगल जाएं। यह प्रयोग कम से कम एक साल से ज्यादा करें। यह आजमाया हुआ प्रयोग हैं। काली मिर्ची मीठे तेल, (तिल का तेल) मिलाकर लगाएं तो और अधिक लाभ होगा।
- काली मिर्ची और फिटकरी समान मात्रा में बारीक पीसकर मिला लें। थोड़ा सा पाउडर लेकर पानी डालकर पेस्ट बनाकर तिनके की रुई लगाकर फुरेरी से मस्सों पर रोजाना दिन में 3 बार लगाएं। मस्से हट जायेंगे।
- हरे पुदीना के 30 पत्ती 2-2 चम्मच सौंफ और मिश्री, 5 काली मिर्ची सब में पानी डालकर पीसकर एक कप गर्म पानी में घोलकर छानकर पीने से हिचकी बंद हो जाएगी।
- यह पाचनशक्ति बढ़ाती हैं। एक काली मिर्ची, जीरा, सेंधा नमक, सोडा, पीपल सब समान भाग में लेकर पीसलें खाना खाने के बाद आधा चम्मच पानी से 2 बार लें। खाना अच्छी तरह से पचेगा हजम होगा।
- 5 ग्राम काली मिर्ची पीसकर आधा चम्मच गाय के घी के साथ लेने से सब तरह की खुजली और विष का प्रभाव दूर हो जाता हैं। फुंसी उठते ही उसपर काली मिर्ची पानी में पीसकर लगाने से फुंसी बैठ जाती हैं। गुहेरी, बाल तोड़ फोड़े भी ठीक हो जाते हैं।
- कुत्ते के काटने पर प्राथमिक उपचार के तौर पर काली मिर्ची पीसकर घाव पर भुरक दें और फिर डॉक्टर को भी दिखा दें। ऐसा करने से जहर का प्रभाव कम हो जायेगा।
- 12 काली मिर्ची कूटकर घी में तलें। घी नितारकर इसमें गेहूं का आटा सेंक कर गुड़ या शकर डालकर हलुआ बनाकर उसमें तली हुई काली मिर्ची डालकर सुबह शाम भोजन से पहले खाएं। चक्कर आना बंद हो जायेगा।
- 20 काली मिर्ची गुलाबजल में पीसकर रात को चेहरे पर लगाएं और सुबह गर्म पानी से धोयें। इससे कील मुंहासे झुर्रियां साफ होकर चेहरा साफ होने लगता है ।

- 10 काली मिर्ची पीसकर एक ग्लास दूध में उबालकर मीठा डालकर पीने से पेट दर्द में लाभ होता हैं।
- 10 काली मिर्ची कूटकर एक ग्लास पानी में उबालकर गरारे करने से गला साफ हो जाता हैं, गले का दर्द, दांत दर्द, संक्रमण दूर हो जाता हैं।
- नेत्रज्योति वर्धक (आंखों की रोशनी बढ़ाना)- काली मिर्ची नेत्रज्योति बढ़ाती हैं। घी, काली मिर्ची, मिश्री मिलाकर चाटें।
- काली मिर्च स्वाद की कलिका को उत्तेजित करता है और पेट में हाइड्रोक्लोरिक एसिड के स्राव को बढ़ाता है, जिसका प्रतिफल बेहतर और स्वस्थ पाचन है। इसीलिए कमजोर पाचक शक्ति वाले व्यक्ति को सुबह खाली पेट 4 काली मिर्च का सेवन जरूर करना चाहिए। ऐसा करने से शरीर में पाचक क्रिया तेज होती है।
- कालीमिर्च अम्लपित्त को खत्म करती हैं। 5 काली मिर्ची का पाउडर प्याज और निम्बू का रस एक-एक चम्मच तीनों तीन चम्मच पानी में मिलाकर एक बार रोजाना सुबह पिएं। अम्लपित्त में फायदे होंगे।

लौंग के अद्‌भुत फायदे

- **फेफड़ों की सूजन :** लौंग का चूर्ण बनाकर 1 ग्राम की मात्रा में लेकर शहद व घी को मिलाकर सुबह-शाम सेवन करने से खांसी और श्वांस सम्बन्धी पीड़ा दूर हो जाती है।
- **अंजनहारी, गुहेरी :** लौंग को पानी के साथ घिसकर गुहेरी पर लगाने से गुहेरी समाप्त हो जाती है। इसमें शुरूआत में थोड़ी जलन महसूस होती है।
- **दांत मजबूत करना :** दांतों में कमजोरी के कारण दांत हिलने तथा टूटने लगते हैं। इस तरह की परेशानी में कालीमिर्च 50 ग्राम और लौंग 10 ग्राम को पीसकर मंजन बनाकर रोजाना मंजन करें। इससे दांत मजबूत होते हैं।
- **पायरिया :** लौंग के तेल में खस और इलायची को मिलाकर प्रतिदिन सुबह-शाम दांतों पर मलने से पायरिया ठीक होकर मुंह की दुर्गन्ध दूर होती है।
- 5 से 6 बूंद लौंग का तेल 1 गिलास गर्म पानी में मिलाकर गरारे व कुल्ले करने से पायरिया रोग नष्ट होता है।
- **दांत के कीड़े :** कीड़े लगे दांतों के खोखल में लौंग के तेल को रूई में भिगोकर रखें। इससे दांत के कीड़े नष्ट होते हैं और दर्द कम होता है।
- **काली खांसी :** तवे को आग पर रखकर लौंग को भून लें, फिर उस लौंग को पीसकर शहद में मिलाकर चाटने से काली खांसी ठीक हो जाती है।
- थोड़ी सी लौंग तवे पर भूनकर कूट-पीसकर बारीक चूर्ण बनाकर रखें। इस लौंग के चूर्ण को शहद में मिलाकर चाटने से काली खांसी दूर हो जाती है।

- बच्चों की काली खांसी में 30 से 60 मिलीग्राम गोरोचन को सुबह-शाम शहद के साथ चटाने से लाभ मिलता है। सावधानी यह रहे कि गोरोचन शुद्ध होना चाहिए क्योंकि मार्केट में यह बहुत अधिक मात्रा में नकली पाये जाते हैं।
- **खांसी :** 2 लौंग गर्म मसाने वाली को तवे पर भूनकर (गर्म तवे पर लौंग 1 मिनट में ही फूलकर मोटी हो जाएगी तभी उतार लेते हैं।) तथा पीसकर 1 चम्मच दूध में मिलाकर गुनगुना सा ही बच्चों को सोते समय पिला देने से खांसी से छुटकारा मिल जाता है।
- 10 ग्राम लौंग, 10 ग्राम जायफल, 10 ग्राम पीपल, 20 ग्राम मिर्च, 160 ग्राम सोंठ और 210 ग्राम बूरे का चूर्ण बनाकर गोली बना लें। इन गोलियों के सेवन से खांसी, बुखार, अरुचि, प्रमेह, गुल्म, श्वास, मंदाग्नि तथा ग्रहणी के रोग में तुरन्त लाभ मिलता है।
- लौंग, कालीमिर्च, बहेड़े की छाल और कत्था को बराबर मात्रा में लेकर बारीक पीस लें। इसके बाद उसे बबूल की छाल के काढ़े में डालकर छोटी-छोटी गोलियां बना लें। इन गोलियों को मुंह में रखकर चूसने से खांसी, श्वास, बुखार तथा नजला-जुकाम का रोग भी दूर हो जाता है।
- 1 भाग लौंग और 2 भाग अनार के छिलके को मिलाकर पीसकर इनका चौथाई चम्मच आधे चम्मच शहद में मिलाकर रोजाना 3 बार चाटने से खांसी के रोग में लाभ मिलता है।
- 10-10 ग्राम लौंग, इलायची, खस, चंदन, तज, सोंठ, पीपल की जड़, जायफल, तगर, कंकोल, स्याह जीरा, शुद्ध गुग्गुल, पीपल, वंशलोचन, जटामांसी, कमलगट्टा, नागकेशर, नेत्रवाला सभी को लेकर चूर्ण बना लें। इसके बाद इसमें उड़ाया हुआ कपूर 6 ग्राम की मात्रा में मिला दें। इस मिश्रण को शहद से अथवा मिश्री से दोनों समय सेवन करने से हिचकी अरुचि, खांसी तथा अतिसार का रोग मिट जाता है।
- 10-10 ग्राम लौंग, पीपल, जायफल, कालीमिर्च, सोंठ तथा धनियाँ को पीसकर चूर्ण बना लें। इस चूर्ण में थोड़ी सी मिश्री मिलाकर शीशी में भर लें। इसमें से दो चुटकी चूर्ण सुबह, दोपहर और शाम को शहद के साथ सेवन करने से खांसी ठीक हो जाती है।
- **अफारा (पेट का फूलना) :** 3 ग्राम लौंग को 200 मिलीलीटर पानी में उबाल लें। फिर छानकर इस पानी को पीने से आध्यमान (अफारा, गैस) समाप्त होता है।
- 120 मिलीग्राम से 240 मिलीग्राम तक लौंग की फांट या चूर्ण को रोजाना सुबह और शाम सेवन करने से अफारा में लाभ होता है।
- मिश्री में 1 से 3 बूंद लौंग के तेल या गोंद को मिलाकर सेवन करने से अफारा मिटता है।
- **जीभ और त्वचा की सुन्नता :** पान खाने से या किसी अन्य कारण से जीभ फट गई हो तो एक लौंग मुंह में रखें। इससे रोग में आराम रहता है।
- **कब्ज :** लौंग 10 ग्राम, कालीमिर्च 10 ग्राम, अजवायन 10 ग्राम, लाहौरी नमक 50 ग्राम और मिश्री 50 ग्राम को पीसकर छानकर नींबू के रस में डाल दें। सूखने पर 5-5 ग्राम गर्म पानी से खाना खाने के बाद खुराक के रूप में लाभ होता है।

- **वमन (उल्टी) :** 4 लौंग को पीसकर 1 कप पानी में डालकर उबालने के लिए रख दें। जब उबलता हुआ पानी आधा रह जाये तो उसे छानकर स्वाद के मुताबिक उसमें चीनी मिलाकर पी लें और सो जायें। पूरे दिन में इस तरह चार बार इस पानी को पीने से उल्टियां आना बंद हो जाती हैं।
- अगर उल्टियां बंद नहीं हो रही हो तो 2 लौंग और थोड़ी सी दालचीनी लेकर 1 कप पानी में डालकर उबाल लें। जब पानी आधा बाकी रह जाये तो पानी को छानकर रोगी को जब भी उल्टी आये पिलाते रहें। इससे थोड़े समय में ही उल्टियां आना बंद हो जायेंगी।
- यदि गर्भावस्था में उल्टी आती हो तो 2 लौंग को पीसकर शहद के साथ गर्भवती स्त्री को चटाने से उल्टी आना बंद हो जाती है। 2 लौंग को आग पर गर्म करके जब भी उल्टी हो चूसें। इससे उल्टी बंद हो जाती है।
- 2 लौंग को पानी में डालकर उबाल लें। फिर उस पानी को ठंडा होने पर इसमें मिश्री डालकर रोगी को पिलाकर सुला दें। इससे कुछ समय में ही उल्टी का रोग समाप्त हो जाता है।
- अगर जी मिचलाता (उबकाई) हो तो लौंग को मुंह में रखकर चूसते रहने से लाभ होता है।
- लौंग और दालचीनी का काढ़ा बनाकर पीने से उल्टी होना बंद हो जाती है।
- लगभग 25 ग्राम खील, 5 दाने लौंग, 5 छोटी इलायची और 25 ग्राम मिश्री को आधे लीटर पानी में डालकर उबालने के लिए आग पर रख दें। जब 10-12 बार पानी में उबाल आ जाये तो पानी को आग पर से उतारकर छान लें इस पानी को थोड़ा-थोड़ा पीने से उल्टी आना बंद हो जाती है।
- शहद में लौंग और अजमोद का चूर्ण मिलाकर खाने से उल्टी होना बंद हो जाती है।

जायफल और जावित्री

- जायफल और जावित्री प्राय: 9-12 मीटर ऊँचाई तक बढने वाले सदाबहार पेड़ के फल से उत्पादित होने वाले पूर्णत: अलग अलग दो मसाले हैं। जावित्री फल का सूखा जालीदार बीजचोल है और जायफल फल का सूखा बीज गरी है।
- जायफल और जावित्री दोनों मसाले के रूप में, खासकर मीठे पकवानों में प्रयुक्त होते हैं। मुख्यत: इस मसाले का पीसे रूप में, खाद्य प्रसंस्करण उद्योग में खासकर डच व्यंजनों में मानक मसालों के रूप में प्रयोग होता है। जायफल तैलीराल मांस उत्पादों, शोरबा, सॉस बेक्ड खाद्यों, मिष्ठान्नों, पुडिंग, मांस एवं सब्जी आदि की पकाई में प्रयुक्त होता है।
- फल के मांसल बाहरी आवरण के क्रिस्टलीकृत या अचार या जेली बनाया जाता है। स्वादिष्ट जायकेदार व्यंजनों में जावित्री प्रयुक्त की जाती है।
- अपने उत्तेजक, वातहर, कषाय और कामोत्तेजक गुणों के कारण पूर्वी देशों में दवा के रूप में इसका इस्तेमाल किया जाता है। अत्यधिक मात्रा में इसका नशीला प्रभाव रहता है। जायफल तेल का प्रयोग अंगरागों व प्रसाधन सामग्रियों में किया जाता है।

- जायफल के भाप आसवन द्वारा महत्त्वपूर्ण तेल प्राप्त किया जाता है और इत्रादि सुगंधित वस्तु या सामग्री और दवा में उद्योगों में भारी मात्रा में इसका इस्तेमाल किया जाता है।
- बेक किया हुए पदार्थों, सीरप्स, पेय पदार्थो और मिठाई में एक प्राकृतिक खाद्यपदार्थ के स्वाद के लिए इसका प्रयोग किया जाता है।
- कॉस्मेटिक और दवा उद्योगों में भी इस्तेमाल किया जाता है, टूथपेस्ट में और कुछ खांसी की दवाईयों प्रमुख संघटक के रूप में प्रयोग किया जाता है।
- परंपरागत चिकित्सा में जायफल और जायफल तेल का इस्तेमाल नसों और पाचन प्रणाली से संबंधित बीमारियों के लिए प्रयोग किया जाता था।
- जायफल में मिरिस्टिसिन होता है एक कमजोर मोनोमाइन ओक्सीडेस इन्हिबिटर होता है। मिरिस्टियन विषाक्तन संक्षोभ, धकधकी, उबकाई, संभावित निर्जलीकरण और सामान्यीकृत शरीर दर्द को उत्प्रेरित कर सकता है। इसे एक मजबूत प्रलापक माना जाता है। मैरीसेटिन की उपस्थिति के कारण अच्छी जीवाणुरोधी गतिविधि देखी जाती है।
- जायफल को पानी में घिसकर मस्तक पर लगाने से सर का दर्द ठीक होता है।
- जायफल को पीसकर कान के पीछे लेप करने से कान की सूजन में आराम मिलता है।

दालचीनी

- इसमें प्राकृतिक रूप से शर्करा की मात्रा पाई जाती है जो मधुमेह लोगों के लिये काफी फायदेमंद होती है ।
- ये रक्त शर्करा के स्तर को नियंत्रित करने के साथ कोलेस्ट्रॉल की समस्या, हृदय रोग, उच्च रक्तचाप, कैंसर,पीसीओ, अल्सर, योनि खमीर संक्रमण, जैसी बीमारियों को दूर करने में काफी मदद करता है। यह रक्तचाप को स्थिर रखने में दालचीनी बेहद फ़ायदेमंद है।
- इसके साथ ही शरीर में होने वाले घाव को शीघ्र ही स्वस्थ कर उसे पूरी तरह से भर देता है।

चक्र फूल

- चक्र फूल पाचन क्रिया को दुरुस्त करता है । यह बच्चों और बड़े दोनों के लिए फायदेमंद होता है। यह पाचन, पेट फूलने, उल्टी व पेट की सूजन को ठीक करने के लिए इस्तेमाल किया जाता है।
- चक्र फूल में एंटीसेप्टिक गुण पाए जाते हैं जिसकी वजह से यह घाव और चोट के दर्द को ठीक करने के काम आता है।
- इसका इस्तेमाल बैक्टीरिया से जुड़ी बीमारियों जैसे अस्थमा, खांसी को ठीक करने के लिए भी किया जाता है। इसकी चाय पीने से मुंह की दुर्गंध दूर होती है।
- सोने से पहले चक्र फूल को दूध में मिलाकर पीने से अच्छी नींद आती है क्योंकि इसमें शारीरिक दर्द को दूर करने की क्षमता होती है।
- चक्र फूल का तेल या चक्र फूल के पाउडर को नारियल तेल के साथ मिलाकर मालिश करने से जोड़ों के दर्द में आराम मिलता है।

- चक्र फूल में एंटीफंगल गुण होते है इसलिए यह त्वचा के इंफेक्शन को ठीक करने में भी इस्तेमाल किया जाता है।
- इसमे एंटीवायरल गुण होते हैं जिससे यह बुखार या लू को ठीक करने में भी इस्तेमाल किया जाता है।

अदरक

- अदरक में अनेक औषधीय गुण होने के कारण आयुर्वेद में इसे महा औषध माना गया है। यह गरम, तीक्ष्ण- भारी, मलभेदक, पाक में मधुर, भूख बढ़ाने वाला, पाचक, चरपरा, रुचिकारक, त्रिदोषमुक्तयानी वात, पित्त और कफ नाशक होता है।
- वैज्ञानिक मतानुसार अदरक की रासायनिक संरचना में 80 प्रतिशत भाग जल होता है, जबकि सोंठ में इसकी मात्रा लगभग 10 प्रतिशत होती है। इसके अलावा स्टार्च 53 प्रतिशत, प्रोटीन 12.4 प्रतिशत, रेशा (फाइबर), 7.2 प्रतिशत, राख 6.6 प्रतिशत, तात्त्विक तेल (इसेन्सियल ऑइल) 1.8 प्रतिशत तथा ओथियोरेजिन मुख्य रूप से पाए जाते हैं।
- सोंठ में प्रोटीन्स, नाइट्रोजन, अमीनो एसिड्स, स्टार्च, ग्लूकोज, सुक्रोस, फ्रुक्टोस, सुगंधित तेल, ओलियोरेसिन, जिंजीबरिन, रेफीनीस केल्शियम, विटामिन बी और सी, प्रोटिथीलिट एन्जइम्स और लोहा भी मिलते हैं। प्रोतिथीलित एंजाइम के कारण ही सोंठ कफ हटाने व पाचन संस्थान में विशेष गुणकारी सिद्ध हुई है।
- अपस्कार मिरगी गला रूध कर आवाज निकलना, बेहोशी, दात भिंच जाना, पीड़ा आदि की स्थिति में 25 ग्राम अदरक का रस निकालकर कुछ गर्म करके रोगी व्यक्ति को पिलाना चाहिये।
- **बहुमूत्र–** अदरक के रस में मिश्री मिलाकर सेवन कराने से बहुमूत्र में लाभ होता है। हृदय शूल या छाती की पीड़ा भी शान्त हो जाती है।
- **हैजा–** अदरक के रस में अर्कमूल व कालीमिर्च पीसकर गोलियां बनाकर सेवन करना लाभकर रहता हैं।
- **जलोदर–** पेट में पानी भर जाने से अदरक के 10 ग्राम रस में पुराना गुड़ 20 ग्राम की मात्रा में प्रातः सायं कुछ दिनों तक नियमित लेने से जलोदर रोग समाप्त हो जाता है। किन्तु पथ्य में रोगी को केवल बकरी का दूध देना चाहिये।
- **स्वर भंग–** अदरक में छेद करके उसमें 1 रत्ती हींग रखकर कपड़े में लपेटकर भूभल में भून लें। गन्ध आने पर चने के आकार की गोलियाँ बनाकर धीरे धीरे चूसते रहें।
- **वमन–** वमन होने की स्थिति में अदरक के रस में समान मात्रा में प्याज का रस मिलाकर पिलाना चाहिये।
- **जुकाम–** यदि जाड़े की ऋतु में भयंकर जुकाम हो रहा हो जिसके कारण गला रूंध गया हो तो अदरक का रस 10 ग्राम में शहद मिला गर्म कर रोगी को दिन में 2–3 बार दें, लाभ होगा।

- **इन्फ्लूएंजा होने पर–** इन्फ्लूएंजा के ज्वर में एक चाय के चम्मच भर अदरक का रस और उतनी ही शहद एक ही साथ मिलाकर देने से निश्चित ही लाभ होता है। यह औषधि सूखी या बलगम युक्त खांसी में लाभप्रद है।
- **भूख बढ़ाने के लिये–** खाने से पूर्व नमक के साथ अदरक खाने से भूख बढ़ती है। और मुंह का जायजा ठीक होता है। सोंठ का चूर्ण भी भोजन के साथ या भोजन से पूर्व फांकना लाभदायक होता है।
- **खांसी की औषधि–** अदरक का रस 12 ग्राम सेधा नमक 125 मिलिग्राम शहद 2 ग्राम काली मिर्च को बारीक पीसकर अदरक के रस में मिला दें। तत्पश्चात उसमें शहद डालकर अच्छी तरह फेट डालें। इसे सुबह शाम थोड़ा थोड़ा कुछ दिनों तक चाटने से खांसी दूर होती है। स्मरण रहे कि इस उपचार के समय कोई स्निग्ध वस्तु खाकर जल न पियें ऐसा करने से लाभ के बजाय हानि सम्भव है।
- **प्रसव के बाद की पुष्टई–** औरतों के लिए सौंठ अमृत तुल्य है। प्रसव के बाद की कमजोरी को दूर करने के लिए माताओं को सौंठ का पाक खिलाया जाता है। यह पाक सौभाग्य शुंठी पाक के नाम से बाजारों में भी बिकता है। इसके प्रयोग से प्रसूती के शरीर के समस्त विकार निकल जाते हैं। और उसका शरीर बलवान हो जाता है। इससे दूध की शुद्धि और वृद्धि भी होती है।
- **मंदाग्नि–** पहले आधा किलो अदरक अच्छी तरह उबाल लें। फिर उसे छीलकर पीस लें और उसमें 100 ग्राम हल्दी पीसकर मिला दें। इसके बाद इसमें सेर भर पुराना गुड़ मिलाकर रख दें। इस औषधि को प्रतिदिन 3–3 ग्राम की मात्रा में लेने से अग्नि दीप्त होती है। और शक्ति बढ़ती है तथा साथ ही खांसी भी दूर हो जाती है।
- भूख कम लगने पेट की गैस भोजन के प्रति अरूचि कब्ज जीभ व गले में बलगम चिपटने की स्थिति में लगभग 5 ग्राम अदरक महीन काटकर आवश्यकतानुसार नमक डालकर एक से डेढ़ सप्ताह तक प्रतिदिन सेवन करें।
- **चोट लगने पर–** अदरक पीसकर गर्म कर लें। इसकी दर्द वाले स्थान पर लगभग आधा इंच (मोटाई) लेप करके पट्टी बांधें लगभग 2 घन्टे पश्चात लेप को हटायें व सरसों का तेल लगाकर सेक लें। इस प्रक्रिया को लाभ होने पर प्रतिदिन करे।
- अपच– भोजन के उपरान्त अदरक व नींबू के रस में सेंधानमक मिलाकर सुबह–शाम पीते रहने से अपच दूर हो जाती है। और भूख खूब लगती है।
- **कान का दर्द–** अदरक का रस किंचित गर्म करके कान में डालने से कान का दर्द तुरन्त समाप्त हो जाता है।
- **दन्तशूल–** दांतों में दर्द होते समय अदरक के टुकड़े दांतों के बीच में दबाकर रखने से दांतों का दर्द समाप्त हो जाता है।
- **सन्निपातिक ज्वर–** अदरक का रस में त्रिकुटा व सेंधा नमक मिलाकर देने से गले में घिरा हुआ कफ निकल जाता है। जिससे रोगी को आराम मिल जाता है।

- **न्यूमोनिया–** अदरक के रस में 2–1 वर्ष पुराना घृत व कपूर मिलाकर गर्म करके लेप करना तत्काल लाभ करता है।
- **अम्लपित–** अदरक के रस 2 ग्राम में अनार का रस 5 ग्राम मिलाकर देने से अम्लपित्त ठीक हो जाता है।
- **अजीर्ण–** कुछ दिनों तक अदरक का रस सेवन करते रहने से अजीर्ण में लाभ होता है और भूख खुलकर लगने लगती है।
- **नेत्र रोग–** अदरक को जलाकर उसकी राख बारीक पीसकर रख लें । यह राख नेत्रांजन करने से नेत्रों में ढलका जाना, जाला पड़ना आदि रोग दूर हो जाते है।
- **सन्निपात–** सन्निपात के कारण जब शरीर एकदम ठंडा पड़ जाये तब अदरक के रस में थोड़ा सा लहसुन का रस मिलाकर रोगी शरीर पर मर्दन करने से उसमें फिर से गर्मी लौट आने की संभावना रहती है।
- **गृध्रसी, जंघा, कटि वेदना–** की स्थिति में अदरक के रस में शुद्ध ताजा घी मिलाकर पीना हितकर होता है।
- **वायु रोग (गैस ट्रबल), मंदाग्नि–** कटी हुई अदरक में नमक छिड़ककर दिन में कई बार थोडी थोड़ी खाते रहने से अपान वायु निकलती है। शरीर का भारीपन समाप्त हाता है। चित्त प्रसन्न रहता है। और खूब भूख लगती है।
- **सिर दर्द–** सिर में दर्द या शरीर के जोड़ों (संधि स्थलों) में किसी भी कारण से पीड़ा होने पर अदरक के रस में सेंधानमक या हींग मिलाकर मालिश करनी चाहिए।
- **नाप जाना, नाभि हटना और अतिसार–** अदरक के रस में कपड़ा भिगो–भिगोकर नाभि पर प्रति 15 मिनट बाद बदलते हुए रखें। अतिसार रूक जाता है और नाभि यथास्थान बैठ जाती है।
- **आधासीसी का दर्द–** रोगी व्यक्ति को चारपाई पर कुछ नीचा सिर करके सीधा लिटा दें । उसके बाद जिधर के हिस्से में दर्द हो उधर नासाछिद्र में अदरक का रस, मधु व जल समान मात्रा में मिलाकर 2–3 बूंदें टपकायें । 3–4 बार ऐसा करने से लाभ हो जायेगा, दवा मस्तिष्क में अवश्य पहुंच जानी चाहिए।
- **प्रतिश्याय (जुकाम)–** अदरक 5 ग्राम, मिश्री 10 ग्राम, कालीमिर्च 10 नग। इनका 200 ग्राम जल में काढ़ा बनाकर चौथाई (1/4 भाग) शेष रहने पर पीवें।
- **अंड वृद्धि–** वायुकार के कारण यदि अंडकोष बढ़ जाये तो अदरक के रस में शहद मिलाकर प्रतिदिन लगभग 40 दिन तक सेवन करें ।
- **हिचकी–** सभी प्रकार की हिचकियों में अदरक की साफ की हुई छोटी डली चूसनी चाहिए। एक कप दूध को उबालकर उसमें आधा चम्मच सोंठ का चूर्ण डाल दें और ठंडा करके पिलाएँ।

- **पेट दर्द–** अदरक और लहसुन को बराबर की मात्रा में पीसकर एक चम्मच की मात्रा में पानी से सेवन कराएं।
- पिसी हुई सोंठ, सेंधा नमक और हींग बराबर की मात्रा में मिलाकर आधा चम्मच की मात्रा में गर्म पानी के साथ खिलाएं।
- **मुंह की दुर्गन्ध–** एक गिलास गर्म पानी में दो चम्मच अदरक का रस मिलाकर दिन में 2–3 बार कुल्ले राएं।
- **जोड़ों का दर्द–** अदरक का रस गुनगुना गर्म करके इससे मालिश करें ।

धनियाँ

- ये खाना पचाने में मदद करता है। इसकी तासीर ठंडी होती है।
- ये एसिडिटी, पेट की गर्मी पेशाब की जलन, शरीर की जलन आदि में लाभप्रद है।
- गर्मी के मौसम में दो गिलास पानी में 5 चम्मच साबुत धनियाँ दो कप पानी में रात को भिगो दें। सुबह छानकर पी लें। नकसीर, रक्त बवासीर में बहुत आराम मिलेगा।
- पेशाब में या शरीर में जलन या ज्यादा प्यास लगती हो तो तीन चम्मच धनियाँ रात को पानी में भिगो दें। सुबह इसे पीसकर छानकर मिश्री और दूध मिलाकर पियें।
- खाना खाते ही प्रेशर बनता हो तो खाने के बाद एक चम्मच धनियाँ पाउडर में काला नमक मिलाकर फांक लें । समाधान हो जायेगा।

सरसों

- सरसों के पौधे के बीज में कैल्शियम, मैग्नीशियम, फॉस्फोरस और पोटेशियम जैसे खनिज होते हैं। इसके साथ ये फोलेट और विटामिन ए का भी एक अच्छा स्रोत है। सरसों के कई स्वास्थ्य लाभ होते हैं। ये मांसपेशियों में दर्द, छालरोग, दाद, सूजन और श्वसन विकार से राहत दिलाता है।
- सरसों में सेलेनियम और मैग्नीशियम होता है जो एंटी इन्फ्लैमटरी होने के साथ-साथ गर्माहट भी पहुँचता है। आमवाती गठिया से पीड़ित व्यक्तियों को सरसों के बीज के सेवन से मैग्नीशियम और सेलेनियम मिलता है, जिससे गठिया कम होता है। सरसों से शरीर की मांसपेशियों को गर्माहट मिलती है जिससे दर्द में आराम मिलता है।
- सरसों में फीटोन्यूट्रिएंट्स पाया जाता है जो गैस्ट्रोइंटेस्टाइनल कैंसर को रोकने में मदद करता है। सरसों में मौजूद गुण कैंसर को ठीक करके उसे शरीर में पनपने से रोकते हैं। रोजाना सरसों खाने से कैंसर का खतरा हमेशा के लिए खत्म हो जाता है।
- सरसों कोलेस्ट्रॉल कम करने में मदद करता है। सरसों में नियासिन और विटामिन बी 3 भरपूर मात्रा में पाया जाता है। नियासिन में कोलेस्ट्रॉल को कम करने के गुण पाये जाते हैं, जो आर्टरीज को अथेरोक्लेरोसिस से बचाता है, जिससे रक्त प्रवाह ठीक रहता है। ऐसा होने से हाई ब्लड प्रेशर नहीं होता।

- अगर आप बंद नाक या गले से या रेस्पिरेटरी कंजेस्शन से परेशान है तो आप सरसों के इस्तेमाल से अपने आपको ठीक कर सकते हैं। आप आसानी से बंद नाक या गला सरसों के बीज इस्तेमाल करके साफ कर सकते हैं। सरसों की तेज गंध से नाक और गला साफ होता है।
- सरसों के बीज में सेलेनियम और मैग्नीशियम अच्छी मात्रा में पाया जाता है और दोनों ही एंटीइन्लैमटरी होते हैं। सरसों को रोज खाने से अस्थमा मरीज को सांस की बीमारी से निजात मिल जाती है। सरसों से सर्दी को ठीक करने और सीने में जमे बलगम को बाहर निकलने में भी मदद मिलती है।
- सरसों के पौधे के विभिन्न भागों को शरीर के कैंसर, मधुमेह, और डिटॉक्सिफिकेशन के इलाज में लाभकारी माना गया है। इसमें ऐसे गुण होते हैं जो हृदय स्वास्थ्य को बनाए रखने में मदद करते हैं। ये स्वस्थ त्वचा और लम्बे बालों को बनाये रखने में मदद करता है। ये कोलेस्ट्रॉल को भी कम करता है। रजोनिवृत्ति के दौरान महिलाओं के लिए ये एक अद्भुत वनस्पति है।

केसर

- दुनिया भर के मसालों में यह सबसे महंगा है और एक से डेढ़ लाख रूपए किलो बिकता है। विश्व में मुख्य रूप से कश्मीर घाटी और ईरान में इसकी खेती होती है। इसके अलावा स्पेन में भी इसे उगाया जाता है। मगर गुणवत्ता में अव्वल नंबर पर हिन्दुस्तानी जाफरान ही माना जाता है।
- असली केसर पानी में पूरी तरह घुल जाती है।केसर को पानी में भिगोकर कपड़े पर रगड़ने से पीला केसरिया रंग निकले तो ये असली है।यदि पहले लाल रंग फिर बाद में पीला रंग निकले तो ये नकली है।
- यह उष्णवीर्य, उत्तेजक, पाचक, वात-कफ नाशक मानी गयी है।
- यह उत्तेजक, वाजीकारक, यौनशक्ति वर्धक, त्रिदोष नाशक, वातशूल शमन करने वाली है।
- यह मासिक धर्म ठीक करने वाली, त्वचा को निखारने वाली, रक्तशोधक, प्रदर और निम्न रक्तचाप को ठीक करने वाली भी है। कफ का नाश करने, मन को प्रसन्न रखने, मस्तिष्क को बल देने वाली, हृदय और रक्त के लिए हितकारी भी है।
- केसर बुखार की शुरुआती अवस्था में बुखार बाहर निकालता है। पर तेज बुखार में, पित्त की अधिकता में इसका उपयोग सावधानी से करना चाहिए।
- गुलाब जल में केसर घिस कर आँखों में डालने से आँखों की रौशनी बढती है।
- महिलाओं के मासिक धर्म के दौरान होने वाले दर्द को दूर करने के लिए 2-2 रत्ती केसर दूध में घोलकर दिन में तीन बार देना फायदेमंद होता है।
- केसर और अकरकरा की गोलियाँ बनाकर सेवन करने से मासिक धर्म नियमित होता है।
- बच्चों को सर्दी, जुकाम, बुखार होने पर केसर की एक पंखुड़ी पानी में घोंटकर इसका लेप छाती, पीठ और गले पर लगाने से आराम होता है।

- चंदन को केसर के साथ घिसकर इसका लेप माथे पर लगाने से सिर, आंख और मस्तिष्क को शीतलता, शांति और ऊर्जा मिलती है। इससे नाक से रक्त का गिरना बंद हो जाता है और सिर दर्द जल्द दूर होता है।
- केसर दूध पौरुष व कांतिवर्धक होता है।
- यह मूत्राशय, तिल्ली, यकृत (लीवर), मस्तिष्क व नेत्रों की तकलीफों में भी लाभकारी होती है। प्रदाह को दूर करने का गुण भी इसमें पाया जाता है।
- जाड़े में गर्म व गर्मी में ठंडे दूध के साथ केसर के उपयोग की सलाह दी जाती है।
- चोट लगने पर या त्वचा के झुलस जाने पर केसर का लेप लगाने से आराम मिलता है।
- पेट से जुड़ी अनेक परेशानियां, जैसे अपच, दर्द, वायु विकार आदि में केसर काफी उपयोगी साबित होती है।
- दूध में डालकर पिने से पेट के कीड़े समाप्त होते हैं ।
- केसर को घी के साथ खाने से पुरानी कब्ज दूर होती है ।
- 120 मिलीग्राम केसर को 50 मिली पानी में मिट्टी के बर्तन में रात भर भिगोकर रखें । सुबह 20–25 किशमिश खाकर इस पानी को पिएं । 15 दिनों तक सेवन करने से हृदय की कमजोरी दूर होती है।
- केसर ठंड में उपयोग की जाने वाली एक बेहतरीन दवा है। आयुर्वेद शास्त्र के अनुसार ठंड में रोजाना थोड़ी मात्रा में केसर लेने से शरीर में कई प्रकार के रोग नहीं होते हैं। इसका स्वभाव गर्म होता है। इसलिए औषधि के रूप में 250 मिलिग्राम व खाद्य के रूप में 100 मिलिग्राम से अधिक मात्रा में इसके सेवन की सलाह नहीं दी जाती।

हल्दी के अद्‍भुत फायदे

- हल्दी में एक विशेष प्रकार का उड़नशील तेल होता है जिसमे करक्यूमिन नामक tarpent होता है। इस tarpent में धमनियों में जमे कोलेस्ट्रोल को घोलने की शक्ति होती है।
- हल्दी में विटामिन ए, प्रोटीन, कार्बोहाईड्रेट व कई लाभकारी खनिज तत्त्व होते हैं। हल्दी में एक विशेष प्रकार का क्षारीय तत्त्व कर्कुमिन होता है जो कैंसर को रोकने में सहायक होता है।
- हल्दी खून को साफ व पतला करती है, कफ को मिटाती है, इसमें एंटीसेप्टिक, एंटीबायोटिक और एंटीएलर्जिक गुण होते हैं ।
- शरीर में किसी भी प्रकार का दर्द, चोट, घाव, खून की कमी आदि में हल्दी बहुत असरकारक होती है।
- गर्म दूध में हल्दी डालकर पीने से टूटी हुई हड्डी तेजी से जुड़ती है और अंदरूनी चोट ठीक होती है। कच्ची हल्दी की सब्जी बनाकर खाई जाती है। इसके लड्डू बनाकर उपयोग करने से जोड़ों का दर्द नहीं सताता।
- गर्म पानी में नमक व हल्दी मिलाकर गरारे करने से गले की खराश ठीक होती है। अत: रसोई के मसाले में इसका बहुत महत्त्व है।

अजवायन

- अजवायन पेट में मरोड़ ठीक करती है, अफारा ठीक करती है, पेट के कीड़े नष्ट करती है, माँ का दूध बढाती है, सर्दी जुकाम में आराम देती है।

जीरा

- जीरा खाना पचाने में सहायक होता है, गैस बनने से रोकता है।
- कच्चा जीरा पीस कर इसमें समान मात्रा में गुड़ मिलाकर मटर के दाने के बराबर गोली बनाकर लें। ये गोली दो-दो दिन में तीन बार पानी के साथ लेने से स्त्रियों की गर्भाशय व योनि की सूजन, प्रसव के बाद गर्भाशय की शुद्धि और श्वेत प्रदर में बहुत लाभकारी है। इससे स्तन के दूध में भी बढ़ोतरी होती है।
- जीरा , धनियाँ और सौंफ एक एक चम्मच एक गिलास पानी में उबालें। आधा रह जाये तब ठंडा होने पर छानकर एक चम्मच देसी घी मिला दें। इसे सुबह शाम पीने से बवासीर से रक्त गिरना बंद हो जाता है। विशेष कर गर्भवती स्त्रियों के लिए ये बहुत लाभदायक है।
- छाछ में भुना जीरा डालकर पीने से दस्त ठीक होते हैं ।

इलायची

- इलायची दूध व केले को पचाने के लिए उत्तम होती है।
- ये एसिडिटी रोकती है , इसके सेवन से मुँह सूखा सूखा रहना मिटता है।
- ज्यादा मात्रा में खाना खा लेने पर इलायची खाने से बैचेनी कम होती है।
- इलायची का चूर्ण मिश्री के साथ लेने से उल्टी में आराम मिलता है।

हींग

- हींग पित्त प्रधान होती है। इसकी तासीर गर्म होती है। गर्भवती को इसका सेवन नहीं करना चाहिए। इसे पानी में घोलने पर पानी सफेद रंग का हो जाता है जो इसके शुद्ध होने का प्रमाण है।
- अचार को भरने से पहले बर्तन में हींग का धुआं भरने से अचार खराब नहीं होता।
- हींग पेट की गैस मिटाती है।
- गुड़ के साथ खाने से पेट के कीड़े नष्ट करती है।
- पानी में मिलाकर पेट पर लगाने से अफारे व पेटदर्द को ठीक करती है।
- हींग में राल, गोंद, गंध तेल और राख होता है। मिनरल और विटामिनों में कैलशियम, फॉसफोरस, आयरन, कॅरोटिन, राय्बोफ्लॅविन और नायसिन की मात्रा काफी है। काफी सारे शारीरिक विकार को ठीक करने में हींग बहुत लाभदायक होता है।

मेथी

- मेथी वायु को मिटाती है, मधुमेह, जोड़ों के दर्द आदि से बचाव करती है।
- पाचन शक्ति बढ़ाती है।

- बालों के लिए अच्छी होती है।
- माँ का दूध बढाती है, जिससे शिशु को दूध की कमी नहीं होती।
- यह खून की कमी दूर करती है। मेथी से विटामिन ए , केल्शियम , आयरन , पोटैशियम तथा बी-कॉम्लेक्स मिलता है।

सौंफ

- खाना खाने के बाद सौंफ खाने से खाना आसानी से पचता है।
- मुँह से बदबू व खाने की गंध मिटती है।
- सौंफ के तत्त्व पेट में पाचन के लिए जरुरी एंजाइम और इसका स्राव बढ़ाते हैं । साथ की पेट और आँतों से जलन व सूजन आदि मिटाकर पोषक तत्त्वों का अवशोषण बढ़ाते हैं ।
- भूख बंद हो तो खुलकर लगने लगती है।
- सौंफ कब्ज होने से बचाती है। सौंफ में एसिडिटी मिटाने का गुण होता है। इसके उपयोग से कई प्रकार की एसिडिटी मिटाने वाली दवा बनाई जाती है।
- सौंफ में मौजूद एस्पार्टिक एसिड नामक तत्त्व के कारण पेट की गैस को मिटाने में सौंफ अद्भुत काम करती है। खाना खाने के बाद नियमित आधा चम्मच सौंफ थोड़ी सी मिश्री के साथ चबाकर रस निगलने से सभी प्रकार के फायदे मिल जाते हैं ।
- बच्चों को अपच होने पर एक कप पानी में एक चम्मच सौंफ डालकर उबाल लें। ठंडा होने पर छान लें। यह पानी बार-बार पिलाने से अपच मिट जाती है। इसे दूध में मिलाकर भी दे सकते हैं।
- यदि पेट फूलता हो तो रात को आधा कप पानी में एक चम्मच सौंफ भिगो दें। सुबह मसल कर छान लें। यह पानी दूध में मिलाकर बच्चों को पिलाने से पेट दर्द, पेट फूलना, पेट में गैस भरना आदि ठीक होते हैं।
- सौंफ में मौजूद विटामिन बी, एमिनो एसिड, कोबाल्ट, मैग्नीशियम और लेवोनोइड्स आदि तत्त्व आँखों के स्वास्थ्य को बनाये रखने में मदद करते हैं । इससे उम्र के साथ होने वाली आँखों की कमजोरी दूर रहती है। 60 साल की उम्र के बाद आँख में मेक्यूला के खराब होने से दिखाई देना कम होता जाता है। सौंफ का नियमित उपयोग मेक्यूला को खराब होने से बचाता है। आँखों की रोशनी बनी रहती है। आँखों की जलन, आँखों की लाली और आँखों की थकान के लिए सौंफ के पत्ते का रस और सौंफ का पानी बहुत लाभदायक होता है।
- सौंफ को पीस पर पाउडर बना लें। यह पाउडर आधा चम्मच और आधा चम्मच पिसी मिश्री मिलाकर दूध के साथ रात को सोते समय लें। नियमित कुछ समय इसे लेने से नेत्र ज्योति तीव्र होती है।
- 100 ग्राम सौंफ को कूटकर छिलका निकाल दें। जो बचे उतनी ही मात्रा में धनियाँ, मिश्री मिला दें। दस इलायची के दाने मिला दें। इन सबको मिलाकर बारीक पीस लें। इस पाउडर

को सुबह शाम गुनगुने दूध के साथ लेने से आँखें तेज होती है। इस पाउडर को नियमित लेने से मोतियाबिंद का बढ़ना भी रुक जाता है।

- रात को सौंफ पानी में भिगोकर सुबह मसल कर व छानकर यह पानी पीने से आई फ्लू जल्दी ठीक होता है।
- अशुद्ध या बाजार का संक्रमित खाने पीने से कई बार दस्त लग जाते हैं । यह दस्त पेट में मरोड़ उठने के साथ, बार बार थोड़े थोड़े और चिकने हो सकते हैं । दस्त में आंव होती है कभी कभी आंव के साथ रक्त भी हो सकता है। ऐसे में सौंफ बड़ी लाभदायक सिद्ध होती है। सौंफ में एनिटोल और सिनेऑल नामक तत्त्व होते हैं जिनमें इस प्रकार के इन्फेक्शन को मिटाने के तथा एंटी बेक्टिरियल गुण होते हैं।
- इसके अलावा सौंफ में पाए जाने वाले कुछ अमीनो एसिड पाचन तंत्र को ठीक करने और इसे सही तरीके से काम करने में मददगार होते है।
- इस तरह सौंफ के उपयोग से पेचिश, आँव और दस्त में बहुत फायदेमंद होती है।
- 50 ग्राम सौंफ तवे पर भून लें। इसमें 50 ग्राम बिना भुनी सौंफ और 100 ग्राम मिश्री मिलाकर तीनो को एक साथ अच्छी तरह पीस लें। इसमें से 2–2 चम्मच दिन में तीन बार पानी के साथ फंकी लेने से आँव वाले दस्त, मरोड़, एमोबाइसिस आदि ठीक होते है।
- यदि रोजाना पाँच छः बार दस्त होते हो तो सौंफ, जीरा, धनियाँ समान मात्रा में लेकर तवे पर भूनकर पीस लें। इसमें इतनी ही मात्रा में सौंठ और बेल की गिरी पीस कर मिला लें। इस चूर्ण को एक एक चम्मच दिन में तीन बार पानी से लें। इससे पुराने दस्त भी ठीक हो जाते हैं।
- सौंफ में प्रचुर मात्रा में फायबर होते है। इसकी वजह से रक्त में कोलेस्ट्रॉल की मात्रा कम करने में सहायक होते है। यह हानिकारक स्क्स की मात्रा को कम करके दिल की बीमारियों से बचाता है। इसके अलावा सोंफ में पाये जाने वाले तत्त्व रक्त वाहिकाओं की दीवार को हानिकारक फ्री रेडिकल्स के नुकसान से बचाते है। धमनियों को स्वस्थ बनाये रखते है। इससे हृदय रोग से बचाव होता है।
- सौंफ में पोटेशियम भरपूर मात्रा में होता है। जो कि शरीर के लिए बहुत महत्त्वपूर्ण होता है। यह रक्त वाहिकाओं को लचीला बनाता है जिसके कारण ब्लड प्रेशर नियमित रहता है। ब्लड प्रेशर बढ़ने के कारण शरीर को होने वाले कई प्रकार के नुकसान बचाव होता है। ब्लड प्रेशर बढ़ने के कारण डायबिटीज से ग्रस्त लोगों को अधिक परेशानी हो सकती है। सौंफ नियमित रूप से खाने से इस प्रकार के सभी समस्याओं से बचाव संभव है।
- दो चम्मच सौंफ, एक चम्मच मुलेठी और एक बड़ी इलायची के दाने एक कप पानी में उबाल लें। छान कर गुनगुना पियें। दिन में दो तीन बार लेने से कफ और खांसी में आराम आता है। नाक बहनी बंद होती है।
- सौंफ में पाया जाने वाला पोटेशियम से दिमाग को मिलने वाली ऑक्सीजन में बढ़ोतरी होती है। इससे इलेक्ट्रोलाइट बैलेंस भी सही रहता है। इस वजह से सौंफ का नित्य उपयोग दिमाग की कार्यविधि बढ़ा कर स्मरण शक्ति बढ़ाने और दिमाग को सक्रिय रखने में मदद करता है।

- सौंफ में कफ को मिटाने के गुण होते हैं । यह जुकाम आदि के कारण नाक, गले और फेफड़ों में जमा कफ को पिघला कर विषैले तत्त्व सहित बाहर निकाल देती है। जिससे साँस की तकलीफ दूर करने में बहुत मददगार होती है। कफ के कारण खांसी हो तो उसमे भी आराम मिलता है। यह ब्रोंकाइटिस में भी लाभदायक होती है।
- एक गिलास पानी में एक चम्मच सौंफ और एक चम्मच धनियाँ रात को भिगो दें। सुबह मसल कर छान लें। इसमें मिश्री मिलाकर पियें। कुछ दिन रोजाना पीने से हाथ पैरों की जलन में आराम मिलता है।
- गर्मी के मौसम में पी जाने वाली ठंडाई में सौंफ एक महत्त्वपूर्ण हिस्सा होती है। यह ठंडाई पेट की जलन, हाथ पैरों की जलन, आँखों की जलन, चक्कर आना आदि परेशानियों को मिटाकर शरीर और दिमाग में तरावट लाती है।
- सौंफ पेशाब की जलन में भी लाभदायक सिद्ध होती है। इससे पेशाब खुलकर आने लगता है और विषैले तत्त्व बाहर निकल जाते है। जिससे हाथ–पैरों की जकड़न व सूजन आदि दूर होते है। यह यूरिन इन्फेक्शन में भी लाभदायक होती है।

अध्याय | **28**

केसर उत्पादन तकनीक

केसर (Saffron) एक सुगंध देनेवाला बहुवर्षीय पौधा है। इसके पुष्प की वर्तिकाग्र (Stigma) को केसर, जाफरान, कुंकुम या सैफ्रन कहते हैं। केसर विश्व का एक बेशकीमती पौधा है, जिसे 'लाल सोना' एवं संस्कृत में 'अग्निशाखा' के नाम से भी जाना जाता है। इनके फूलों की खुशबू इतनी तेज होती है कि आसपास का वातावरण महक उठता है। केसर की गंध तीक्ष्ण और स्वाद कड़वा, परन्तु स्वादिष्ट, होता है। इसका उपयोग विभिन्न खाद्य पदार्थों, जैसे बिरयानी, रसमलाई, लस्सी, खीर, मिठाई एवं पकवानों, में खुशबू एवं स्वाद लाने में किया जाता है। गर्म पानी में डालने पर केसर गहरा पीला रंग प्रदान करता है। यह रंग कैरेटिनायड वर्णक की उपस्थिति के कारण होता है। यह अत्यंत पीला एवं जल में घुलनशील होता है। केसर में पाए जाने वाले वर्णकों में केरोटिन के अलावा लाइकोपिन, क्रोसिन एवं जियाजैंथिन आदि प्रमुख हैं। केसर में नमी (12 प्रतिशत) एवं तेल (1.37 प्रतिशत) के अतिरिक्त सूक्ष्म मात्रा में पिक्रोसीन द्रव्य, शर्करा, मोम, प्रोटीन एवं भस्म पाए जाते हैं। अनेक खाद्य पदार्थों में केसर का उपयोग रंजक पदार्थ के रूप में भी किया जाता है। आयुर्वेद में केसर को कफनाशक, मन को प्रसन्न करने वाली, मस्तिष्क को शक्ति देने वाली, हृदय एवं रक्त के लिए लाभकारी, यौवन शक्ति में वृद्धि करने वाली, रक्तशोधक एवं निम्न रक्तचाप को नियंत्रित करनेवाली औषधि बताया गया है।

उत्पत्ति एवं इतिहास

केसर इरिडेसी कुल का पौधा है जिसका मूल स्थान यूनान एवं इनके आस-पास स्थित भूमध्य-सागरीय देशों को माना जाता है। इसकी खेती स्पेन, तुर्कमेनिस्तान, इटली, यूनान, ईरान, चीन तथा भारत में होती है। वर्तमान समय में सबसे अधिक केसर उगाने का श्रेय स्पेन एवं ईरान को जाता है। कुल उत्पादन की लगभग 80 प्रतिशत भागीदारी इन दोनों देशों की है। भारत में केसर की खेती जम्मू-कश्मीर एवं हिमाचल प्रदेश के सीमित क्षेत्रों में की जाती है। कश्मीरी केसर को सर्वोत्तम माना जाता है।

भौगोलिक विवरण एवं जलवायु आवश्यकता

विश्व में केसर की लगभग सौ प्रजातियाँ पाई जाती है। केसर का उत्पादन विश्व में 30° उत्तरी आक्षांश से 5° उत्तरी अक्षांश एवं 10° पश्चिमी देशान्तर, ये 80° पूर्वी देशान्तर के बीच सीमित है। केसर की अधिकांश प्रजातियाँ भूमध्य सागर के आस पास पश्चिम में स्पेन-फ्रांस एवं पूर्व में ईरान एवं तुर्की तक फैले क्षेत्रों में पाई जाती है। इन क्षेत्रों में जाड़ा के समय मध्यम से ज्यादा ठंड होती है और शीतकाल एवं वसंतकाल में वर्षा होती है। यहाँ गर्मी में तापमान बहुत ज्यादा नहीं होता है, इसलिए वर्षा भी बहुत कम होती है। केसर इस पर्यावरण का उपयुक्त पौधा है। केसर के पौधों का विकास शीतकाल (सितम्बर-अक्टूबर) से बसंतकाल के अंत तक बहुत अच्छा होता है। भूमिगत कन्द के कारण केसर सूखा सहन करने में सक्षम है।

केसर की खेती के लिए समुद्रतल से लगभग 1500-2500 मीटर ऊँचे पहाड़ी क्षेत्र एवं शीतोष्ण शुष्क जलवायु उपयुक्त है। इन भौगोलिक स्थितियों में केसर का पौधा कली निकलने से पहले वर्षा एवं हिमपात दोनों सहन कर लेता है, परन्तु कलियों के निकलने के बाद ऐसा होने पर पूरी फसल नष्ट हो सकती है। केसर के पौधों के वानस्पतिक विकास के लिए 12 घंटे सूर्य की रोशनी की आवश्यकता होती है। ठंड और नमी की अधिकता फूल निकलने में बाधा उत्पन्न करती है, परन्तु यह परिस्थिति कन्द के विकास के लिए अच्छी मानी जाती है। इसकी खेती के लिए औसत वर्षा 100 सेमी. एवं सर्दियों में हल्की बर्फबारी अनुकूल होती है।

वानस्पतिक विवरण

केसर के स्वाद, सुगन्ध एवं रंग के आधार पर रंगीन मसाले के अंतर्गत रखा गया है। केसर का वानस्पतिक नाम क्रोकस सैटाइवस (*Crocus sativus*) है।

केसर का पौधा 15-25 सेंटीमीटर ऊँचा होता है। इसमें घास की तरह लंबे, पतले व नोकदार पत्ते निकलते हैं। इसमें बीज नहीं पाए जाते हैं, इसलिए कन्द के द्वारा ही इसकी खेती की जाती है। इसके पुष्प का शुष्कवर्तिकाग्र (Stigma) ही केसर, कुंकुम, जाफरान अथवा सैफ्रन है। इसमें एक से तीन की संख्या में फूल निकलते हैं।

इसके फूलों का रंग बैंगनी, नीला एवं सफेद होता है। प्रत्येक फूल में केवल तीन केसर पाए जाते हैं।

पादप वर्गीकरण

जगत	–	पादप
डिवीजन	–	एंजियोस्पर्म
वर्ग	–	एकबीजपत्री
गण	–	लिलिएल्स
कुल	–	इरिडेसी
उपकुल	–	क्रोकोएडियेड
वंश (जीनस)	–	क्रोकस
जाति	–	सैटिवस
द्विपद नाम	–	क्रोकस सैटिवस
गुणसूत्रों के संख्या (2n)	=	26

उत्पादन की अनुशंसित तकनीक

वर्षों से एक ही खेत में केसर के बाद केसर की खेती करते रहने एवं अनुशंसित तकनीकों का युक्तिसंगत इस्तेमाल नहीं करने के कारण उत्पादन क्षमता पर प्रतिकूल असर पड़ता है। भूमि की उर्वराशक्ति एवं फसलों के गुणवत्ता पूर्ण उत्पादन हेतु अनुशंसित सस्य-क्रियाएं यथा, रोप का समय, मिट्टी एवं खेत की तैयारी, बीज का चुनाव, बीज-दर, बीजोपचार, खाद एवं उर्वरक, रोप की विधि, सिंचाई, निकाई-गुड़ाई एवं तैयार केसर का ससमय निष्कासन, आवश्यक है।

रोप का समय

केसर की बुआई जुलाई-अगस्त माह में की जाती है। परन्तु मध्य जुलाई बुआई का सर्वोपयुक्त समय माना गया है।

मिट्टी एवं खेत की तैयारी

केसर उत्पादन हेतु चिकनी चूनायुक्त ऊपरी भूमि या जलोढ़ मिट्टी, जिसका पी.एच. मान 6-8 के बीच हो, उपयुक्त है। बुआई हेतु गहरी जुताई आवश्यक है। इसके लिए बैल चालित या ट्रेक्टर चालित हल द्वारा नाली बनानी चाहिए जिसकी गहराई 30 सेंटीमीटर तक हो। एक ही खेत में लगातार केसर की खेती नहीं करनी चाहिए। 4-5 वर्षों के बाद खेत में दो से तीन वर्ष तक कोई दूसरी फसल की खेती करनी चाहिए। इससे कीट-व्याधियों एव सह-खरपतवारों में काफी हद तक कमी देखी गई है।

प्रभेद

विश्व के विभिन्न देशों में केसर की अलग-अलग प्रभेद पाये जाते हैं। केसर का कन्द वस्तुतः भूमिगत तना होता है जिससे केसर की व्यावसायिक खेती की जाती है। विश्व में केसर के निम्नलिखित प्रभेदों की खेती की जाती है।

लच्छा केसर

लच्छा केसर केवल जम्मू-कश्मीर में उगाया जाता है। इस प्रभेद को सबसे उत्तम माना जाता है। इस प्रभेद का तन्तु अपने गहरे लाल रंग एवं स्वाद के कारण विश्व में प्रसिद्ध है। यह सबसे कीमती केसर होता है।

एक्विला केसर

यह ईरान का प्रभेद है, इसका पौधा छोटा होता है। इस प्रभेद का तन्तु हल्का लाल होता है। इसका उत्पादन मुख्य रूप से इटली में होता है। इस प्रभेद की खेती एवं उत्पादन सबसे ज्यादा होता है। यह कश्मीरी केसर की तुलना में सस्ता होता है।

क्रीम केसर

यह प्रभेद संयुक्त राष्ट्र अमरीका एवं कुछ अन्य देशों में पाया जाता है। इसकी गुणवत्ता कश्मीरी एवं एक्विला केसर के मुकाबले कम होता है। बाजार में इसकी कीमत सबसे कम होती है।

बीज का चुनाव

एक बार कन्द बुआई के बाद किसान 10–12 वर्षों तक केसर लेते रहते हैं जिसके कारण उसमें रोग-व्याधियों का प्रकोप बढ़ जाता है और फलत: उपज प्रभावित होती है। 4–5 वर्षों तक लगातार फसल लेने के बाद भूमि बदल देनी चाहिए। बीज हेतु उपयोग में लाए जाने वाले कन्द के आकार का उपज पर सीधा प्रभाव पड़ता है। केसर के कन्द का आकार एक ग्राम से लेकर बीस ग्राम तक होता है। 8 ग्राम से ज्यादा वजन वाले कन्द की बुआई से अच्छी उपज प्राप्त होती है। वजन के आधार पर केसर के कन्दों को चार श्रेणी में बाँटा गया है–

(क) छोटा कन्द : < 4 ग्राम
(ख) मध्यम कन्द : 4–6 ग्राम
(ग) बड़ा कन्द : > 6–8 ग्राम
(घ) बहुत बड़ा कन्द : > 8 ग्राम

चौथी श्रेणी के कन्द का ही, जिसका वजन 8 ग्राम से ज्यादा, व्यास 2.5 से 3.0 सेंटीमीटर तथा जो रोग-व्याधियों से मुक्त खेतों से उत्पादित किया गया हो, बीज के रूप में इस्तेमाल करनी चाहिए।

बीजोपचार

बीज के चुनाव के बाद मिट्टी जनित जीवाणुओं के आक्रमण से सुरक्षा हेतु कन्द का रासायनिक उपचार आवश्यक है। अत: बुआई से पहले कार्बेण्डाजिम नामक कवकनाशी के 0.1 प्रतिशत घोल में कन्द को 10–15 मिनट तक डुबोने की अनुशंसा की गई है। कवकनाशी दवा से उपचारित करने से कन्द सड़न एवं अन्य कवक-जनित रोगों से बहुत हद तक मुक्ति मिल जाती है।

रोप की विधि एवं बीज दर

केसर का पौधा पंक्ति में लगाया जाता है। पंक्ति से पंक्ति की दूरी 20 सेंटीमीटर, पौधों के बीच की दूरी 10 सेंटीमीटर एवं गहराई 15 सेंटीमीटर होनी चाहिए। एक हेक्टेयर क्षेत्रफल हेतु 5 लाख कन्द की आवश्यकता होती है जिसका वजन लगभग 50 क्विंटल होता है।

पोषक तत्त्व प्रबंधन

केसर के पौधों का एक किलोग्राम शुष्क भाग पैदा करने में भूमि से 12 ग्राम नत्रजन, 3 ग्राम फास्फोरस एवं 22 ग्राम पोटाश का अवशोषण होता है। इतनी मात्रा में भूमि से पोषक तत्त्वों का पौधों द्वारा अवशोषण और खाद एवं उर्वरकों का उचित मात्रा में इस्तेमाल न होने से भूमि की उर्वरा शक्ति कम होती जा रही है। इसलिए किसान भाईयों को प्रत्येक वर्ष अपने खेतों से मिट्टी का नमूना एकत्र कर प्रयोगशाला से जांच कराना चाहिए जिससे पता चल सके कि मिट्टी में पोषक तत्त्वों की क्या स्थिति है। वैसे भारत के मुख्य केसर उत्पादक क्षेत्र जम्मू–कश्मीर में निम्नलिखित मात्रा में खाद एवं उर्वरक डालने की अनुशंसा है : खेत जुताई के समय लगभग 200 क्विंटल सड़ा हुआ कम्पोस्ट प्रति हेक्टेयर की दर से डालकर जुताई करनी चाहिए। सिंचाई की सुविधा रहने पर 90 किलोग्राम नेत्रजन, 60 किलोग्राम स्फूर एवं 50 किलोग्राम पोटाश प्रति हेक्टेयर देने की अनुशंसा है। रोप के समय नेत्रजन का आधी एवं फॉस्फोरस एवं पोटाश की पूरी मात्रा दी जानी चाहिए। नेत्रजन का शेष बचा आधा हिस्सा फूल बनने के तुरंत बाद व्यवहार करना चाहिए।

सिंचाई प्रबंधन

जम्मू–कश्मीर में केसर की खेती मुख्यत: वर्षा पर आधारित होती है, क्योंकि पहाड़ी क्षेत्र होने के कारण सिंचाई की उन्नत व्यवस्था का अभाव है। सितम्बर माह में वर्षा होने से अच्छी संख्या में फूल निकल आते हैं। परन्तु विलम्ब से (अंतिम अक्टूबर में) वर्षा होने पर फूल गिरने लगते है जिसके कारण कृषकों को भारी आर्थिक क्षति का सामना करना पड़ता है।

कन्द की अच्छी बढ़वार एवं फूल लगने हेतु फव्वारा विधि से सिंचाई करनी चाहिए। इस विधि से सिंचाई करने पर एक हेक्टेयर क्षेत्रफल के लिए सात लाख लीटर (700 मी.^{3}) पानी की आवश्यकता होती है। इस पानी की मात्रा को दस बराबर भागों में बांटकर सात दिनों के अंतराल पर सिंचाई करनी चाहिए। पहली सात सिंचाई पौधों के बढ़वार एवं फूल निकलने हेतु महत्त्वपूर्ण है। बाद की तीन सिंचाई आवश्यकतानुसार करनी चाहिए।

खरपतवार प्रबंधन

खरपतवार नियंत्रण हेतु दो से तीन बार कमौनी–निकौनी आवश्यक है। साधारणतया केसर कृषक एक कमौनी–निकौनी से ज्यादा नहीं करते हैं। खरपतवारों की अधिकता के कारण केसर की उपज एवं गुणवत्ता दोनों प्रभावित होती है। पौधों की उत्तम बढ़वार हेतु दो बार कमौनी–निकौनी आवश्यक है जिन्हें जून एवं सितम्बर के दूसरे पखवाड़े में करना चाहिए। यांत्रिक विधि द्वारा भी खरपतवार को नियंत्रित किया जा सकता है। इसके लिए डीजल या पेट्रोल चालित खरपतवार नियंत्रक यंत्र का उपयोग किया जा सकता है।

फसल सुरक्षा

केसर को विभिन्न तरह के जीवाणु एवं दाँतों से कुतरने वाले जन्तु क्षति पहुँचाते हैं। इनमें यूजेरियम विल्ट, बैंगनी प्रकन्द विगलन रोग, राइजोक्टोनिया, चूहा एवं खरगोश प्रमुख हैं। रोगों से बचने के लिए एक ही खेत में लगातार केसर की खेती करने से बचना चाहिए। बीज को उपचारित कर बुआई करने से बहुत सारे रोगों से छुटकारा मिल जाता है। चूहों एवं खरहों से बचने के लिए एल्युमिनियम फॉस्फाइड नामक दवा की 3 ग्राम की टिकिया प्रति जीवित बिल प्रयोग करें। दवा डालने के बाद बिलों को गीली मिट्टी से बंद कर देना चाहिए।

फूलों की कटाई, सुखाई एवं परिरक्षण

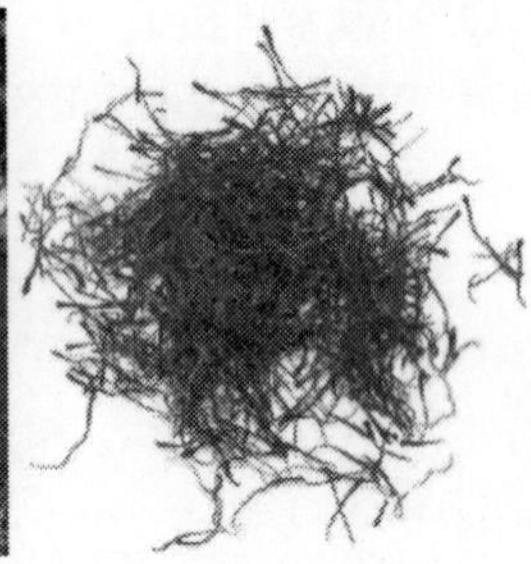

अक्टूबर के पहले सप्ताह से फूल आना शुरु हो जाता है और नवम्बर के प्रथम सप्ताह तक जारी रहता है। फूलों की कटनी सुबह के समय में हाथ से की जाती है। केसर को पौधों से अलग करने के लिए फूलों को चुनकर छाया में सुखाया जाता है। फूलों के सूख जाने पर वर्तिकाग्र को अलग कर लेते हैं। अच्छी गुणवत्ता युक्त केसर हेतु फूलों की कटाई के 10–12 घंटों के भीतर वर्तिकाग्र को अलग कर लेना चाहिए। आकार एवं रंग के आधार पर इन्हें मोगरा, लच्छी एवं गुच्छी नाम दिया जाता है। डेढ़ लाख फूलों से लगभग एक किलोग्राम सूखा केसर प्राप्त होता है जिसका बाजार भाव लगभग 3–4 लाख रुपया होता है। केसर के रंगों की स्थिरता उसमें उपस्थित नमी पर निर्भर करता है। केसर परिरक्षण हेतु अधिकतम नमी 8 प्रतिशत एवं उच्चतम तापमान 100° सेल्सियस होनी चाहिए।

अध्याय **29**

चिरौंजी की खेती

चिरौंजी को चारौली, प्रियाल या पियाल के नाम से भी जाना जाता है। इसका उपयोग वर्ष भर अधिकतर मिठाईयों जैसे हलवा, लडडू, खीर, सेवई एवं अन्य भारतीय पकवानों में सूखे मेवों के साथ-साथ सौंदर्य प्रसाधनों में भी किया जाता है। चिरौंजी के बीज में लगभग 50 प्रतिशत तेल होता है जिसका उपयोग श्रृंगार का सामान एवं चिकित्सा क्षेत्रों में किया जाता है। यह आदिवासी क्षेत्रों की एक बहुउद्देशीय एवं बहुउपयोगी वृक्ष है। पर्यावरण संरक्षण एवं कृषि-वानिकी में चिरौंजी का महत्त्वपूर्ण स्थान है। इसका उपयोग जलावन, चारा, श्रृंगार का सामान एवं साबुन बनाने में किया जाता है। यह वृक्ष लाह के कीटों के लिए एकान्तर पोषक भी है। इसकी लकड़ी से बहुत सारे सामान बनाए जाते हैं जो सस्ती भी होती है। चिरौंजी के छिलके में 13.4 प्रतिशत टेनिन पाया जाता है। चिरौंजी का नियमित सेवन करने से रोग प्रतिरोधक क्षमता बढ़ता है साथ ही शरीर की कमजोरी भी दूर होती है। इसके बीज से निकाला हुआ तेल सूजन और संक्रमण वाले स्थानों पर लगाने से आराम मिलता है। चिरौंजी की गुठली की विश्व बाजार में अच्छी मांग होने के कारण यह आय का महत्त्वपूर्ण साधन है।

उत्पत्ति

चिरौंजी मुख्यत: शुष्क पर्णपाती वनों में पाया जाने वाला वृक्ष है। इसका उद्भव स्थान भारतीय उपमहाद्वीप को माना जाता है। यह पेड़ भारत से म्यानमार एवं नेपाल तक पहुंच चुका है। चिरौंजी का वृक्ष उत्तरी, पश्चिमी और मध्य भारत के उष्णकटिबंधीय क्षेत्रों यथा मध्य प्रदेश, उत्तर प्रदेश, छत्तीसगढ़, उड़ीसा, आंध्र प्रदेश, झारखंड, बिहार, गुजरात, महाराष्ट्र एवं राजस्थान में पाया जाता है।

भूमि एवं जलवायु

चिरौंजी पथरीला, कंकड़युक्त एवं मृत चट्टान के दरारों में उपस्थित अल्प मिट्टी में भी उग सकता है परन्तु अच्छी जल-निकास वाली गहरी मिट्टी इसके समुचित विकास हेतु उपयुक्त है। चिरौंजी पाला एवं जल-जमाव से प्रभावित होता है इसलिए मध्यम ऊँची लाल लेटेराइट गहरी भूमि जिसका पी.एच. मान 6-8 हो, उपयुक्त है। यह उष्ण एवं उपोष्ण जलवायु प्रदेश में पाया जाने वाला वृक्ष है तथा अपने प्राकृतिक आवास में निम्न तापमान (1 डिग्री सेल्सियस) से लेकर उच्च तापमान (45 डिग्री सेल्सियस) तक सहन कर सकता है। इसके लिए 750-1250 मि.मी. औसत वार्षिक वर्षा की आवश्यकता होती है।

वानस्पतिक विवरण

यह एक बहुवर्षीय मसाला फसल है। इसपर काला कत्थई रंग का फल लगता है जो पकने पर स्वादिष्ट और मीठा होता है। इसके अंदर बीज होता है जिसका बाहरी आवरण कठोर होता है। कठोर आवरण के भीतर वाला भाग ही चिरौंजी कहलाता है जिसे सूखे मेवे के रूप में इस्तेमाल किया जाता है।

बीज के अलावा इस पेड़ की जड़ों, पत्तियों और फलों का उपयोग विभिन्न औषधि में किया जाता है। यह छोटा से मध्यम आकार का पौधा होता है जिसकी ऊँचाई लगभग 10-15 मीटर एवं मोटाई 1.5 मीटर के लगभग होती है। इस वृक्ष का वर्णन पहली बार फ्रांसिस हेमिल्टन के द्वारा किया गया। इसके छिलके का रंग भूरा या काला होता है जो बराबर अन्तराल पर आयताकार होता है। इसकी पत्तियां छोटी नोकदार एवं खुरदरी होती है।

इसे विभिन्न भाषाओं में अलग-अलग नाम से जाना जाता है -

हिन्दी	-	चिरौंजी, चारोली, पियाल
संस्कृत	-	राजादन, खरस्कंध, चार, प्रियाल
उर्दू	-	चिरौंजी
बंगाली	-	चिरौंजी, पियाल
मराठी एवं गुजराती	-	चारोली
तेलगू	-	चारुपप्पू, चारुमुंडी

वैज्ञानिक वर्गीकरण

जगत	–	पादप
डिवीजन	–	स्पर्मेटोफाइटा
सव डिवीजन	–	एंजियोस्पर्म
वर्ग	–	मैग्नोलिटि
उपवर्ग	–	रोसिडि
गण	–	रुटएल्स
कुल	–	एनार्काडेसी
वंश	–	बुखनानिया
जाति	–	लेंजन
द्विपद नाम	–	बुखनानिया लेंजन

उत्पादन तकनीक

प्रसारण : चिरौंजी के पौधों का प्रसारण बीज द्वारा होता है जिसमें करीब 15–20 वर्षों का समय लगता है साथ ही पौधों में विविधता भी देखी जाती है। कठोर बीज आवरण होने के कारण ताजा बीज का अंकुरण कम होता है। यांत्रिक विधि से बीज आवरण तोड़कर बीज की बुआई करने पर अंकुरण क्षमता बढ़ जाता है। एक साल के पौधों को अगर 60 × 60 × 60 सेमी. के गड्ढ़ों में लाल मिट्टी एवं 10 किलोग्राम सड़ी हुई गोबर की खाद डालकर रोपाई करने के बाद मल्चिंग कर दिया जाय तो पौधों के अच्छे जमाव के साथ–साथ बढ़वार भी अच्छी होती है। सल्फ्यूरिक अम्ल (5–7 प्रतिशत) से बीजोपचार करने पर भी अंकुरण क्षमता बढ़ जाता है। बीज क्यारियों या पॉली बैग में उगाया जा सकता है। बीज बुआई का उपयुक्त समय जून–जुलाई है। 25–30 दिनों में बीज अंकुरित हो जाता है तथा एक साल में पौधा कलम बाँधने योग्य हो जाता

है। किसानों को हमेशा कायिक प्रवर्धित उपजशील किस्म के पौधों को मान्यता प्राप्त नर्सरी से या अपने से तैयार नर्सरी का पौधा लगाना चाहिए। सॉट वुड ग्राफ्टिंग और चिप बडिंग चिरौंजी प्रवर्धन की लोकप्रिय विधियाँ हैं।

प्रत्यारोपण : प्रत्यारोपण हेतु कतार से कतार एवं पौधा से पौधा के बीच की दूरी 8–10 मीटर रखनी चाहिए। इसके लिए 1 मीटर × 1 मीटर × 1 मीटर का गड्ढ़ा अप्रैल माह में खोदकर उसमें ऊपरी सतह की मिट्टी को 25 किलोग्राम सड़ी हुई गोबर की खाद के साथ मिलाकर भूमि की सतह से लगभग 30 सेंटीमीटर ऊपर तक भर देनी चाहिए । वर्षा का मौसम शुरु होते ही मिट्टी बैठकर सतह के बराबर हो जाता है। जुलाई–अगस्त पौधों के प्रत्यारोपण का उपयुक्त समय होता है।

खाद एवं उर्वरक प्रबंधन

चिरौंजी की अधिक बढ़वार एवं उत्पादकता हेतु संतुलित मात्रा में पोषक तत्त्वों की आपूर्ति आवश्यक है। एक साल के पौधा के लिए 10 कि. ग्रा. कम्पोस्ट, 100 ग्राम नेत्रजन, 50 ग्राम फॉस्फोरस एवं 75 ग्राम पोटाशियम का प्रति पौधा के दर से इस्तेमाल करना चाहिए। इसे प्रत्येक वर्ष इसी अनुपात में 10 वर्षों तक बढ़ाते रहना चाहिए। इस तरह से प्रति वयस्क पौधा को 100 किलोग्राम कम्पोस्ट, 1 किलोग्राम नेत्रजन, 0.5 किलोग्राम फॉस्फोरस एवं 0.75 किलोग्राम पोटाशियम देना आवश्यक है। खाद एवं उर्वरकों का प्रयोग जुलाई–अगस्त में करना चाहिए।

सिंचाई

चूंकि जल महत्त्वपूर्ण उपादान है। इसके सही उपयोग पर ध्यान देना आवश्यक है।

सिंचाई की विधि

खुली सिंचाई (फ्लड मेथड) : पूरे खेत में पानी बहाकर एक किनारा से दूसरे किनारे तक भरने को खुली सिंचाई कहते हैं। इस विधि द्वारा जल–उपयोग दक्षता मात्र 20–25 प्रतिशत होता है। अत: यह विधि उपयुक्त नहीं है।

बेसिन सिंचाई : इस विधि में पेड़ के चारों ओर रिंग बना दिया जाता है। इस रिंग को नाला से जोड़ दिया जाता है। सिंचाई केवल घेरा के अंदर ही करते हैं। इस विधि से सिंचाई करने पर जल–उपयोग क्षमता तो बढ़ती ही है, खरपतवार भी बहुत हद तक कम हो जाती है। गर्मी के मौसम में फल लगने पर 15 दिनों के अंतराल पर सिंचाई करना आवश्यक है।

ड्रिप (टपकाव) सिंचाई विधि : इस विधि द्वारा पौधे के आवश्यकतानुसार जड़ के पास पानी दिया जाता है जिससे इसकी उपयोग क्षमता बढ़ जाती है। टपकाव विधि द्वारा सिंचाई करने पर पानी, उर्वरक एवं मजदूरों की बचत होती है तथा इसे हर तरह की भूमि में लगाया जा सकता है।

मल्चिंग

वृक्ष के कतारों के बीच खाली स्थानों को सूखे पत्ते, पुआल, प्लास्टिक या सूखी घास इत्यादि से ढ़क देने से भूमि से वाष्प बनकर उड़ने वाला पानी को रोका जा सकता है। इससे न

केवल जल की उपयोग क्षमता में वृद्धि होती है बल्कि खरपतवारों में भी कमी आती है। जहाँ सिंचाई का सीमित साधन है वहाँ के लिए यह बहुत उपयोगी होता है।

फसल विविधीकरण

चिरौंजी अधिक दूरी पर उगायी जानेवाली वृक्ष है। फलस्वरूप इसके उत्पादन में फसल विविधीकरण की अपार संभावनाएँ हैं। अधिक मुनाफा देने वाली अल्प अवधि (3-4 माह) की फसलों को चिरौंजी के साथ अंत: फसल के रूप में चयन कर लघु एवं सीमांत कृषकों का पोषण एवं आर्थिक सुरक्षा के साथ-साथ मृदा उर्वरता बढ़ाने, उत्पादन लागत कम करने, सूर्य प्रकाश का अधिकतम उपयोग एवं खरपतवारों को नियंत्रित करने में मदद मिल सकती है। अंत: फसल के रूप में मटर, चना, मूँग, उड़द, बोरा, सरसों आदि लिया जा सकता है।

खरपतवार प्रबंधन

खरपतवार मुख्य फसलों से तीव्र प्रतिस्पर्धा कर भूमि में उपस्थित नमी एवं पोषक तत्त्वों के अधिकांश भागों को शोषित कर लेते हैं। फलत: पौधों का विकास धीमा होने के साथ ही उपज भी प्रभावित होती है। इसके लिए नए या पुराने बागों में साल में 2-3 बार हल चला देने से खरपतवारों का नियंत्रण हो जाता है। मल्चिंग एवं सहफसली खेती द्वारा भी बहुत हद तक खरपतवारों का नियंत्रण हो जाता है।

कीट प्रबंधन

हॉपर कीट : हॉपर की बाल कीट तथा प्रौढ़ दोनों ही फूल निकलने के साथ फसल को क्षति पहुँचाते हैं। ये फूल निकलने के बाद मुलायम भागों से रस चूसते हैं। बाल कीट एक प्रकार का मीठा तरल रस भी छोड़ता है जिससे पत्तियाँ एवं फूल चिपचिपा हो जाता है और उन पर एक प्रकार का फफूंद लग जाता है। इससे बचाव के लिए डाइमेथोएट (0.03 प्रतिशत) या फॉस्फोमिडॉन (0.05 प्रतिशत) का व्यवहार फूल निकलने के समय एवं एक बार फल लगने के समय करना चाहिए।

मिली बग : यह कीट गुच्छे के रूप में पत्तियों के निचले भाग एवं फलों पर रहते हैं तथा लगातार रस चूसते रहते हैं। इसका शरीर गोल होता है और सफेद चूर्ण से ढ़का रहता है। यह कीट पूरे वर्ष भर वृद्धि करता है। इसकी मादा काफी संख्या में अंडा देती है। डाइमेथोएट (0.03 प्रतिशत) या फॉस्फोमिडॉन (0.05 प्रतिशत) का छिड़काव करने से ये कीट नियंत्रित हो जाते हैं।

रोग प्रबंधन

इनके रोगों में पॉउडरी मिल्ड्यू एवं फाइटोफ्थोरा गमोसिस प्रमुख हैं। इन रोगों का ससमय प्रबंधन आवश्यक है।

पॉउडरी मिल्डयू : इस बीमारी के प्रभाव से रोगग्रस्त भाग सफेद दिखाई पड़ने लगता है। अंतत: फूल सूखकर गिर जाता है। चिरौंजी के पेड़ों पर घुलनशील गंधक (80 डब्ल्यू पी.) 2 ग्राम मात्रा प्रति लीटर पानी के घोल में 15 दिनों के अंतराल पर दो बार छिड़काव करने से इस व्याधि से छुटकारा पाया जा सकता है।

फाइटोफ्थोरा गमोसिस : यह व्याधि फफूंद से फैलता है। यह पेड़ के छिलका को आक्रांत करने के बाद अंदर की ओर बढ़ते जाता है। अंत में पेड़ से छिलका अलग होने लगता है और पेड़ से लस्सा निकलना शुरु हो जाता है। इससे बचाव के लिए कटे हुए भाग पर बोर्डो पेस्ट लगायें तथा कॉपर ऑक्सीक्लोराइड के 0.3 प्रतिशत घोल का छिड़काव करें।

तना की कटाई–छटाई

सतह से 90 सेंटीमीटर तक मुख्य शाखा को डालियों से मुक्त रखना चाहिए और उसके बाद डालियों को विभिन्न दिशाओं में बढ़ने के लिए प्रबंध करना चाहिए जिससे केवल 4–6 डालियां उपयुक्त दूरी पर उगे हों। एक दूसरे के ऊपर से गुजरने वाली डालियों को काटकर हटा देना चाहिए।

फल की तुड़ाई एवं उपज

चिरौंजी का फल 3–4 महीनों में तैयार हो जाता है। इसका फूल आने का समय फरवरी के पहले सप्ताह से लेकर तीसरे सप्ताह तक तथा इसकी तुड़ाई अप्रैल–मई महीनों में की जाती है। फल का वजन लगभग 10–15 किलोग्राम प्रति वृक्ष के परिसर में प्राप्त होता है। फलों के परिपक्व होने पर इसका रंग हरा से बैंगनी रंग में बदलने लगता है।

■ ■ ■

विभिन्न मसाला फसलों की चित्रावली

जायफल

अफीम

हींग

मेथी

हल्दी

कलौंजी

प्याज

अदरक

सौंफ

धनिया

मीठी नीम (करीपत्ता)

तेजपत्ता

तेजपत्ता का पेड़

सेलरी

मिर्ची

लौंग

ईलाचयी

काली मिर्च

दालचीनी

लौंग पीपली

कबाब चीनी

कोकम

अजवाइन

जीरा

चार बीज मसाला क्रमशः तरबूज, खरबूज, कद्दू तथा बादाम के बीज

अनारदाना

चक्रफूल

जावित्री

चिरौंजी

केसर

चिरौंजी